蔬食料理聖經 ⊕

VEG-TABLE Recipes, Techniques, and Plant Science for Big-Flavored, Vegetable-Focused Meals

葉菜
菜蒜
花莖
蔥嫩
莖玉
米
與
番
薯
篇

THE TABLE OF VEGETABLES

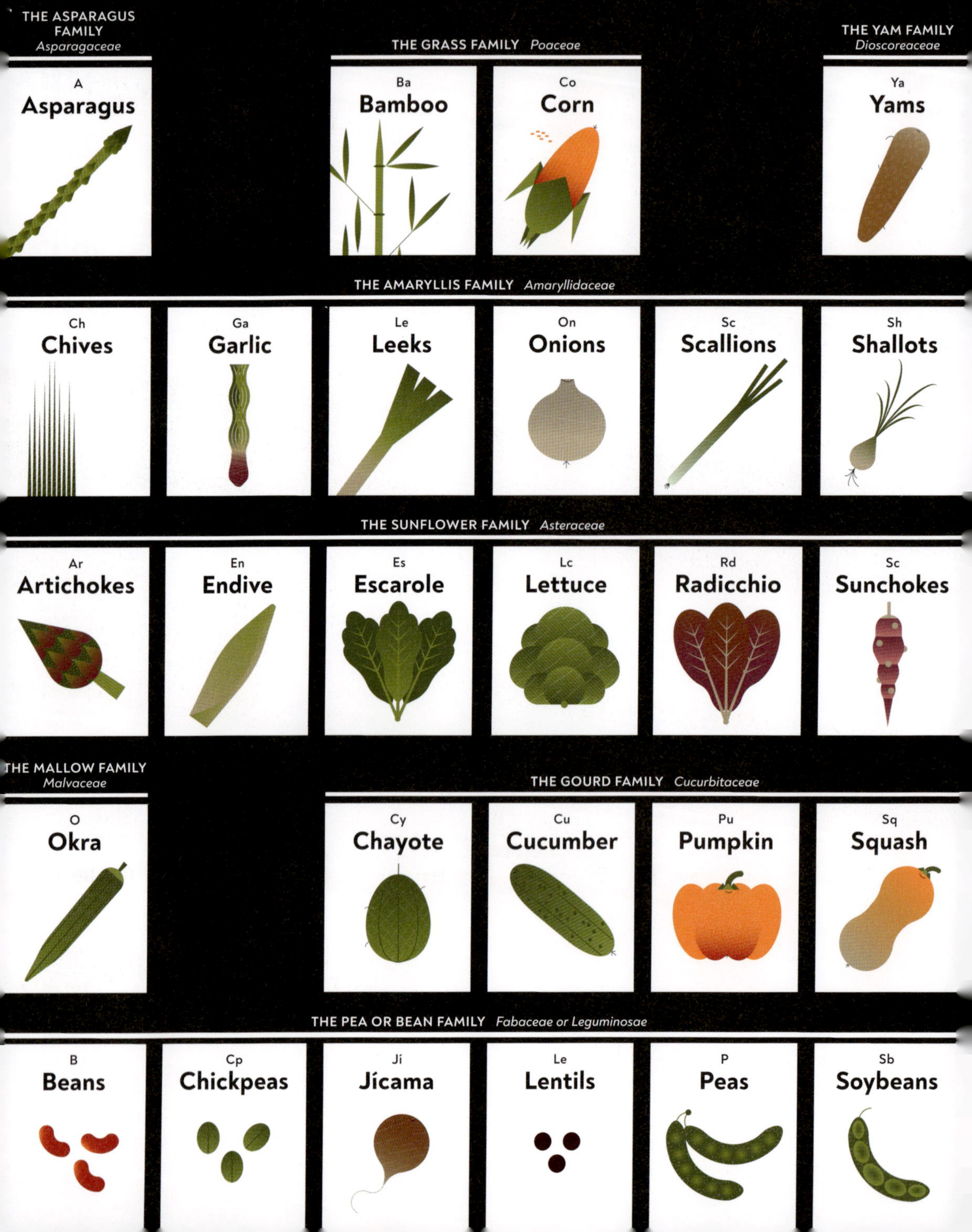

THE ASPARAGUS FAMILY
Asparagaceae

THE GRASS FAMILY *Poaceae*

THE YAM FAMILY
Diosccoreaceae

A Asparagus	Ba Bamboo	Co Corn	Ya Yams

THE AMARYLLIS FAMILY *Amaryllidaceae*

Ch Chives	Ga Garlic	Le Leeks	On Onions	Sc Scallions	Sh Shallots

THE SUNFLOWER FAMILY *Asteraceae*

Ar Artichokes	En Endive	Es Escarole	Lc Lettuce	Rd Radicchio	Sc Sunchokes

THE MALLOW FAMILY
Malvaceae

THE GOURD FAMILY *Cucurbitaceae*

O Okra	Cy Chayote	Cu Cucumber	Pu Pumpkin	Sq Squash

THE PEA OR BEAN FAMILY *Fabaceae or Leguminosae*

B Beans	Cp Chickpeas	Ji Jícama	Le Lentils	P Peas	Sb Soybeans

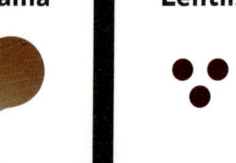

THE SPURGE FAMILY
Euphorbiaceae

- **Cv** Cassava

THE AMARANTH FAMILY *Amaranthaceae*

- **Be** Beets
- **Cd** Chard
- **Sp** Spinach

THE CACTUS FAMILY
Cactaceae

- **N** Nopalitos

THE PARSLEY FAMILY *Apiaceae*

- **Ct** Carrots
- **Cl** Celery
- **F** Fennel
- **P** Parsnips

THE MORNING GLORY FAMILY
Convolvulaceae

- **Sp** Sweet Potatoes

THE POTATO OR NIGHTSHADE FAMILY *Solanaceae*

- **Bp** Bell Pepper
- **Eg** Eggplant
- **Po** Potato
- **Tm** Tomatillo
- **T** Tomato

THE MUSTARD FAMILY *Brassicaceae*

- **Ag** Arugula
- **Bc** Bok Choy
- **Br** Broccoli
- **Bs** Brussels Sprouts
- **C** Cabbage
- **Cf** Cauliflower
- **Cs** Collards
- **K** Kale
- **Mg** Mustard Greens
- **Ra** Radishes
- **Ro** Romanesco
- **Wc** Watercress

獻給葛斯，世界是你的蔬菜

獻給麥可、帕丁頓、維斯珀，還有卓奇，附上我的愛

目次 Contents

011	前言
014	蔬菜是什麼？
025	廚房裡
031	如何使用本書
032	蔬菜儲藏室

039　1。
Onions, Shallots, Scallions, Leeks, Garlic + Chives
洋蔥、紅蔥頭、青蔥、韭蔥、大蒜＋蝦夷蔥

046	黃金薩塔香料洋蔥圈佐白脫牛奶葛縷子沾醬 Golden Za'atar Onion Rings with Buttermilk Caraway Dipping Sauce
048	番紅花檸檬油封蔥屬蔬菜＋番茄 Saffron Lemon Confit with Alliums + Tomatoes
051	紅洋蔥＋番茄優格 Red Onion + Tomato Yogurt
052	韭蔥＋蘑菇吐司 Leek + Mushroom Toast
055	紅蔥頭＋辣蘑菇義大利麵 Shallot + Spicy Mushroom Pasta
059	玉米餅佐蝦夷蔥奶油 Corn Cakes with Sichuan Chive Butter
060	烤大蒜＋鷹嘴豆湯 Roasted Garlic + Chickpea Soup

063　2。
Yams
非洲山藥

069	非洲山藥泥佐番茄醬 Mashed Yams with Tomato Sauce
071	檸檬＋朝鮮薊非洲山藥 Lemon + Artichoke Yams
072	糖醋非洲山藥 Sweet + Sour Yams

075 **3.**
Bamboo+Corn
竹筍＋玉米

080 玉米、高麗菜＋蝦子沙拉
Corn, Cabbage + Shrimp Salad
083 烤玉米大餐
A Grilled Corn Feast
085 竹筍芝麻沙拉
Bamboo Shoot Sesame Salad
087 辛奇椰奶玉米
Kimchi Creamed Corn
088 燜燒竹筍＋蘑菇
Braised Bamboo + Mushrooms
091 玉米濃湯佐墨西哥辣椒油
Creamy Corn Soup with Jalapeño Oil
093 甜玉米香料抓飯
Sweet Corn Pulao

097 **4.**
Asparagus
蘆筍

101 蘆筍、新馬鈴薯＋法式香草蛋醬
Asparagus, New Potatoes + Sauce Gribiche
103 蘆筍、蝦子＋義式培根炒飯
Asparagus, Shrimp + Pancetta Fried Rice
107 蘆筍沙拉佐腰果綠酸辣醬
Asparagus Salad with Cashew Green Chutney
108 蘆筍貓耳朵麵＋菲達起司
Orecchiette with Asparagus + Feta

111 **5.**
Beets, Chard + Spinach
甜菜、菾蓬菜＋菠菜

117 烘培蛋佐爆香蔬菜
Baked Eggs with Tadka Greens
119 甜菜、烘烤大麥＋布拉塔起司沙拉
Beets, Toasted Barley + Burrata Salad
121 甜菜葉、薑黃＋扁豆義式燉飯
Beet Greens, Turmeric + Lentil Risotto
123 酥脆鮭魚佐綠咖哩菠菜
Crispy Salmon with Green Curry Spinach
127 辣味甜菜＋皇帝豆佐小黃瓜橄欖沙拉
Chilli Beets + Lima Beans with Cucumber Olive Salad

129　6。

Artichokes, Sunchokes, Endive, Escarole, Radicchio + Lettuce
朝鮮薊、菊芋、菊苣、寬葉苦苣、紫紅菊苣＋萵苣

137　酥脆菊芋＋醃漬檸檬義式香草醬
　　　Crispy Sunchokes + Preserved Lemon Gremolata
138　萵苣佐酪梨凱薩醬
　　　Lettuce with Avocado Caesar Dressing
141　蒸朝鮮薊佐腰果紅彩椒沾醬
　　　Steamed Artichokes with Cashew Red Pepper Dip
147　綜合苦味蔬菜沙拉
　　　Mixed Bitter Greens Salad
148　燜燒朝鮮薊＋韭蔥
　　　Braised Artichokes + Leeks

151　7。

Sweet Potatoes
番薯

154　番薯羽衣甘藍凱薩沙拉
　　　Sweet Potato Kale Caesar Salad
156　烤番薯佐瓜希柳辣椒莎莎醬
　　　Roasted Sweet Potatoes with Guajillo Chilli Salsa
158　宮保番薯
　　　Kung Pao Sweet Potatoes
160　芝麻番薯＋苦椒醬雞
　　　Sesame Sweet Potatoes + Gochujang Chicken

163 8。

Cabbage, Bok Choy, Broccoli, Brussels Sprouts, Collards, Cauliflower, Romanesco, Radishes, Arugula, Kale, Mustard Greens + Watercress
高麗菜、青江菜、青花菜、球芽甘藍、寬葉羽衣甘藍、花椰菜、
羅馬花椰菜、櫻桃蘿蔔、芝麻菜、羽衣甘藍、芥菜＋水田芥

---

168 寬葉羽衣甘藍菜卷
　　　Collards Patra
175 大阪燒風十字花科蔬菜餅
　　　Brassica Fritters, Okonomiyaki Style
176 高麗菜佐椰棗＋羅望子酸辣醬
　　　Cabbage with Date + Tamarind Chutney
179 櫻桃蘿蔔沙拉佐黑醋
　　　Radish Salad with Black Vinegar
180 青花菜薩塔香料沙拉
　　　Broccoli Za'atar Salad
183 烤水果＋芝麻菜沙拉
　　　Roasted Fruit + Arugula Salad
185 甜糯球芽甘藍
　　　Sweet + Sticky Brussels Sprouts
186 青江菜佐酥豆腐
　　　Bok Choy with Crispy Tofu
189 皇家烤花椰菜佐杏仁醬
　　　Royal Cauliflower Roast with Almond Cream
194 高麗菜捲佐番茄醬
　　　Stuffed Cabbage Rolls in Tomato Sauce
199 青花菜味噌醬義大利麵
　　　Pasta with Broccoli Miso Sauce
200 花椰菜波隆那義大利麵
　　　Cauliflower Bolognese
202 日式炸雞佐罌粟籽涼拌菜絲
　　　Chicken Katsu with Poppy Seed Coleslaw

206 拼盤＋小祕訣
207 混合香料
209 致謝
210 參考資料＋推薦閱讀
211 索引

前言

「可不可以？買那盆小辣椒？拜託～拜託嘛！」

我苦苦哀求，糾纏我爸媽，心裡很清楚從幼苗開始種植實在太為難自己，而且當年的我根本不喜歡辣椒，這麼一頭熱實在有點怪。在我們印度孟買家中的小窗台種植辣椒，這個浪漫的念頭，讓我心中充滿了渴望（孟買的拼法已經從舊時的 Bombay 改成 Mumbai，但對我來說，永遠都會是 Bombay）。不過我應該要從經驗中學到教訓才是，為了地理課和耶誕節馬槽的場景，我已經種過小麥、鷹嘴豆、稻米，一開始都有長出來，但是總活不久。不過對於剛成為青少年的我來說，看著乾燥的種子蛻變發芽，活生生成長，還是很有吸引力。

辣椒植株跟著我回家，一週後死掉了。

多年以後，植物來來去去，我也培養出各種興趣，不出所料，喜歡種東種西的我，在學校裡愛上了生物。我主修微生物學和生物化學，並且到美國讀研究所，研究分子遺傳學，後來又攻讀公共衛生政策。

不管在哪個科系，我都學到對於預防疾病及病程發展來說，食物舉足輕重。食物裡面的成分及原料也是許多實驗的基礎，能用來研究疾病。例如我們利用豆科植物的凝集素（lectin），來研究分離出血液中一種叫做醣蛋白的特殊糖標籤蛋白質。在實驗室的滴定過程中，薑黃作為檢測指示劑，只要把像碳酸鈉這類的鹼性物質加進像醋酸這類的酸性物質中即可。我們利用矽或瓊脂糖（agarose，一種從紅藻中取得的多醣類）來結合酵素、酒精和脂肪，以萃取蔬果中的精油；我們也利用糖和鹽來研究細胞膜之間的分子傳輸。生物分子的基礎概念、在實驗室中的應用，再加上它們在日常生活中的存在，吸引我開始烹飪，讓我從科學轉移陣地到廚房，成為廚師及食譜作者。

如今，我遠離家園，與印度之間隔著海洋及大陸。新獲得的自由讓我開始沉溺在園藝的浪漫念頭中，我搬進公寓，空間全由我獨享，能種自己的植物。但我沒什麼信心，在本人的種植史上，植物大概僅能存活兩到三週。我從朋友那兒收到了喬遷禮物，是那種很受歡迎的開運竹。這種植物除了水以外，什麼都不需要。我把這盆植物擺在廚房水槽旁邊，方便提醒自己澆水。漸漸地，根部越來越長、植物越來越高，最後我換了大盆子，植物活下來了！

這次的成功經驗讓我有了信心，我能把植物種活耶！更有勇氣之後，隨之而來的是仙人掌和多肉植物。我嘗試過容易生長的薄荷和辣椒，它們都很會長，種植可食用植物令人心滿意足，帶給我莫大的喜悅。在孟買種不活辣椒的那個小孩，如今種了各式各樣的植物，還學會了利用、欣賞這些植物的風味。

　　如今我從事園藝的時間跟烹飪的時間一樣多，南加州全年大多溫暖，有短暫的雨季。住在加州奧克蘭的時候，我首度展開大規模的可食用園藝活動，我們的後院不大，但空間正好足夠像我這樣的新手使用。我先生麥可和我挖掉 30 公分深的舊廢土，換上新的肥沃堆肥。我找了蕾斯里．本內特（Leslie Bennett）幫忙，她是可食用植物景觀設計師，協助我挑選適合我們家後院光線的植物。我種了辣椒、番茄、墨西哥綠茄、各式各樣的柑橘類，甚至還種了百香果。我也開始討厭松鼠，牠們太聰明了，很會偷摘成熟的無花果。

　　生活總是充滿變化，我們後來搬到洛杉磯，天氣更加溫暖乾燥。新家的後院比較大，不過我們搬入的時候，那裡一團亂，地景上覆蓋著濃密糾結的馬纓丹灌木叢，被我用力扯掉了。在這塊空白的畫布上，我設計了後院，栽種我愛吃、愛煮的各種植物。

　　侏儒無花果、檸檬、萊姆、橘子，這些果樹在從前馬櫻丹蔓延的地上生長著。酷暑之下，青蔥、洋蔥、辣椒、番茄，全都欣欣向榮。能自己栽培農產品是一種特權，我很珍惜。我的花園提供了空間和機會，能種植來自印度的食材，例如辣木（又稱鼓槌樹），也能試用我不熟悉的農產品，像是仙人掌莖片和手指萊姆。有幾株咖哩葉讓我想起印度，這是來自我朋友修．默文（Hugh Merwin）的入厝禮物，他也是園藝人及作家。本書中看到含有咖哩葉的食譜，都是用我家花園裡的咖哩葉研發出來的。

　　就像廚房，花園也成為我的實驗室，我種植的食材決定了我的烹飪日常，也成為我工作上研發的食譜。我調整新的植物品種和土壤條件，嘗試異花授粉以培養新品種，進行更多的實驗，有點混亂卻很有趣。

　　我收成的蔬果比市面上賣的更美味，使用這些蔬果，讓我學會調整我的調味及烹飪技巧。例如我種出來的彩椒比店裡賣的更鮮甜多汁，烹煮的時候，我就會少放一點鹽。我也學到有些食材還是從專業栽培者那兒取得最好：例如我那 20 株鷹嘴豆的產量才只有一杯（160 克）。園藝上的失敗讓我更懂得感謝農夫。

　　這是一本關於蔬菜的書，有些比較熟悉，有些比較陌生，但是同樣令人滿足。沉浸其中，能讓你更了解原本熟悉的蔬菜，同時也能認識新鮮貨，以有趣又刺激的方式，在自家廚房中運用這些食材。本書目的在於提供技巧、風味和點子，以科學和歷史為基礎，讓讀者成為有新意的家常蔬食廚師，並且常常下廚。讓我們開煮吧！

栽培植物起源世界地圖

① 南墨西哥及中美洲中心	② 南美洲北部中心	③ 地中海中心	④ 近東中心	⑥ 中亞中心	⑦ 印度東北部和緬甸中心
佛手瓜 菜豆 玉米 皇帝豆 彩椒 番薯 冬南瓜	菜豆 皇帝豆 彩椒 馬鈴薯 南瓜 澱粉型玉米 番茄	蘆筍 高麗菜 芹菜 甜菜 萵苣 歐防風 豌豆 蕪菁	扁豆	胡蘿蔔 大蒜 蠶豆 綠豆 芥末 洋蔥 豌豆 菠菜	豇豆 黃瓜 茄子 綠豆 芋頭 非洲山藥

②a 智利中心	②b 巴西－巴拉圭中心	⑤ 衣索比亞中心	⑧ 中國中心
馬鈴薯	木薯	豇豆 秋葵	白菜　洋蔥 山藥　白蘿蔔 黃瓜　黃豆

本圖表改編自 Gideon Ladizinsky《馴化植物變異》（*Plant Evolution under Domestication*）及 G. E. Welbaum《蔬菜生產與實踐》（*Vegetable Production and Practices*）。

蔬菜是什麼？

我承認，在烹煮植物食材時，我對蔬菜的定義很不精準：吃起來甜的是水果，不然就是蔬菜。蔬菜的定義因人而異，蔬菜的概念是流動的。從植物學家的觀點來看，定義很精確：水果是植物的成熟子房，由植物的花朵發育而成，這包括許多我們稱為蔬菜的食物，像是秋葵、番茄、茄子、黃瓜等等。即使是包覆果殼的堅果，像是椰子、開心果、核桃，例如稻米和大麥這些穀物，還有香草豆莢和黑胡椒粒這些香料，都算是水果。

不過說到蔬菜時，定義就有點主觀，蔬菜通常是植物的果實（葉子及花朵例外），「蔬菜」一詞本身並非植物學用語，通常是根據植物的應用方式來使用這個詞。另一種思考水果及蔬菜定義的方式如下：水果是從植物的花朵發育而來（想想蘋果或番茄），蔬菜則通常還包括植物其他可食用的部位，例如塊莖（馬鈴薯和番薯）、葉片（菠菜和蒝蓬菜）、球莖（茴香）、莖梗（芹菜）或花苞（花椰菜、青花菜）。不過廚師眼中的蔬菜，是熱炒菜鍋中的茄子（不用說那像草莓的萼狀蒂頭，還有內部的種子顯然就是水果的特徵），或是加在歐姆蛋裡的一把小褐菇（儘管說蘑菇並非真正的植物，而是來自真菌王國的子實體）。

但從烹飪角度來看，或是從廚房中蔬菜烹飪的整體方法來說，某些蔬菜之間為何如此相似或相異呢？這個問題的答案取決於我們如何分類蔬菜：蔬菜可以用各種要素來分類，從產地到我們利用的方式，喜好的生長環境（天氣、土壤條件、需水量等等）、生命週期（一年生、二年生或多年生作物）、可食用的部位、外觀特徵甚至是基因組成。

以上這些因素對烹飪有何影響，這些定義又為何如此重要？

不管是到市場或雜貨店購買農產品，研發食譜或是規畫家中三餐，不同類別的蔬菜都很重要。

根莖類蔬菜像是番薯和歐防風，需要比較長的時間才能煮到軟嫩。

而有些蔬菜——像是非洲山藥、竹筍、木薯——食用前必須完全煮熟，因為內含天然有毒化合物，要透過加熱才能分解。

農產品的類別也影響了購買的數量——我打算怎麼使用、是否該多買一點可改天再用。時令決定了我能煮什麼、何時可以煮，例如需要番茄風味的時候，夏天可以使用新鮮的成熟番茄，比較冷的月份則可用罐裝番茄或番茄糊。如果買新鮮菠菜，就要多買一點，因為煮了以後會大幅縮水。像茄子就要盡快使用，因為很容易壞掉，馬鈴薯和洋蔥就很能放，不過要擺在陰涼、乾燥的暗處，才能延長保存時間。

　　蔬菜有各式各樣的色彩和質地，在新鮮沙拉中加入常見蔬菜的特殊種類——像是紫色彩椒和斑馬番茄，能為餐點帶來視覺上的刺激。在一道菜上搭配各種口感，也能避免味覺疲乏，讓用餐者不會在一頓飯中，因為反覆品嘗同樣的味道、同樣的香氣、同樣單一的口感而感到味覺倦怠。例如在鬆軟的烤番薯上，灑點酥脆的烤堅果和少許菜苗，或是在湯裡加入大塊的南瓜或豆類，都能替餐點增添趣味，刺激感官。這麼做當然也能提供與用餐者之間有趣的話題：「為什麼你選擇用秋葵搭配塔可餅（下冊頁 113）， 再加上奶油雞醬汁？」或者是「這是我第一次吃這種蔬菜！沒想到有這種味道和口感，我滿喜歡的！」

　　不過等到站在農產品區，看著五花八門的陳列蔬果盤算該買什麼才好時，這些分類因素真的重要嗎？無論是要在一道菜裡結合多種蔬菜，或是以單一重要食材單獨表現，了解該用什麼、如何使用，皆能開展出全然不同風味、口感和選擇的世界。蔬菜可以用很多種方式來分類，從產地到我們食用的部位、如何食用、生長季節等等，就讓我們來探討這些類別吧。

誕生地：蔬菜源自西半球或東半球？

歐洲人抵達美洲促成了新植物和新蔬菜的交流，對舊世界大陸（非洲、歐洲、亞洲、中東）和美洲大陸（北美與南美）來說，都是如此。辣椒、馬鈴薯、南瓜、番茄，這些都是來自美洲的蔬菜，很快就融入了全球各地的料理。不管在學術角度或實際應用，觀察辣椒、馬鈴薯和番茄這些食材，如何發展成全球許多不同文化傳統料理中不可或缺的一部分，總是很吸引人。同一種食材會因為不同文化的視角與需求，經歷轉化，發展出多種獨特的料理方式。

例如在義大利和印度，以及世界上許多其他地方，番茄是製作醬料和燉菜的主要基底食材，但是在日本，番茄是被用在點綴裝飾、燒烤串燒以及「洋食」料理中。洋食是指經過重新詮釋的西式食物，以符合日本人的口味，像是拿坡里義大利麵，是以番茄醬、彩椒、香腸、大蒜和蘑菇做成。

新鮮蔬菜或加工蔬菜？

分類蔬菜的方法之一是根據我們到手的方式，新鮮蔬菜的加工最少，直接從種植地運到市場或雜貨店，再到我們的廚房裡——如果是你家院子裡種的，那就又少了一站。雜貨店裡賣的預切蔬菜像是洋蔥丁和胡蘿蔔丁，還有去殼的豆子和豌豆，都屬於這一類，因為還沒經過烹煮，只有少許加工。

另一方面，以罐頭形式販售的豌豆、菠菜、豆類，還有那些經過乾燥、醃漬、冷凍或製作成糊狀及粉狀的蔬菜，就算是加工過的蔬菜。

這些蔬菜經過好幾道不同的處理階段，以確保其耐久性。加工會讓蔬菜變得口感較差或營養價值下降嗎？這取決於許多因素。

便利是這些處理方法存在的主要原因，效率則是另外一個原因：這些技術讓我們能夠用相同數量的食物餵飽更多人。在某些情況下，加工蔬菜還能改善儲存狀態，維持營養素水準，比以新鮮狀態保存更可靠。有些蔬菜像是黃瓜、番茄和蘆筍，並非以耐久著稱，維生素 C（抗壞血酸）和胡蘿蔔素（維生素 A 的來源）這類營養素會隨著時間大幅流失。

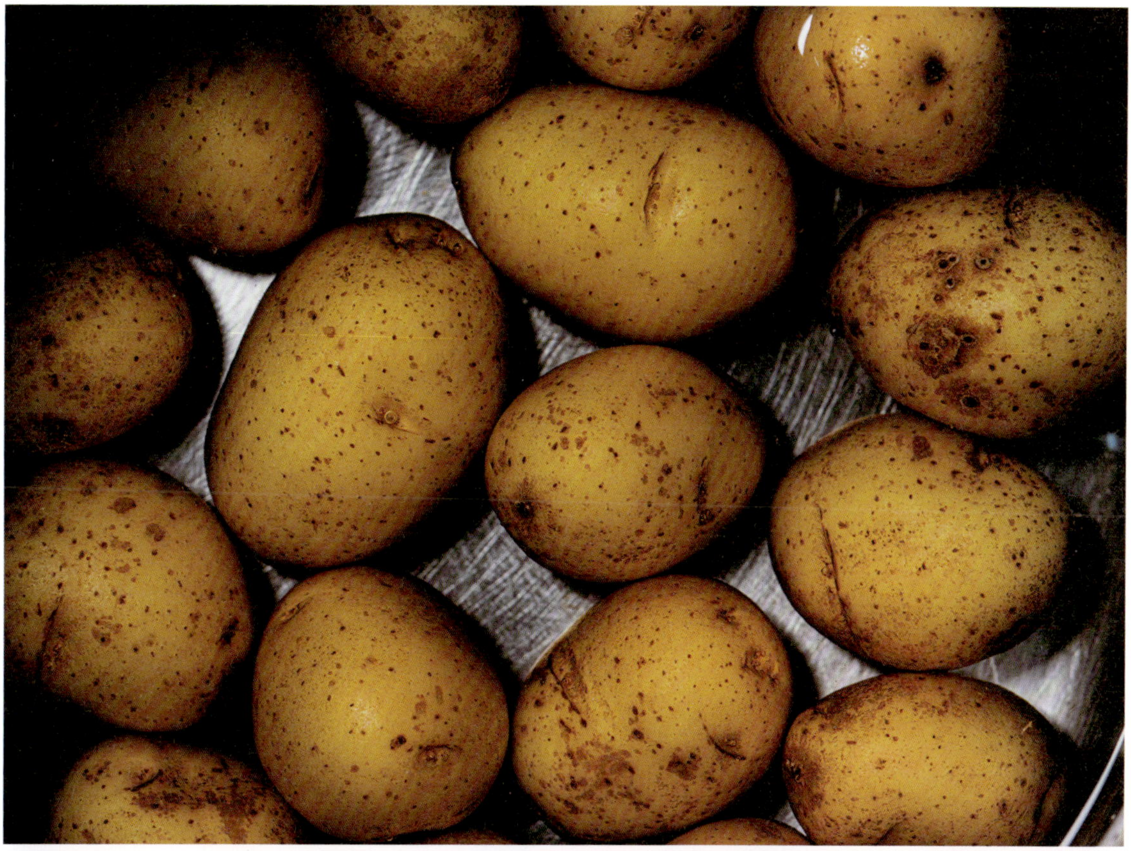

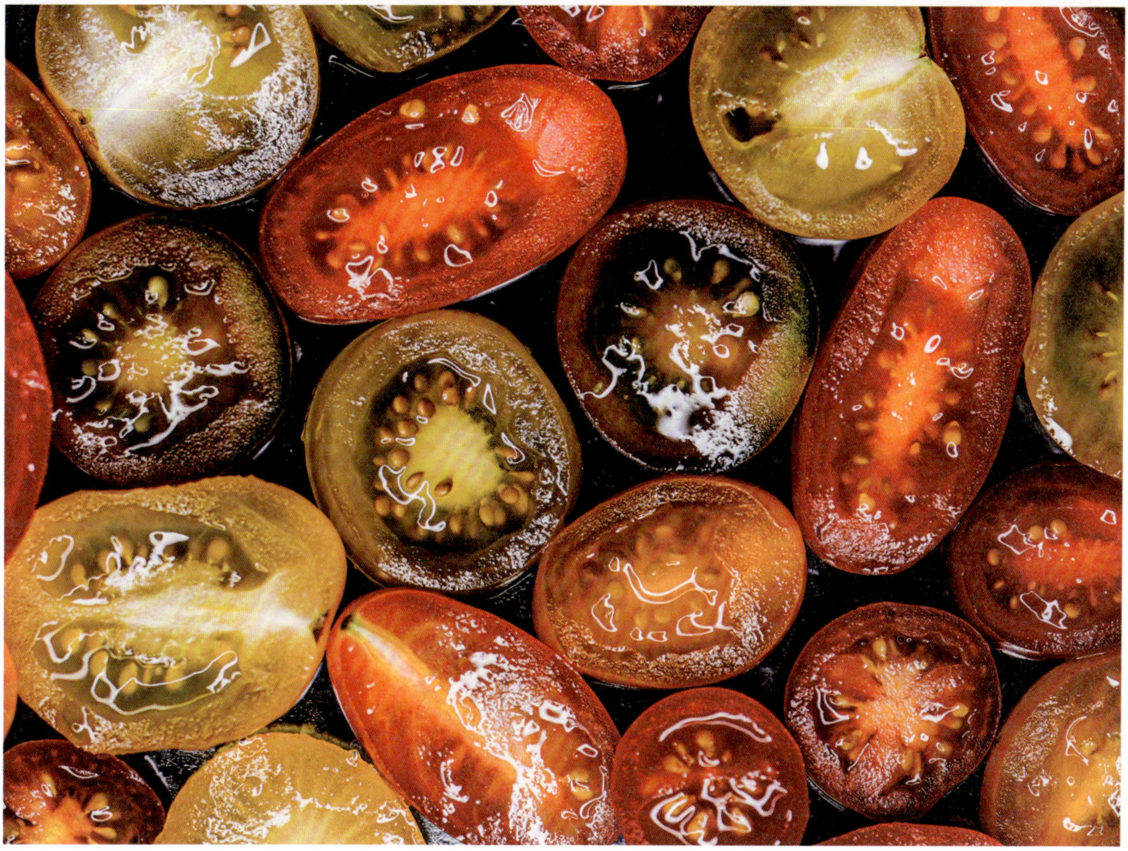

一旦蔬菜成熟並被採收之後，植物細胞內的酶就會全速運作，開始分解澱粉和蛋白質，破壞蔬菜的品質。維生素 B 和 C 在烹煮過程中因接觸高溫而減少，事實上，維生素 C 含量的變化程度常用於衡量食物的品質，不論是在新鮮狀態、儲存狀態或是烹煮中。某些營養素如脂溶性的維生素 A、D、E 和 K，存在於胡蘿蔔和番薯等蔬菜中，最好結合脂肪一起食用，像是油醋醬中的橄欖油，或者在烹飪時使用橄欖油。脂肪能幫助人體更有效率地吸收這些維生素。有些蔬菜如木薯和非洲山藥，必須經過烹飪處理，才能破壞其中的天然有毒化合物，使其能夠安全食用。因此，加工食物並非都是壞事，就像所有事情一樣，情境脈絡很重要。

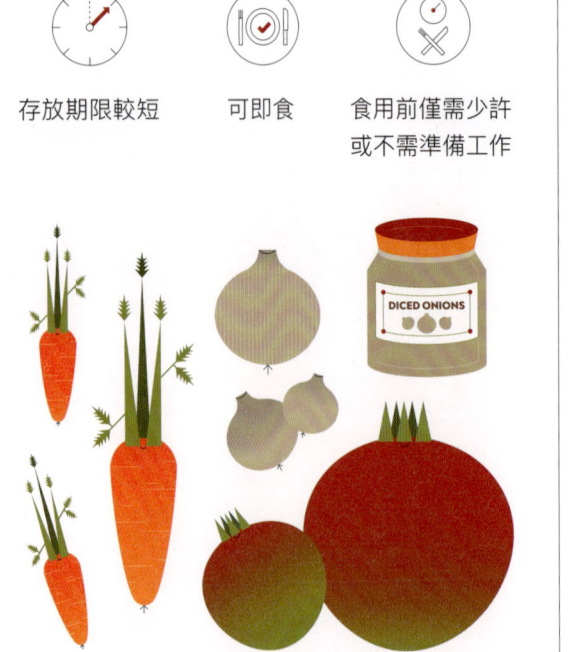

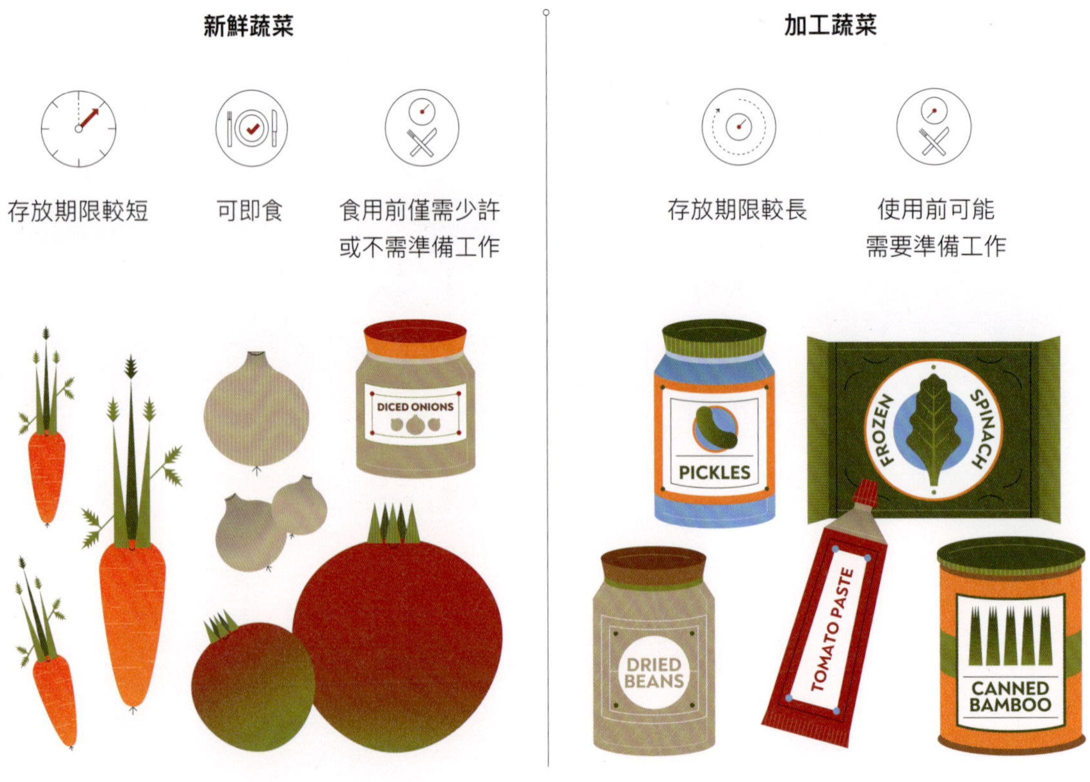
新鮮蔬菜
加工蔬菜
存放期限較短
可即食
食用前僅需少許或不需準備工作
存放期限較長
使用前可能需要準備工作
DICED ONIONS
PICKLES
FROZEN SPINACH
DRIED BEANS
TOMATO PASTE
CANNED BAMBOO

改編自 G. E. Welbaum《蔬菜生產與實踐》（*Vegetable Production and Practices*）。

生長季節

　　在對的時間採收，蔬菜確實會比較好吃，也就是生長季的巔峰時期。季節不只提供植物必要的適當條件，讓植物能有效生長，也能幫助植物好好成熟，達到最佳風味。不意外地，這可能是最古老也最常見的蔬菜分類方式之一，依時令購買蔬菜能讓菜餚更美味，充分運用調味香料和其他配料，為蔬菜增色。如果非當季還是想用那些蔬菜時，加工保存的選項像是罐頭、糊醬之類，也能派上用場（視食譜而定）。

　　許多農夫和園藝愛好者會使用伴植（companion planting）的方式，同時種植某些植物。這些植物提供養分給彼此，互相保護，以抵禦蟲害和惡劣天氣的摧殘，並且吸引授粉媒介。許多伴植生長的蔬菜，在廚房裡也很搭。番茄和大蒜會種植在一起，是因為大蒜能保護番茄植株免受蟎蟲和蚜蟲的侵擾。把這樣的組合延伸到廚房，用成熟番茄製作的義式紅醬（marinara sauce）加上大蒜的溫和辛味，滋味就會變得鮮活無比（請試試「味噌醬烤番茄義大利麵」，下冊頁161）。

改編自 G. E. Welbaum《蔬菜生產與實踐》（*Vegetable Production and Practices*）。

可食用部位

　　有些蔬菜的塊莖和葉子都可食用──番薯和甜菜就是其中之二。其他像茄子就只有果實可以吃，其餘的部位有毒。蔬菜可以根據食用的部位來定義和分類，生長在地下的澱粉類蔬菜像是馬鈴薯、菊芋，都要煮過才能吃；根莖類蔬菜像是甜菜、胡蘿蔔，則可以生食或煮過再吃；葉菜類可以生食或煮過再吃。

根類	甜菜、胡蘿蔔、櫻桃蘿蔔、歐防風
莖類	*地上*：蘆筍、芹菜
	地下：薑、馬鈴薯、洋蔥、非洲山藥、芋頭
塊莖類	*肥大地下莖*：馬鈴薯、菊芋
球莖	*莖的底部*：芋頭
葉子	蔥屬蔬菜、寬葉羽衣甘藍、萵苣、洋蔥、紫紅菊苣、青蔥、菠菜
花	青花菜、花椰菜
果實	黃瓜、美洲南瓜、西洋南瓜、番茄、彩椒

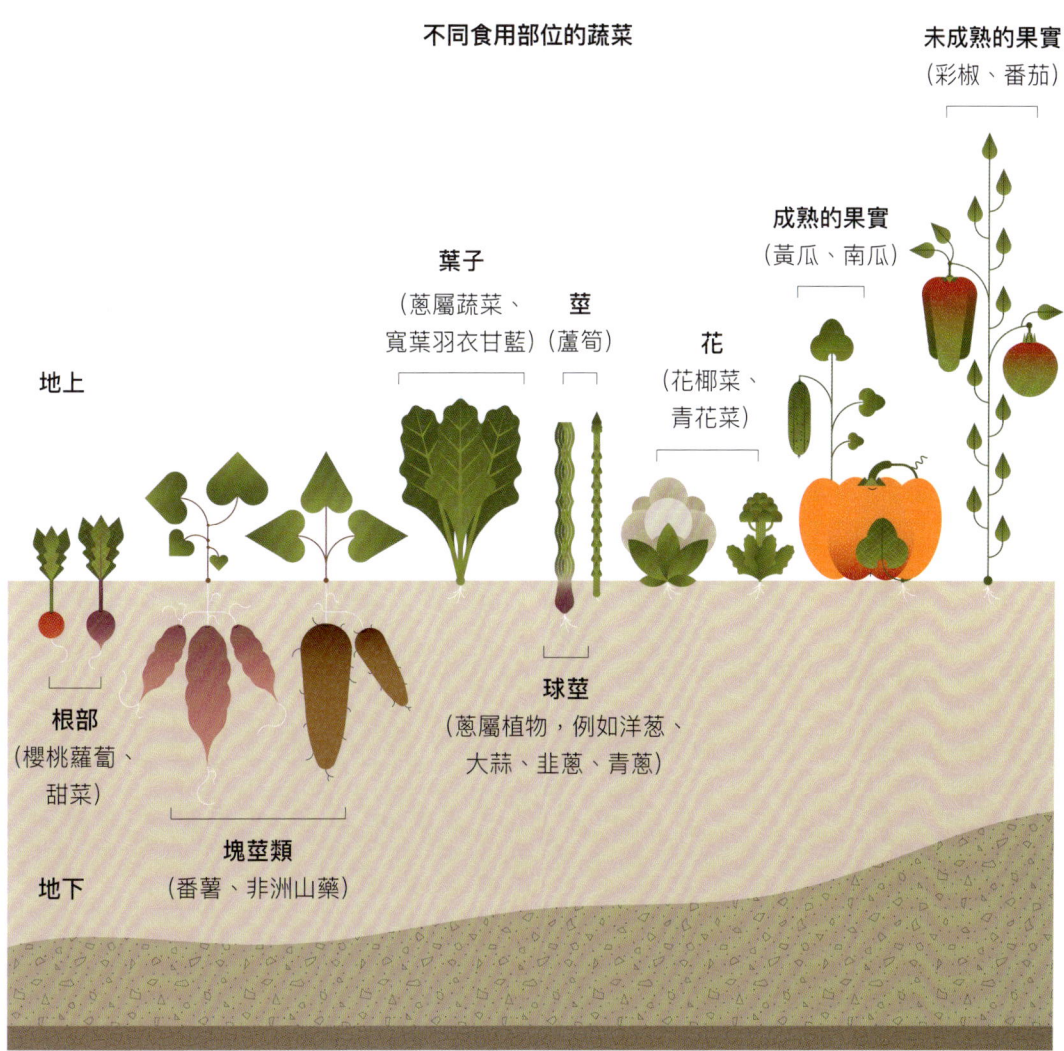

不同食用部位的蔬菜

植物科學類別

　　植物學家利伯蒂·海德·貝利（Liberty Hyde Bailey）把植物分成四類：藻類與真菌、苔蘚類、蕨類植物以及種子植物（主要涵蓋大部分我們食用的蔬菜）。大部分人認為蘑菇這類真菌也是蔬菜，藻類——像是海苔、紫菜、昆布——有時候也稱為海中蔬菜。像馴鹿苔這種苔類和蕨菜這種蕨類，我們也會煮來吃。以烹飪目的來說，這個植物分類很重要，因為了解植物的類別有助於採購、儲藏、準備和烹煮。屬於同一科的植物，生長和收成季節也會相近，風味和口感也類似，因此可以用同樣的方式來準備和烹煮。例如茄科（番茄和彩椒）在夏天最好吃，兩者的組合常見於許多菜色中，像是西班牙冷湯（詳見下冊頁130）。

　　本書中的食譜基本上以種子植物為主，不過也會使用到某些其他植物類別的成員（韭蔥＋蘑菇吐司，頁52）。

單子葉植物綱

種子含有單片子葉

石蒜科
Amaryllidacea
蝦夷蔥、大蒜、韭蔥、洋蔥、青蔥、紅蔥頭

薯蕷科
Dioscoreaceae
參薯、非洲山藥

天門冬科
Asparagaceae
蘆筍

禾本科
Poaceae
竹筍、玉米

雙子葉植物綱

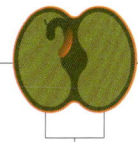

種子含有雙片子葉

莧科
Amaranthaceae
甜菜、莙薘菜、菠菜

菊科
Asteraceae
朝鮮薊、菊苣、寬葉苦苣、萵苣、紫紅菊苣、菊芋

旋花科
Convolvulaceae
番薯

茄科
Solanaceae
彩椒、番茄、墨西哥綠茄、茄子、馬鈴薯

錦葵科
Malvaceae
秋葵

大戟科
Euphorbiaceae
木薯

豆科
Fabaceae 或 *Leguminosae*
豆類、鷹嘴豆、四季豆、豆薯、扁豆、花生、豌豆

仙人掌科
Cactaceae
仙人掌莖片

繖形科
Apiaceae
胡蘿蔔、芹菜、茴香、歐防草

十字花科
Brassicaceae
芝麻菜、青江菜、青花菜、球芽甘藍、高麗菜、花椰菜、寬葉羽衣甘藍、羽衣甘藍、芥菜、櫻桃蘿蔔、羅馬花椰菜、水田芥

葫蘆科
Cucurbitaceae
佛手瓜、黃瓜、西洋南瓜、美洲南瓜

蔬菜重量表

蔬菜	小	中	大	特大
朝鮮薊		130 g	455 g	
酪梨	150g	185 g	220 g	
甜菜	70 g	120 g		
彩椒	100 g	130 g	180 g	200 g
胡桃南瓜			1.3 kg	
高麗菜				
一般		910g	1.4 kg	
皺葉		700g		
胡蘿蔔	50 g	60g	70 g	
花椰菜	250 g	400 g	800 g	
芹菜（莖梗）	18 g	30 g	40 g	
佛手瓜		230 g		
黃瓜				
英國黃瓜	95 g	120 g	340 g	
波斯黃瓜		85 g		
大蒜（球）	30 g	50 g		
茄子				
小茄子	100 g			
圓茄子		370 g	550 g	
日本茄子		230 g		
菊苣		85 g		
茴香（球莖）	170 g	200 g	270 g	
豆薯			455 g	
韭蔥	25 g	150 g	270 g	
萵苣				
迷你寶石萵苣（棵）		150 g		
蘿蔓萵苣（棵）		170 g		
洋蔥	150 g	200 g	300 g	400 g
歐防風	40 g	45 g	55 g	
馬鈴薯				
褐皮馬鈴薯		300 g	400 g	
育空黃金馬鈴薯		300 g	400 g	
糖餡南瓜	910 g			
紫紅菊苣	85 g	100 g	340 g	
紅蔥頭				
單球莖	35 g	40 g	45 g	
雙球莖	55 g	65 g	80 g	
番薯	150 g	250 g	400 g	
黃櫛瓜		200 g		
櫛瓜		85 g		

注意：這些重量的計算依據是一般蔬菜的平均重量，取自美國各地不同雜貨店的農產品。美國農業部是採用尺寸大小而非重量來分級蔬菜。

廚房裡

烹飪應該是愉快的體驗，不該令人緊張不安。不知為何，我們全都認定自家煮的或是從頭做起的餐點比較好，但並不一定是這樣。用讓人感到自在、在廚房裡比較沒有壓力的做法就好。如果不想從頭開始自製混合香料，那也沒關係，我也是用買的。我朋友在奧克敦（Oaktown）的香料店工作，他們的葛拉姆馬薩拉（garam masala）綜合香料，味道跟我自己弄的很不一樣，很令人興奮！建議找到可靠的香料來源，向他們整罐購入。我手邊有整盒在商店購買的有鹽及無鹽烘烤堅果和種子（嗨，艾娜・賈騰！）[1]，像是腰果、杏仁、南瓜子等等，放在冰箱裡備用。

只為了烘烤兩湯匙之類的少量堅果或種子，就要拿出平底煎鍋或開烤箱，相當浪費時間和精力。我會一次大量烘烤然後冷凍起來，也可以買已經烤好的。

如果需要使用雜貨店裡的罐裝、冷凍或是預切蔬菜，那也沒關係。我們總有太累或沒空的時候，沒辦法遵循食譜裡每一道現煮、自製的步驟。在適當時候採取捷徑，能讓人在廚房裡更得心應手——最終還能更享受廚房裡的時光。這本食譜不是高級技法和如何取得食材的練習，我和各位一樣，都是家常菜廚師。

大概是受到洛杉磯的影響，我把這些食譜想成是電影的場景，考慮演員（在這裡就是主要食材）如何在劇情中表現。對食材來說，影響表現情況的不是劇情和關係，而是烹飪技巧和增味劑（flavor booster）。我把增味劑定義為影響一道菜餚風味的食材，例如海鹽、家中食品儲藏室裡的綜合香料，或是從中國超市買來的焦糖色黑醋。增味劑也可能是增加風味的技巧，例如在烤架上烙烤茄子或櫛瓜，為菜餚增添煙燻香氣。這些全都有助於變化食材。

---

1. 艾娜・賈騰（Ina Garten）是一位美國電視名廚及食譜作者，並經營食品店 Barefoot Contessa。

幾項通用烹飪訣竅

- 我準備了一個圖表（頁 24），可以搭配本書中的食譜來使用，其中包括市售常見尺寸蔬菜的平均重量（經過我的測定），能幫助大家估算食譜中的用量。如果主要食材分量有增減，請邊煮邊試味道。
- 水是燒烤的敵人，洗淨蔬菜後，充分瀝乾再放進烤箱，用發煙點高的油或脂肪充分拌勻（油品的發煙點應該要高於烤箱溫度）。大部分的用途，像是燒烤和油煎或油炸，特級初榨橄欖油（攝氏 165 度到 190 度／華氏 325 度到 375 度）和葡萄籽油（發煙點攝氏 250 度／華氏 485 度）都很適合。我偏好用葡萄籽油來油炸，因為比較沒有味道，請記住，特級初榨橄欖油可能會有些許後味殘留，並不適合所有食譜。
- 如果燒烤蔬菜時有使用香料，要留意溫度和烹煮時間，小心燒焦。
- 如果希望烤得酥脆，就要把蔬菜在烤盤上攤開。適當的空氣流通是水分蒸散的關鍵，要不然蔬菜就會浸泡在菜汁裡，變得軟爛不脆。如果烤盤太擠，請把蔬菜分批烘烤。企圖全部擠在同一盤一次烤完，只會導致烤得不均勻或變得軟爛。大塊蔬菜像是青花菜、花椰菜或番薯，請切塊處理，擺在烤盤裡塗點油的烤網上，讓空氣和熱氣能在小朵花椰菜四周流通，達到最大的酥脆效果和均勻的褐變。
- 要想有效率、均勻地烹煮，務必在烹飪中途轉動燒烤中的菜色或烤盤，換個方向。
- 在燒烤之前，南瓜和茄子這類蔬菜應該灑點鹽靜置一下，以吸收多餘的水分。烹煮前把鹽沖掉，輕拍去除水分，可讓口感更酥脆。
- 富含糖分的蔬菜像是洋蔥、番薯，在高溫下可能會烤焦，所以油炸或燒烤時要特別注意。
- 蒸煮蔬菜時，煮好後再調味，否則蒸氣會在水凝結時調味料流失。
- 蒸煮蔬菜時，在蒸籠底部鋪上高麗菜或萵苣的菜葉，取代蒸籠紙或烘焙紙，這樣更有風味，也很環保，且減少浪費。
- 果膠是一種醣類，能讓細胞緊湊在一起，使得蔬菜的觸感緊實，烹飪過程中如何控制果膠會影響到成果。在沸水中加入小蘇打粉可以軟化果膠，烹煮澱粉類蔬菜例如非洲山藥、木薯、馬鈴薯時，用小蘇打粉能去除果膠，釋放出部分細胞和澱粉顆粒。這個方法應用在烤馬鈴薯和木薯，可以製作出鬆脆的外層（詳見「辣醬木薯」，下冊頁 68）。
- 焦糖化（caramelization）及梅納反應（Maillard reaction）是以加熱為基礎的烹飪方式中，兩種營造味道的主要化學反應。苦中帶甜、烘烤和煙燻的香氣、深棕色的焦糖色，都是這些反應的特徵。焦糖化發生在糖之間，而梅納反應發生在糖和蛋白質的氨基酸之間。請注意，這兩種反應可以同時發生，但每種反應發生的程度是一個更複雜的問題，超出本書的範圍。水是發生這些反應的關鍵，但過多的水分會延

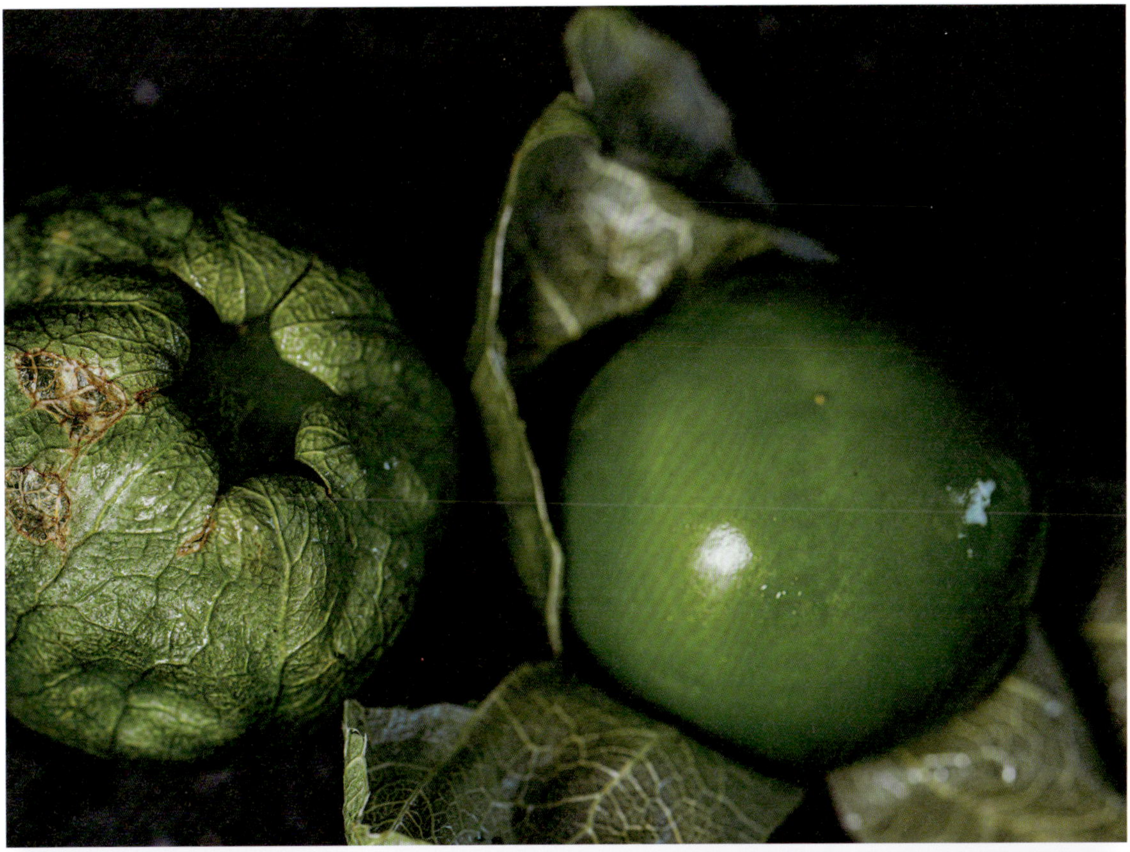

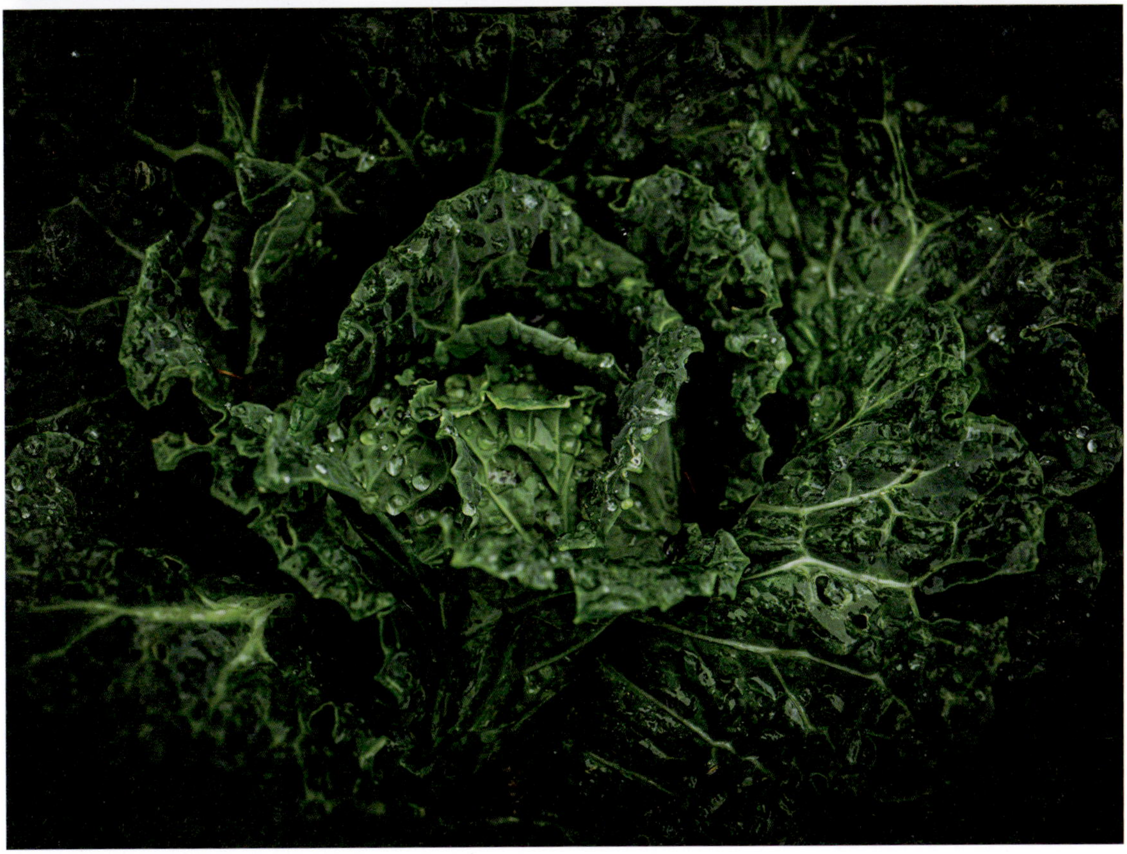

緩反應。相較於水煮或蒸煮，把蔬菜快炒、煎封、燒烤、炙烤，更能表現出明顯的風味和色澤。並不是水煮或蒸煮時沒有發生這些反應，還是有的，只是相較之下非常緩慢。小蘇打粉是這些反應的催化劑，所以加一點有助於加速這些營造味道的作用。

幾項我最愛的廚具

我有節儉跟怕雜亂的一面，會避免購買和收集功能有限的廚房小玩意，不過有些廚具我倒是很喜歡，因為能讓生活更便利，功能也不只一種。下列清單絕非無所不包，而是重點列出幾樣我經常使用的工具。

● **刀**：我有一把 20 公分（8 英吋）的主廚刀、一把 10 公分（4 英吋）的削皮刀，只要有這兩把刀，就能滿足大部分蔬菜備料的需求。鋸齒刀適合表皮軟嫩的蔬菜，例如番茄，因為鋸齒狀的邊緣能以很小的壓力產生乾淨的切口。無論哪種刀子，都要確保刀子鋒利，並且小心使用。

● **削皮器**：除了用來去皮黃瓜和馬鈴薯之外，我也會拿削皮器把高麗菜削成細絲，做成涼拌菜絲或沙拉。使用角度比較寬的 Y 字型削皮器，讓蔬菜削皮更有效率。

● **檸檬柑橘刨皮刀和刨絲刀**：我兩種都用，視需求而定。正如其名，檸檬柑橘刨皮刀很適合用來刮取細長的果皮絲，可用在檸檬、萊姆和其他柑橘類水果上，用於烹飪或裝飾。也可以用刨皮刀在蔬菜上刻劃，創造出各種形狀和圖樣，例如我會用刨皮刀在胡蘿蔔上劃幾道，之後再用切片器弄成薄片，看起來就會像花朵一樣。又或者是在黃瓜和茄子上做出好看的條紋邊緣（削掉寬度剛好的皮即可，這樣一來，黃瓜切片既不會苦也不會散開，還能保有一絲綠色）。我的刨絲刀（又叫銼刀磨碎器，rasp grater）專門在需要非常細的果皮絲時使用，例如加在燉菜或是湯裡，不必看得到，也不需要口感的情況時。銼刀磨碎器也很適合用來把肉桂和肉豆蔻刨成細碎粉狀，或是細細磨碎大蒜、薑，甚至起司也可以。

● **壓碎器和食物碾磨機**：除了能做出很棒的馬鈴薯泥之外，可以用來處理任何需要搗碎或弄成泥糊狀的蔬菜，包括青花菜、胡蘿蔔、番茄。我用 OXO 牌壓碎器來做馬鈴薯泥，處理大量馬鈴薯和番茄時，All-Clad 牌食物碾磨機是我的首選（我那台是在暢貨中心特價時買的），也能做出滑順的口感。食物碾磨機占據的儲物空間比壓碎器大很多，如果兩種工具都不想買，可以用叉子搗碎煮軟的蔬菜，例如馬鈴薯，再用細濾網壓過，也能得到滑順的口感。

● **切片器**：我很少用，因為容易出意外，不過用切片器能切出完美一致的薄片，想

切茴香、馬鈴薯、胡蘿蔔、黃瓜、蘋果，都沒問題。準備一雙凱夫拉（Kevlar）防割手套在使用時穿戴，因為切片器的刀片非常銳利。

●**蒸籠**：我用竹製蒸籠來蒸煮餃子和蔬菜（不鏽鋼製的也一樣好用），蒸籠好用又容易保養，使用後只需要晾乾即可。蒸煮之前，在蒸籠底部鋪上菜葉或烘焙紙，避免食物黏住，尤其是餃子類。

●**沙拉蔬菜脫水器**：多年來，我一直抗拒在家裡廚房增添沙拉蔬菜脫水器，直到某年耶誕節得到一台。這種脫水器靠離心力來去除多餘的水分（因為在高速旋轉時，水分和其他液體會被甩出去），讓沙拉裡的綠色蔬菜保持爽脆，也能弄乾洗清後的香草。也可以把洗清甩乾、還沒調味的新鮮沙拉放在脫水器裡直接冷藏，當作冰箱裡另一個蔬菜保鮮盒來用。

●**糕點刷**：過去幾年來，我漸漸愛上矽膠糕點刷，用來替食物塗上薄薄一層液體，不論是替小圓麵包刷蛋液，或是在蔬菜上刷油後烘烤都好用（詳見風琴歐防風佐開心果青醬，下冊頁172）。不像合成纖維或動物毛的刷子，矽膠刷永遠不會在食物上殘留刷毛。

●**鑄鐵香料研磨罐**：跟一般的胡椒研磨罐不一樣，鑄鐵香料研磨罐可以耐用多年，不需要經常更換。我有兩個，一個磨胡椒，另一個磨香料。

●**曲柄抹刀**：不只塗蛋糕糖霜好用，也很適合在蔬菜上攤平香料或抹醬（詳見寬葉羽衣甘藍菜卷，頁168）這種工具也可以伸進烤盤的小角落，或是用來鏟起一些小東西，像是餅乾之類的。

●**食物調理機或高速攪拌機**：食物調理機適合用來粗絞食材，容易操作，可以在短短幾秒內控制轉速，也能更換刀片。高速攪拌機適合用來製作乳濁的濃湯、果昔，還有非常滑順的沾醬和抹醬。

如何使用本書

曾經按照我之前的食譜書或專欄烹飪過的人，會發現本書的食譜寫作風格非常不一樣。根據這些年來從讀者那裡得到的回饋，我把食譜簡化，變得更好讀、更好操作。我參考了經典食譜《廚藝之樂》（The Joy of Cooking），把食材列表融入食譜的步驟中。食材及用量在步驟中以粗體字呈現，所以烹飪時擺在流理台上很容易看到，這正是我研發這些食譜時，在廚房裡寫作食譜的情況。我也盡可能把廚房用具的使用減到最少，好讓後續清洗及整理比較不麻煩。

本書中附有「蔬菜儲藏室」的說明（頁 32），希望對讀者有幫助。我建議大家可以去看看加州大學聖地牙哥分校的採後處理中心（Postharvest Center），關於儲藏農產品，他們提供了很棒的資源和資訊。

動手操作食譜之前，請先讀一下廚師筆記。這裡會有訣竅，還會說明原理以及各種資訊，包括如何微調技巧、更換替代食材，還有能讓人在這些食譜中發揮個性的其他方法。

關於替代食材：

本書無關甜點，也不講烘焙（只有燒烤），所以根據自己的需求替換食材很容易。但是替換時，請務必留意烹煮時間和調味，並視情況調整。在某些蔬菜的食譜中，例如非洲山藥（詳見頁 63），可以用一般的馬鈴薯取代，只需調整烹煮條件即可。

本書絕非純素食譜，而是一本關於蔬菜的食譜，有時候也會用到乳製品。必要的話，也可以換成你喜歡的植物奶（詳見「花椰菜波隆那義大利麵」，頁 200）或純素奶油。我會盡可能在每份食譜的廚師筆記中，列出替代方案。

蔬菜儲藏室

很多因素都會改變農產品的味道和口感，這並不令人感到意外，如果環境許可，我們的食物中存在的微生物，像是細菌、黴菌、酵母菌就會生長並導致農產品腐壞。幾百年來，我們的祖先研發出各種方法，以便更長久地保存食物，像是把穀物和農產品存放在陰涼處的陰暗容器中，利用糖、酸和鹽來貯藏食品，甚至是利用發酵。讓我們來看看幾種保存新鮮農產品的方法。

問題從何而來？

如果簡化成基本的等式，新鮮農產品的品質會因為蔬菜生物學和儲藏環境而受益或受損，並且兩者都受到時間的影響，這裡的目標是要減少或消除這些因素，從整體上預防食物腐壞以及細菌孳生。我們的食品儲藏室和冰箱等家電，能夠控制這些因素，讓食物能保存更久，品質也不會太過受損。

儲藏的新鮮農產品品質＝時間 × （植物生物學＋環境）

時間

時間也許是影響品質最顯著的因素，農產品存放越久，品質就變得越差。蔬菜變質時，會經歷生物化學上的變化，呼吸、蒸散、新陳代謝的比率都會改變，這些會改變蔬菜的香氣、味道和口感。例如豌豆和甜玉米會漸漸失去甜味，因為糖分逐漸消失，或是轉化成澱粉。綠葉蔬菜像是菠菜和羽衣甘藍會開始枯萎變黃，蔬菜也會失去水分，開始乾枯，就像久放的胡蘿蔔變得起皺乾扁那樣。

蔬菜的營養成分也會隨著時間流失，因為沒了維生素。隨著變質的過程持續，出現細菌和黴菌，蔬菜就腐爛了。我們盡力延長存放期限，盡可能購買最新鮮的農產品，並且控制其他因素，像是蔬果的生物特性和儲藏環境。

植物生物學

每一種新鮮蔬菜（和水果）都有自己的生命時程，一旦被採收或是進入成熟階段，細胞就會展開一連串的生物化學反應，呼吸釋放出二氧化碳和乙烯等氣體。

呼吸作用

就像人類，新鮮的農產品也會吸入氧氣並向空氣釋放二氧化碳。糖分和碳水化合物分解時所產生的二氧化碳，會儲存在蔬果內，農產品的呼吸最終會導致風味和口感變質，造成腐敗。

乙烯

植物在面臨壓力的情況下，例如缺水或過熱時，會產生一種帶有甜麝香味的氣體，稱為乙烯，用來協助成熟。乙烯觸發了熟化（老化），還有蔬果的成熟、葉片的變黃（分解綠色植物色素，也就是葉綠素）和掉落（脫離）。

蔬果如蘋果、香蕉、番茄和辣椒（我懂我懂，從植物學上來說，這些都是水果）在成熟時，會產生很多乙烯。如果把綠葉蔬菜像是菠菜跟這些水果一起存放，菜葉很快就會發黃衰敗，變得軟爛，最後成為一灘泥。為了避免這種情況，延長存放期限，在冰箱、食品儲藏室或廚房流理台上，要把這些會產生乙烯的蔬果跟容易受到乙烯影響的農產品分開存放。反之，如果想加速成熟，就要把易受乙烯影響的農產品放在會產生這種激素的蔬果旁邊。例如把香蕉放在芒果旁邊，有助於芒果成熟，請利用下方表格來輔助規劃存放蔬果。

酶

有一次我把番茄忘在廚房流理台上，放了三、四個星期，可以想見切開時那種乾軟的果肉和發芽的種子，讓我有多震驚。大家一定有過這樣的經驗，在流理台上擺了幾天之後，洋蔥變成爛糊、黃瓜變軟、甜玉米吃起來只有澱粉味。

易受乙烯影響	會散發乙烯
蘆筍	辣椒
青花菜	番茄
寬葉羽衣甘藍	
黃瓜	**不易受乙烯影響**
茄子	
萵苣	甜豆
洋蔥	大蒜
辣椒	馬鈴薯
櫛瓜	番薯
番薯	絲蘭

一旦採收之後，嚴格來說，蔬菜就進入了下一階段：變質。我們通常認為成熟會增加農產品的吸引力，但其實成熟是農產品變質的早期徵兆之一，是大自然確保植物繁衍的一部分過程。

某些蔬菜像是黃瓜和馬鈴薯，只要遭到撞傷或切開，果肉幾乎就會立刻變軟，呈現褐色。對蔬菜的物理損傷會破壞其細胞，釋放出酶，破壞周遭的蔬菜組織，像多酚氧化酶這種酵素，會導致蔬果呈現褐色。

環境

透過控制儲存農產品的環境，可以減少、延緩並有效消除導致腐敗的生物過程，像是成熟和呼吸作用。暴露在光線、不利的溫度、濕度和周遭的氧氣中，都會促成不利於蔬菜存放期限的條件。

光線

我很少讓新鮮的農產品直接暴露在陽光或廚房燈光下（就算是乾燥的穀物也一樣），除非我需要加速成熟（例如番茄）。大多時候我都會把農產品存放在陽光曬不到的地方。像菊苣這類蔬菜，一接觸到光線就會變綠，失去風味。光線也會破壞味道分子——例如胡椒鹼是黑胡椒中的辣味物質——讓農產品失去風味。把馬鈴薯、洋蔥、大蒜等農產品和乾豆子和香料存放在食品儲藏室或廚櫃中陰涼的地方，需要更低溫的新鮮蔬菜則應該放在冰箱裡。

溫度

根據美國農業部（USDA）的數據，大部分食物的理想儲藏條件如下：

乾燥食物

攝氏 10 度 [華氏 50 度]

冷藏食物

攝氏 0 度到 4.4 度 [華氏 32 度到 40 度]

冷凍食物

攝氏負 18 度 [低於華氏 0 度]

並非所有的新鮮農產品都適合冷凍儲藏，例如竹筍和豆薯的水分在冷凍過又解凍後，會失去脆度。因為每種蔬菜的狀況不同，無法列出單一的儲藏溫度建議，不過大原則是涼季作物應該保存在攝氏 0 度到 1.7 度 [華氏 32 度到 35 度] 之間，暖季作

物應該保存在攝氏 4.4 度到 7.2 度［華氏 40 度到 45 度］之間。

濕度

簡單來說，濕度就是蒸發到空氣中的水量。冰箱利用冷空氣循環來保持低溫，不過這會導致食物變乾。為了避免這種情況，請把冰箱維持在攝氏 13 度［華氏 55 度］、濕度 60% 到 75% 之間。冰箱裡的蔬果抽屜經過特別設計，能提供蔬菜較高濕度、水果較低濕度。現在有很多冰箱都能自行控制濕度，有些還利用智慧科技依需求感應及調整濕度。

氧氣

氧氣往往會降低食物的品質，因為會導致乙烯和二氧化碳的產生。商用食物儲藏公司通常會抽掉空氣以真空狀態保存食物產品，或者是用氮或二氧化碳取代空氣（好讓蔬菜不能呼吸）。有些蔬菜像是大蒜或洋蔥，最好保持那些像紙一樣的外皮完整，才能保存更久。如今很多冰箱都有內建空氣過濾器，能夠消除造成難聞氣味和食物腐敗的大部分氣體。

冰箱小幫手

要想保存新鮮和烹煮過的農產品，方法之一就是杜絕空氣接觸，可以利用夾鏈袋或保鮮盒密封來達到效果。食物真空設備也很好用（我愛用雙人牌的真空保鮮組），能夠去除空氣，不過使用時要注意，生鮮蔬菜像是洋蔥、大蒜甚至蘑菇，都可能帶有來自土壤裡的有害細菌，即使沒氧氣也能存活。這些蔬菜應該保存在透氣的環境中，例如蘑菇可以收在紙袋裡，放進冰箱。

要想儲存新鮮香草和沙拉葉菜，我喜歡在清洗過後用廚房紙巾包起來，因為紙巾有助於吸收濕氣，能避免菜葉變得黏糊糊。有些先進的食物儲存系統會利用容器內建的乙烯吸收器，吸收濕氣，提供額外的保障。你可以保留海苔點心這類乾燥食物包裝內的食品級乾燥劑，必要時，在儲存種子等乾燥農產品時重複使用。某些切塊蔬菜可以泡在新鮮的水裡放進冰箱，像是胡蘿蔔、彩椒、竹筍，只要記得每天換水即可。

冰箱及食品儲藏室農產品速查表

存放在冰箱
朝鮮薊
蘆筍
甜菜
比利時菊苣
青花菜
球芽甘藍
高麗菜
胡蘿蔔
花椰菜
芹菜
切塊蔬菜
四季豆
青蔥
香草
（羅勒除外）
葉菜類
韭蔥
皇帝豆
豌豆
櫻桃蘿蔔
菠菜
芽菜
夏南瓜
甜玉米

只存放在室溫下
黃瓜
茄子
薑
帶根的香草
（插在水裡）
豆薯
彩椒
西洋南瓜
番茄
冬南瓜

存放在陰暗處
乾豆子
大蒜
洋蔥
馬鈴薯
種子
紅蔥頭

改編自加州大學戴維斯分校採後處理中心（Post Harvest Center, University of California, Davis）。

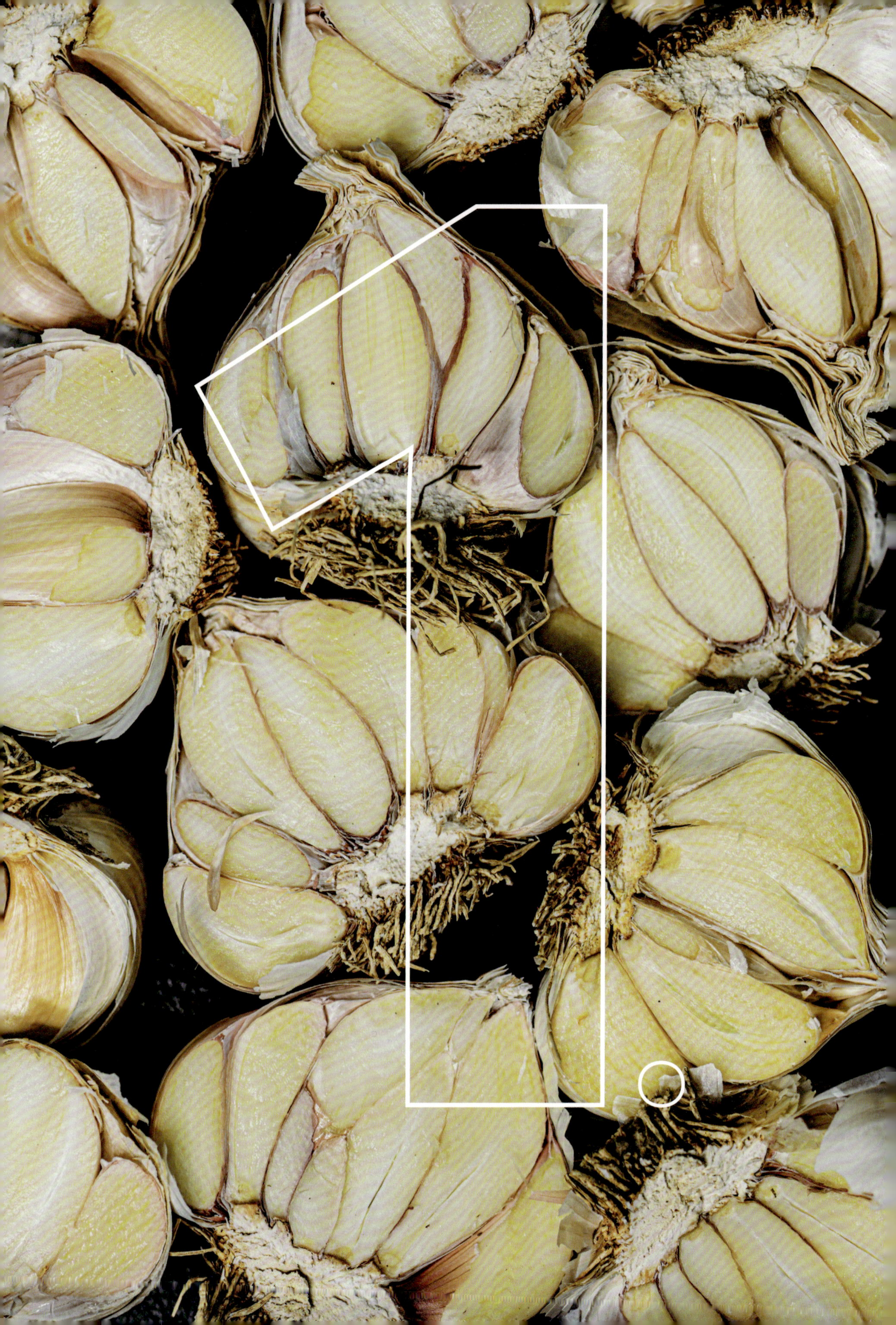
1.

Onions
洋蔥
Shallots
紅蔥頭
Scallions
青蔥
Leeks
韭蔥
Garlic
大蒜
+ Chives
+蝦夷蔥

石蒜科
Amaryllidaceae

這種蔬菜可以讓最神勇的戰士落淚,又能驅趕吸血鬼,地球上還有哪一科的蔬菜比這更強?

產地

蔥屬植物的地理起源不明,不過大部分的研究都指向亞洲。至於紅蔥頭的產地是中亞,青蔥是亞洲。韭蔥的產地在地中海和中東,大蒜的路徑則從中國到印度,再到埃及和烏克蘭。蝦夷蔥的產地則是歐洲、亞洲,可能還有北美洲。

洋蔥

我跟洋蔥有點私人恩怨:要不是洋蔥,我很可能會去讀烹飪學校。當年我在科學和廚藝兩種領域之間搖擺不定時,我媽引導我走向科學。她的理由是,我沒有毅力能在冷房裡剝皮備料洋蔥。她在旅館工作,看過很多年輕廚師,許多人被分配到的任務,就是在冷藏庫裡備料大袋洋蔥,那是存放蔬菜的地方(溫度比較低,能減少流淚的風險)。幸運的是,人生對我有其他的規畫,儘管有洋蔥這回事,我終究成為了廚師。

洋蔥是許多醬汁、燉菜、咖哩、醃漬滷汁的基礎,甚至可以做成裝飾。酥脆的炸洋蔥擺在印度香飯和抓飯上很賞心悅目,裹上麵包屑炸過的洋蔥圈也是(詳見黃金薩塔香料洋蔥圈,頁 46)。像沙拉這類生食的話,我喜歡用紅洋蔥,不過白洋蔥跟黃洋蔥除了生食,也可以用在烹飪。購買洋蔥時,要選購還保有乾燥外皮的,並且避開已經發芽的洋蔥。

紅蔥頭

　　紅蔥頭比洋蔥甜（天然含糖量將近洋蔥的三倍），但這並不表示切開時不會讓人流淚。紅蔥頭不管生食或煮過都好，比起洋蔥，我通常更愛用紅蔥頭，尤其是菜餚內只需少量洋蔥風味的時候（詳見印度小吃風填料複烤馬鈴薯，下冊頁151）。因為紅蔥頭的含糖量很高，我覺得比洋蔥更適合拿來製作洋蔥醬。

青蔥

　　想像這是比較嫩的香草版洋蔥，又比蝦夷蔥粗一點。蔥或青蔥是我最喜歡的菜色點綴，蔥綠和蔥白我都會使用，也很適合用在煸炒。在美國，「春蔥」（spring onion）一詞指的是嫩洋蔥，球莖比青蔥大，還附著綠色的莖梗。在英國和世界上其他許多地方，「春蔥」一詞也可以用來指青蔥。

韭蔥

　　在食物書寫中，有兩種食材總會被描寫成在烹煮時「融化」：鰻魚和韭蔥。兩者都不是真的「融化」，而是在烹煮時，熱度讓食材美妙轉化，於是每一口都能嘗到最柔嫩的口感。

　　韭蔥就像大型青蔥，把尾端去掉，只用白色和綠色的部位。有些雜貨店會把韭蔥先修剪過，請避免購買這類農產品，改選購完整的韭蔥。韭蔥往往會在生長過程中積聚沙子和沙礫，務必在烹煮前仔細沖洗。有次我興沖沖地咬了一口韭蔥歐姆蛋（地點就不透露了），卻咬到沒洗乾淨的韭蔥沙礫，感覺就像在吃砂紙一樣。切韭蔥之前我會清洗好幾次，切片後我會再洗一次，然後泡在一碗冷水裡，卡住的泥沙都會沉到碗底，切片的韭蔥變輕，浮在水面，小心取出就能避開沉澱物。

大蒜

大蒜是一種強大的食材,以抵擋吸血鬼和毀掉約會夜的能力著稱。但大蒜也是美味的必備食材,所以依然是公認的熱門蔬菜。烹飪時我會大量使用大蒜,準備大蒜的方式確實會影響風味強度,生食磨碎的大蒜,味道往往比較強烈,但煮過之後,大部分的香氣很快都會變得芳醇。

相較之下,切片或切碎的大蒜煮過之後,味道通常強烈得多。大蒜主要有兩種:一種有木質莖,叫做硬頸蒜(hardneck),另一種叫軟頸蒜(softneck),是雜貨店裡最常見的品種。軟頸蒜的風味通常比硬頸蒜溫和一點。

我們大多習慣看到一顆大蒜裡有好幾個蒜瓣,不過獨子蒜這個品種只有單一大瓣。另外,新鮮硬頸蒜會長出彎曲、像鵝頸一樣花莖,稱作「蒜薹」,也是很受歡迎的食材,一般會用橄欖油拌炒或是作為製作青醬的材料。在本書中,除非另有說明,一瓣大蒜指的是一顆較大蒜瓣的分量。

大蒜粉或乾燥蒜末是某些食譜的好選擇,像是想要控制水分含量,讓素漢堡保持結構時(詳見瑪薩拉素食漢堡,下冊頁 192)。大蒜粉放久了往往會吸收濕氣變硬,所以要收在密封盒裡(也可以放一包食品級乾燥劑)。如果大蒜粉結塊硬掉,可以試著用堅固的刀子切開,再用杵臼磨搗後使用。

黑蒜是一種美妙的大蒜,起源於亞洲,吃起來香甜中帶有一絲焦糖味。這種特殊的大蒜是許多主廚重視的食材,製作方式是把大蒜擺在陰涼、潮濕的地方發酵,也可以用慢燉鍋或舒肥機(sous vide),慢慢地以很低的溫度烹煮。有些品牌的黑蒜是用獨子蒜的單一大瓣做成(估計用量時要記住這一點,需要的瓣數會比較少)。實際使用時,我會用整顆(一大瓣)黑獨子蒜當作一整顆的黑蒜來用。在製作過程中,大蒜的刺激辣味消散,甜度增加,焦糖化和梅納反應產生深度焦糖味,並且帶有苦甜風味。我手邊都隨時常備一大罐黑蒜,用來拌入乳製品,像是優格和法式酸奶油(詳見孟買炸馬鈴薯丸裡的法式酸奶油沾醬,下冊頁 126)、蔬菜甚或是義大利麵食(加兩湯匙弄碎的黑蒜瓣到紅蔥頭+辣蘑菇義大利麵,頁 55)。因為黑蒜又軟又黏,最好的備料方式是用食物調理機或攪拌機弄成泥狀,或是用刀子的鈍端在砧板上壓成醬。

另一個蔥屬的成員象蒜(elephant garlic)並不是真的大蒜,而是一種韭蔥,風味溫和,不建議當作大蒜的替代品。

我們把蝦夷蔥當作是香草而不是蔬菜,用來拌入沾醬、少量灑在沙拉上,不會像敦韭蔥或鑲洋蔥那樣,當作主要食材來使用。蝦夷蔥主要有三種:嘗起來像洋蔥的叫做一般蝦夷蔥(common chives)或洋蔥蝦夷蔥(onion chives),另一個有洋蔥味的品種叫藍蝦夷蔥(blue chives)或西伯利亞蝦夷蔥(Siberian chives),有大蒜味的是中國蝦夷蔥(Chinese chives)或韭菜(garlic chives)。蝦夷蔥很適合用來做裝飾,很多菜色的最後修飾步驟都會用到,像是韭蔥+蘑菇吐司(頁52)還有義大麵(紅蔥頭+辣蘑菇義大利麵,頁55)。 蝦夷蔥的味道分子是脂溶性的,玉米餅佐蝦夷蔥奶油(頁59)就利用這種特性,製作出非常入味的美味奶油。

諸存

把洋蔥、紅蔥頭、大蒜這些蔥屬蔬菜存放在涼爽陰暗的地方,遠離陽光。放在網籃或紙袋裡,讓蔬菜呼吸,能減少濕氣累積,降低發霉的風險。新鮮的柔嫩蔥屬蔬菜如青蔥、韭蔥、蝦夷蔥,應該要存放在冰箱裡,因為放在食品儲藏室裡會乾掉。老實說,冷凍大蒜(和薑)是雜貨市場裡最棒的加工蔬菜之一,因為冷凍過還是跟新鮮的一樣好,萬一調味時突然短缺,手邊有冷凍的會很方便。

烹飪訣竅

切生洋蔥會讓人流淚,吃生大蒜會讓約會以災難收場,蔥屬以強烈的味道著稱。因為被切斷時,細胞破裂,釋放出叫做蒜胺酸酶(alliinase)的酶,產生容易揮發的化學物質。

以洋蔥和紅蔥頭來說,這種酶會讓人眼睛刺痛、流淚,大蒜則是會留下揮之不去的氣味。蒜胺酸酶在比較溫暖的時候,產生的化學物質最強烈,低溫則會降低這種酶的活性。所以為了減少切洋蔥和紅蔥頭時的「哭泣」,在切之前,我會先把洋蔥和紅蔥頭放在冰箱裡一、兩個小時(要是沒有預先準備,我就會戴護目鏡!)為了降低生洋蔥和紅蔥頭的刺激氣味,我會用一碗冰水泡個20分鐘,之後再瀝水拍乾,加進沙拉。

蔥屬富含糖分,以強烈的味道著稱,含有長鏈分子果糖(蜂蜜裡也有果糖),叫做果聚糖。有幾種方式可以帶出甜味,幾乎都靠破壞蒜胺酸酶,斷開果聚糖鏈。洋蔥和大蒜用醋或檸檬汁這類酸醃漬後,吃起來會變甜。酸汁提供的低酸鹼值讓蒜胺酸酶失去活性,使甜味變得明顯。酸也能分解某些果聚糖鏈,因此增加了甜度。以享

飪手法加熱時——燒烤、油炸、煸炒、舒肥——比較高的溫度會破壞蒜胺酸酶，有助於分解長鏈分子糖，加強甜味。

- 如果說本書中有一用再用的技巧，或者大膽點說，是這世上一用再用的技巧，那就是油炸和煸炒蔥屬蔬菜了。油炸和煸炒不只能增加甜味、消除生味的辛辣感，油脂也是強力溶劑，能引出蔥屬蔬菜的風味化學物質。芳香化學物質讓大蒜和洋蔥這類蔥屬蔬菜帶有其風味，並且能充分溶解在油脂中。油脂包覆這些風味後，會變得格外美味。此外，食物褐變的兩種主要作用，焦糖化及梅納反應，在烹調過程中，有助於創造出這些苦甜風味和深淺不同的焦糖色。

- 本書中有好幾個食譜就是靠蔥屬蔬菜褐變來充分發揮風味（詳見紅蔥頭＋辣蘑菇義大利麵，頁 55）。褐變牽涉到的變數很多——蔥屬蔬菜本身、熱源、烹飪用具，還有個人偏好讓食物褐變到什麼程度——如果硬要列出建議烹煮時間就太愚蠢了。因此在焦糖化洋蔥和紅蔥頭時，我省略沒有列出預估的「褐變時間」。

- 在進行褐變時，洋蔥和紅蔥頭不可避免會乾掉，很容易燒焦，為了避免發生這種情況，我利用了從美食作家艾利·史萊格（Ali Slagle）那兒學來的訣竅：加一、兩湯匙的水，產生的蒸氣有助於降低烹煮溫度，避免食材變乾。

速成醃漬紅洋蔥或紅蔥頭

這份速成醃漬紅洋蔥或紅蔥頭的通用食譜，幾乎適用於所有菜色，特別適合搭配扁豆湯（dal）、扁豆千層麵（下冊頁 100）或果亞豌豆咖哩（下冊頁 93）、瑪薩拉素食漢堡（下冊頁 192）。

四人份

在有蓋子的廣口瓶裡，混合 **1 杯 [140 克]** 紅洋蔥或紅蔥頭的薄切片、**½ 杯 [120 毫升]** 蘋果醋、**2 湯匙**切碎的新鮮香草（蒔蘿、蝦夷蔥、龍蒿、香菜或香芹）、**1 茶匙**烘烤過的香料（孜然、芫荽、茴香或黑種草籽）、**½ 茶匙**糖、**⅛ 茶匙**細海鹽。

至少冷藏 30 分鐘後再食用，可冷藏存放一到兩天。

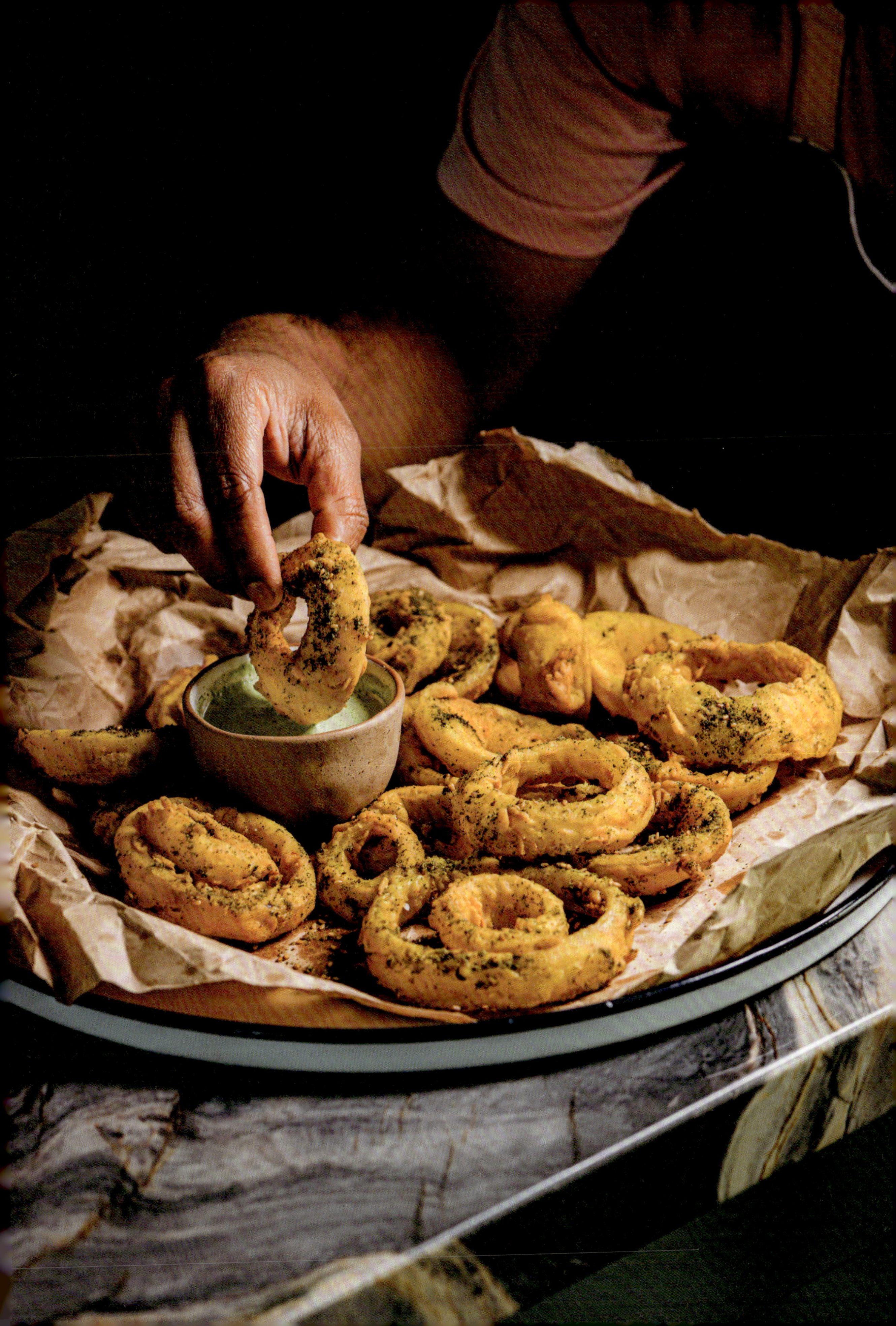

黃金薩塔香料洋蔥圈
佐白脫牛奶葛縷子沾醬

Golden Za'atar Onion Rings with Buttermilk Caraway Dipping Sauce

四到六人份

①備料洋蔥圈請用 **2** 個特大白洋蔥或黃洋蔥，切成 **13** 公釐［½ 英吋］的厚圈圈，分開後放進一個大調理碗中，加入 **1** 茶匙**細海鹽**攪拌混合，蓋上後在室溫靜置 **1** 小時。

②白脫牛奶葛縷子沾醬　這時候開始準備白脫牛奶葛縷子沾醬，在攪拌機或食物調理機內，混合 **1** 杯［**240** 毫升］原味無糖白脫牛奶或克菲爾優格、½ 杯［**20** 克］切碎的香菜、½ 杯［**5** 克］切碎的蒔蘿、**2** 瓣大蒜，粗略切碎、**1** 條綠辣椒，例如墨西哥辣椒，去掉莖後粗略切碎、**1** 茶匙整粒的葛縷子，攪拌至均勻，大約需要 30 秒到 1 分鐘。試味道後以**細海鹽**調味。把混合好的沾醬放到餐碗裡，上菜之前先蓋著，保持冷卻。可以在前一天先製作，收在密封盒內冷藏，最多可存放三天。

③把洋蔥放進細孔篩網裡，瀝掉液體，再用冷水清洗，使用沒有棉絮的廚房擦巾或紙巾拍乾。

④準備好要油炸時，在烤盤上鋪一層吸水紙巾或烤網。

⑤在一個大調理碗裡，攪拌混合 **2** 杯［**280** 克］中筋麵粉、½ 杯［**70** 克］玉米粉、**1** 茶匙黑胡椒粉、**1** 茶匙細海鹽、½ 茶匙薑黃粉。

⑥拿第二個大調理碗，攪拌混合 **2** 杯［**480** 毫升］白脫牛奶或克菲爾優格、½ 茶匙細海鹽、½ 茶匙薑黃粉。

⑦一次處理四分之一個洋蔥,避免太擠。擺放好洋蔥、兩碗裹粉、一個不鋪紙的大烤盤或托盤。用料理夾或兩隻叉子,把洋蔥放進麵粉混合物裡,攪拌均勻裹上。在碗緣輕拍,抖掉洋蔥圈上的多餘麵粉。把洋蔥圈浸入白脫牛奶混合物中,攪拌均勻裹上,在碗緣輕拍,抖掉多餘的汁液。再放回麵粉混合物的大調理碗中,攪拌均勻裹上,再次在碗緣輕拍,抖掉多餘的麵粉。把裹好漿粉的洋蔥圈放在烤盤上。

⑧用大而深的油炸鍋以中火加熱 **3 到 4 杯[710 到 945 毫升]發煙點高的中性油,例如葡萄籽油**至攝氏 180 度[華氏 350 度]。

⑨用熱油炸洋蔥,攪動分開洋蔥圈,炸到呈現金黃褐色酥脆為止,約 6 到 7 分鐘,把洋蔥圈移到準備好的烤盤上。分批油炸剩下的洋蔥,油炸前,請等油溫回到攝氏 180 度[華氏 350 度]再下鍋。炸好的洋蔥圈拌上 **2 湯匙薩塔香料**,自製(頁 208)或市售的皆可。

⑩搭配白脫牛奶葛縷子沾醬,立刻上菜。

烹飪漫談

我愛炸物,也愛香草沾醬,不過這裡隱含著更深層的訊息:冷熱溫度的結合,是一種令人愉悅的體驗。熱騰騰的酥脆洋蔥圈灑上薑黃和薩塔香料,浸入冰涼的香草白脫牛奶沾醬,讓溫度對比的概念得以優雅呈現。這道菜適合當作開胃菜,洋蔥圈也很適合夾在瑪薩拉素食漢堡(下冊頁 192)裡,並加上白脫牛奶葛縷子沾醬。可搭配冰涼的薑汁汽水或啤酒食用。

廚師筆記

- 在洋蔥上灑鹽可以利用滲透作用去除水分,恰到好處地軟化細胞的堅韌果膠(不要留置超過 1 小時),製造出更酥脆的口感、更均勻的風味。
- 避免用手替洋蔥裹漿粉,用手會造成炸洋蔥圈上的裹粉不均勻,也可能會導致裹漿粉不夠用(大部分都會黏在手指上)。兩隻叉子或料理夾會是烹飪這道料理時的好朋友。
- 想要特別酥脆的口感,可以在麵粉中加入 2 湯匙細粒粗麥粉(semolina)。
- 本食譜中的白脫牛奶和克菲爾優格可以互換使用,兩者都很濃郁滑順,有助於黏合洋蔥和裹粉。如果要用克菲爾優格,請找不會特別濃稠的品牌(Lifeway 和 Green Valley Creamery 這兩個牌子是我的最愛)。

番紅花檸檬油封蔥屬蔬菜＋番茄
Saffron Lemon Confit with Alliums + Tomatoes

四到六人份

①預熱烤箱至攝氏 180 度［華氏 350 度］。用大的鑄鐵或不鏽鋼平底煎鍋，以中火加熱 **2 湯匙特級初榨橄欖油**，加入 **2 棵大韭蔥，只用蔥白和淺綠色的部分，去掉尾端後橫切成薄片**，再加入 **4 個紅蔥頭，縱切對半**。用料理夾翻煮韭蔥至有香味，讓韭蔥軟化，紅蔥頭略為焦黃，約 3 到 4 分鐘。加入 **1 小顆大蒜，從中間橫切對半**，切掉側邊，必要時可再加油到平底煎鍋。煮到大蒜有香味，開始呈現褐色，大約 1 分鐘。關火，把蔬菜移到 20 乘 15 乘 5 公分 ［8 乘 6 乘 2 英吋］大小的深烤盤或麵包烤模。

②加入 **1 個檸檬，切成薄片（籽挑掉）**、**280 克 ［1 品脫］聖女番茄或葡萄番茄**，每個都用串肉叉或叉子戳洞。灑上 **1 茶匙紅辣椒碎片，例如阿勒頗（Aleppo）、馬拉什（Maras）或烏爾法（Urfa）辣椒**，還有**一大撮 ［15 到 20 縷］番紅花**。在盤中的蔬菜上倒入 **1 杯 ［240 毫升］特級初榨橄欖油**（必要時可多倒一些，蓋住蔬菜）。

③用鋁箔紙蓋住盤子，四周封緊。放在有邊框的烘烤盤上（以防冒泡溢出來），大約烤 1 小時。烤好時，韭蔥和大蒜會散開，紅蔥頭變得軟嫩。從烤箱拿出來後，蓋著靜置 10 分鐘再上菜。

④灑點**片狀鹽**，搭配**麵包**趁熱食用。吃剩的油封要冷藏，食用前加熱至室溫，就可以用來沾麵包。也可以提前一個禮拜製作，收在密封盒內冷藏，在烤箱內加熱至攝氏 150 度 ［華氏 300 度］。

烹飪漫談

說到慢煮，油封（confit，源自法文 confire 一字，「保存」或「結晶」的意思）或許是用途最多的技巧。油封的作法是把生的蔬菜或肉類浸泡在液體中，能避免有害微生物的生長——例如浸泡在油或濃縮糖漿裡——以低溫長時間慢煮。在這份食譜中，使用的媒介是橄欖油，用來慢燉大蒜、韭蔥、紅蔥頭、番茄。不同於油炸，這個作法一開始的油是室溫，在烤箱裡慢慢加熱，以達到更濃縮的風味和柔嫩的口感。

廚師筆記

- 為了充分發揮蔬菜的風味，先把蔥屬蔬菜在油裡稍微焦化。焦糖化及梅納反應的結合，有助於創造出絕妙的棕色調和苦甜風味。
- 番紅花的亮橘色和麝香氣味可溶於油脂，在烹煮過程中會滲透到橄欖油裡。
- 番茄戳洞有助於釋出汁液到油裡，讓風味更濃郁。
- 要使用小烤盤才能把這樣分量的蔬菜浸泡在橄欖油中，如果烹飪的容器太寬，就蓋不住蔬菜，無法確實烹煮。如果手邊只有大烤盤，請加入分量足夠的橄欖油，要完全蓋住蔬菜才行。也可以使用 23 公分（9 英吋）大小麵包烤模。

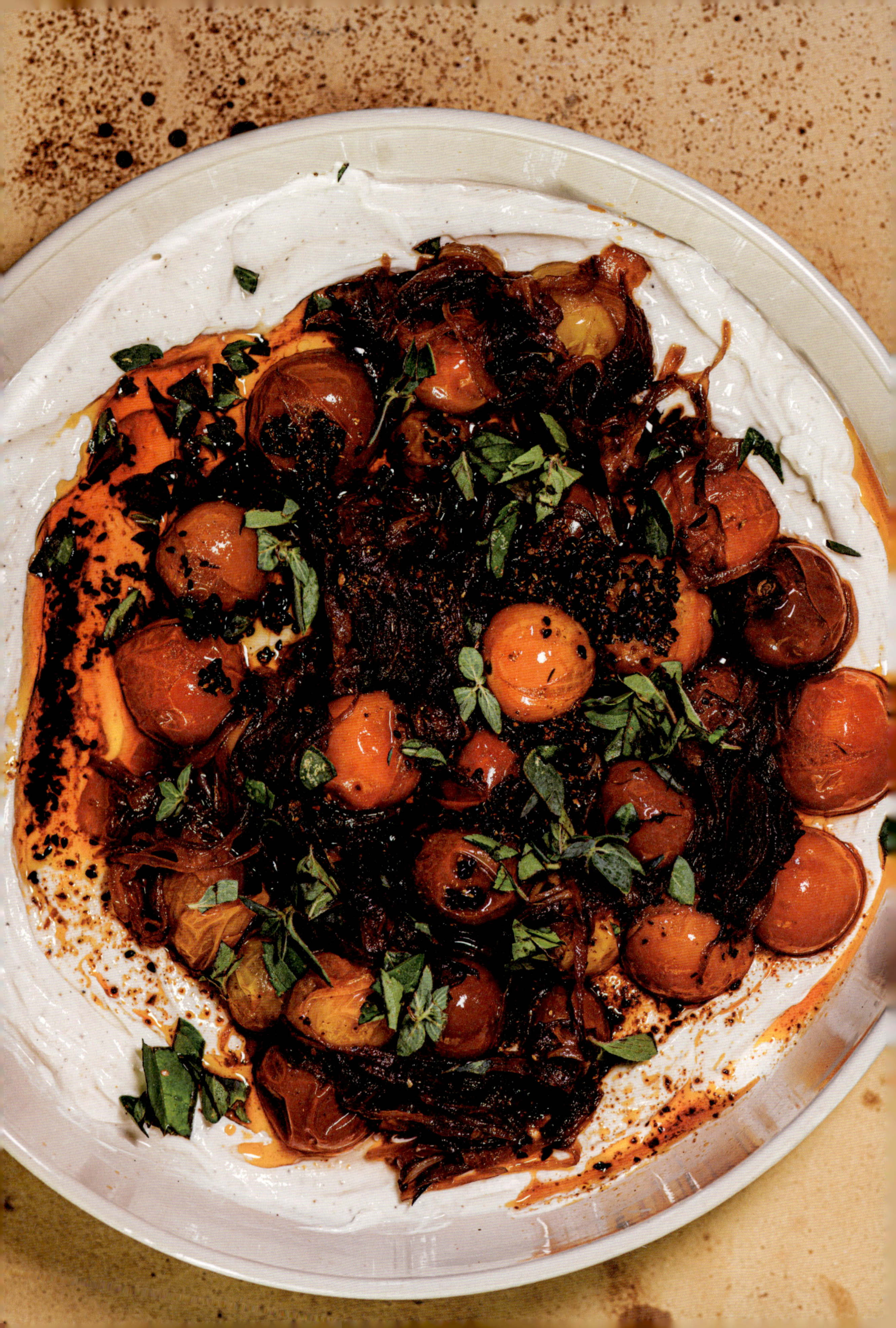

紅洋蔥＋番茄優格
Red Onion + Tomato Yogurt

四人份

①在大餐碗裡，**混合 2 杯 [480 克] 原味無糖全脂希臘優格或中東優格起司 (labneh)、1 瓣磨碎的大蒜、1 湯匙新鮮檸檬汁**。以**細海鹽**和 **½ 茶匙黑胡椒粉**調味。

②用小的鑄鐵或不鏽鋼平底煎鍋，以中高溫加熱 **2 湯匙特級初榨橄欖油**。加入 **1 個小紅洋蔥，縱切對半，再切成薄新月狀**。充分翻炒至洋蔥開始變成褐色，約 6 到 8 分鐘。

③加入 **280 克 [1 品脫] 聖女番茄或葡萄番茄**，煸炒至番茄開始迸裂，約 2 到 3 分鐘，加**一撮細海鹽**。關火，把洋蔥和番茄加在優格上。

④準備爆香 (tadka)。用乾淨的廚房紙巾擦過同一個平底鍋，以中火加熱 **2 湯匙特級初榨橄欖油**。油熱後，加入 **1 茶匙整粒的黑種草籽或孜然籽、½ 茶匙芫荽粉**。不斷翻炒種籽，直到有香味並開始變成淺褐色，約 30 到 45 秒。關火，加入 **⅛ 茶匙紅辣椒碎片**，例如阿勒頗或馬拉什辣椒。讓平底煎鍋裡的油打轉一下，倒在洋蔥和番茄混合物上。

⑤用 **1 湯匙切碎的新鮮奧勒岡、1 湯匙切碎的新鮮羅勒**，加以裝飾。灑點**片狀鹽（可不加）**，立刻上菜。

烹飪漫談

在我家幾乎都是我煮飯，不過燒烤是我先生的工作。我喜歡配菜能跟主菜平起平坐，這道簡單卻優雅的甜棕洋蔥與番茄，正適合搭配我先生的烤牛排和烤豬排。使用印度風味技巧的爆香，將香料融合在熱油中，讓配角轉化成餐點中令人嘆為觀止的明星。有時候我會煮這道菜當早餐，在上面加幾個水波蛋（就像 çilbir，土耳其蛋），搭配烤過的切片酸種麵包塗奶油。

廚師筆記

- 使用希臘優格或中東優格起司都可以。有些品牌比較鹹，調味前請先試吃一下，了解鹹度。
- 黑種草籽和孜然籽的味道不一樣，不過各別使用都很適合搭配優格。為了充分品嘗兩者對於這道菜的風味影響，請擇一使用，不要混用。
- 準備爆香時，請用心聆聽，翻炒中的香料會唱歌，劈啪砰作響，提示何時油夠熱了、何時該關火完工。

韭蔥＋蘑菇吐司
Leek + Mushroom Toast

四人份

①用大的不鏽鋼平底煎鍋，以中高溫融化 **2 湯匙無鹽奶油**，煮到乳固形物變成金黃棕色，奶油含的水分蒸發，停止劈啪作響，約2分半到3分鐘。必要時稍微蓋住鍋子，避免噴濺。

②加入 **2 湯匙特級初榨橄欖油**，翻炒 **½ 茶匙孜然粉**、**½ 茶匙黑胡椒粉**，直到有香味，約 30 到 45 秒。不斷翻炒，避免燒焦。轉低到中火，加入 **2 棵大韭蔥，只用蔥白和淺綠色的部分，去掉尾端後切成薄片**，煸炒至呈現微金黃焦色，約 7 到 10 分鐘。拌入 **230 克 [8 盎司] 小褐菇，去掉尾端後切成薄片**，煸炒至開始焦糖化，變成紅褐色，約 3 到 4 分鐘。

③加入 **2 瓣剁碎的大蒜**、**2 茶匙白味噌或淡色味噌**，煸炒至有香味，約 30 到 45 秒。

④在味噌中攪拌加入 **1 杯 [240 毫升] 水**、**1 茶匙低鈉醬油**。轉到高溫，煮沸。轉小火煨煮，不要蓋住，偶爾攪拌一下，收汁到液體變濃，剩下四分之三，約 12 到 15 分鐘。試味道後以**細海鹽**調味。

⑤烹煮蘑菇混合物時，準備吐司。預熱烤箱至攝氏 180 度 [華氏 350 度]，在中層放烤網。

⑥切 **4 片品質優良的酸種麵包**，每片厚約 13 公釐 [½ 英吋]。在每片麵包上塗一點特級初榨橄欖油或軟化的奶油，直接放在烤箱中層的鐵網上，烤 6 到 8 分鐘，直到呈現微金黃褐色酥脆（也可以用烤麵包機，烤好之後再塗一點油）。

⑦把蘑菇配料均分，鋪在 4 片吐司上，用 **1 湯匙切碎的蝦夷蔥**均分在 4 片吐司上，加以裝飾。別等待，立刻上菜，沒人喜歡泡軟的烤吐司，除非是麵包布丁。如果配料有剩，收在密封盒內冷藏，最多可存放三天。

烹飪漫談

「滿載的極簡主義」聽起來很矛盾，不過只有這麼說才能恰如其分地描述我喜歡的吐司，食材少，但分量多。給我一片配料滿滿的吐司，上面有柔嫩到會散開的韭蔥，還有多汁的蘑菇片，我就是個快樂的露營客。味噌和大蒜結合，加強了這道烤麵包片的美味。

廚師筆記

- 不一定要用小褐菇，這份食譜可以很輕鬆換成其他菇類。烹煮時間可能稍有變化，如果是比較小的菇類像是金針菇，可以省略切的步驟，不過記得要把金針菇分開。
- 提醒大家務必要仔細清洗韭蔥，吃到一大口沒洗乾淨的沙礫，感覺真的很糟。

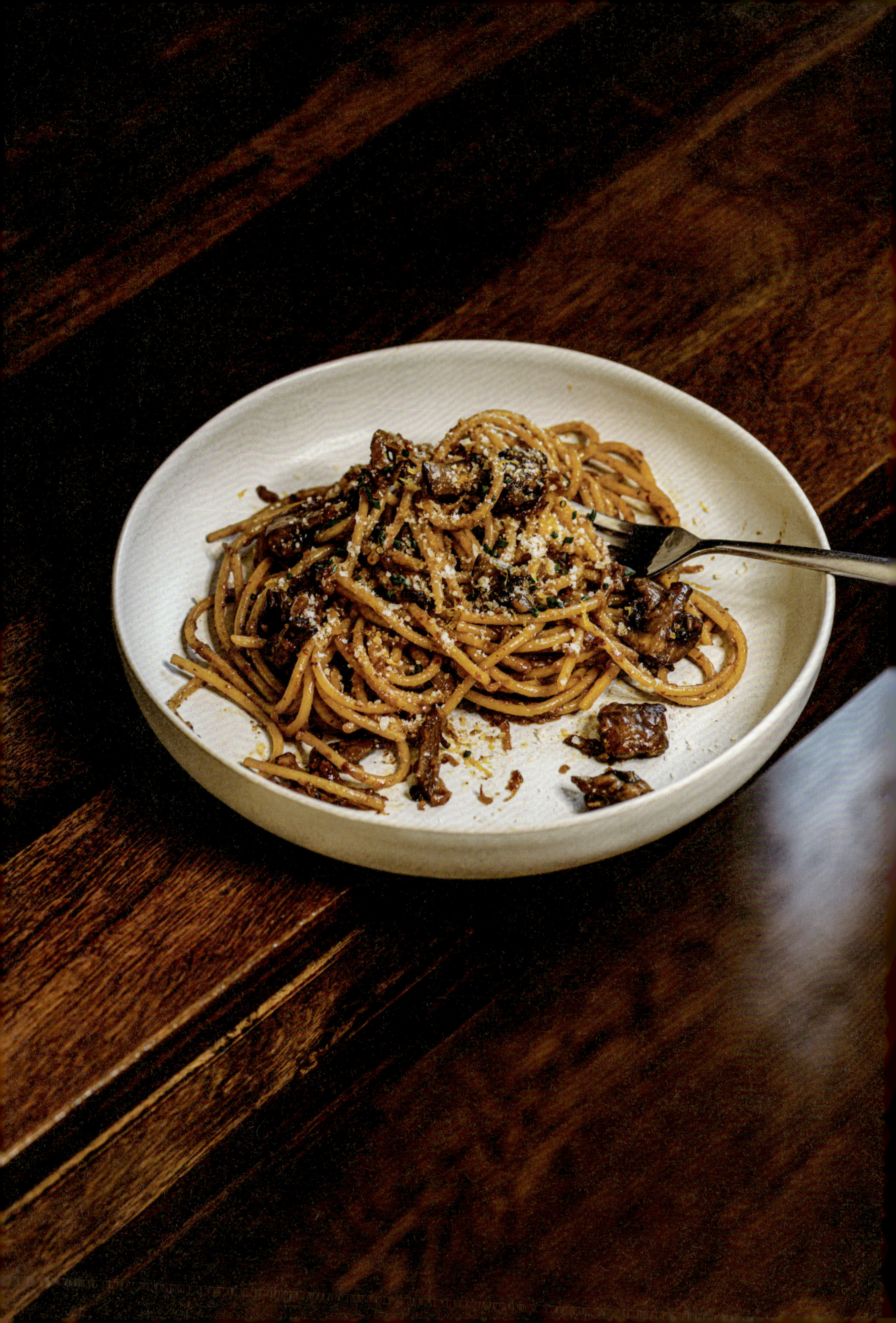

紅蔥頭＋辣蘑菇義大利麵
Shallot + Spicy Mushroom Pasta

四人份

①用大而深的鑄鐵或不鏽鋼平底煎鍋（30.5 公分／12 英吋），以中高溫融化 **2 湯匙無鹽奶油**。煮到乳固形物變成金黃棕色，奶油所含的水分蒸發，停止劈啪作響，約 2 分半到 3 分鐘。需要時稍微蓋住鍋子，避免噴濺。

②加入 **2 湯匙特級初榨橄欖油**，煸炒 **8 個紅蔥頭**，對半後切成薄片（總重量約 **435 克／15¼ 盎司**），加入 **½ 茶匙細海鹽**，炒到呈現深金黃褐色為止，約 25 到 30 分鐘。充分翻炒，避免燒焦。注意：褐變焦化洋蔥和紅蔥頭，是食譜寫作上最有爭議的事情之一，想預測明確的烹煮時間只是白費力氣。如果開始燒焦，可以利用食譜作家艾利·史萊格（Ali Slagle）的訣竅，加 1、2 湯匙的水降低鍋中溫度，繼續烹煮。

③加入並煸炒 **4 瓣剁碎的大蒜**、**1 茶匙紅辣椒碎片**，例如阿勒頗、馬拉什或烏爾法辣椒、**¼ 茶匙乾燥鼠尾草**，煮到有香味，約 30 到 45 秒。

④加入 **227 克 [8 盎司] 小褐菇**，切成四等分，煸炒至變成褐色，釋出汁液，約 4 到 5 分鐘。攪拌加入 **1 顆檸檬的細絲皮**、**1 湯匙新鮮檸檬汁**，試味道後以**細海鹽**調味。

⑤燒滾一大鍋加鹽的水，煮 **455 克 [1 磅] 義大利細麵條**，按照包裝說明，煮到有嚼勁為止。保留 **1 杯 [240 毫升] 煮麵水**，瀝乾煮好的義大利麵。

⑥把義大利麵加入平底煎鍋中，跟紅蔥頭和蘑菇混合物一起拌勻。加入 **½ 杯 [120 毫升] 保留的煮麵水**。攪拌均勻裹上，按需求加入更多的煮麵水。試味道後以細鹽和胡椒調味。用 **¼ 杯 [15 克] 磨碎的帕馬森起司**、**2 湯匙切碎的蝦夷蔥**，加以裝飾。趁熱食用。

⑦沒吃完的收在密封盒內冷藏，最多可存放三天。

後頁續

烹飪漫談

這份食譜是個里程碑：我第一次在書裡加入義大利麵食譜。有些烹飪的香氣令我夢寐以求，焦糖化紅蔥頭的香味就是其中之一。我把紅蔥頭當成更小、更甜版本的紅洋蔥，焦糖化之後，美好的甜味凸顯出來，成為蘑菇的完美配菜。有個我從印度香飯借用而來的小技巧：使用大量的紅蔥頭——我是指真的很多——效果會很棒。

廚師筆記

- 在此附上「別那麼做」的小技巧：別試圖加小蘇打粉想加速紅蔥頭或紅洋蔥的焦糖化及梅納反應，紅蔥頭或紅洋蔥的粉紅色來自於食用色素花青素，對於酸鹼的變化很敏感。加小蘇打粉會提高酸鹼值，讓粉紅色素變成可怕的綠色，還會釋放出一大堆水分（小蘇打粉會破壞紅蔥頭細胞壁中的果膠），於是美麗的紅蔥頭就會變成一團綠糊糊的爛泥。
- 栗子當季時，我會把烤栗子切成薄片，跟蘑菇一起煸炒。
- 油炸或炙烤過的哈魯米（halloumi）起司切成條狀，可以完美替代帕馬森起司。

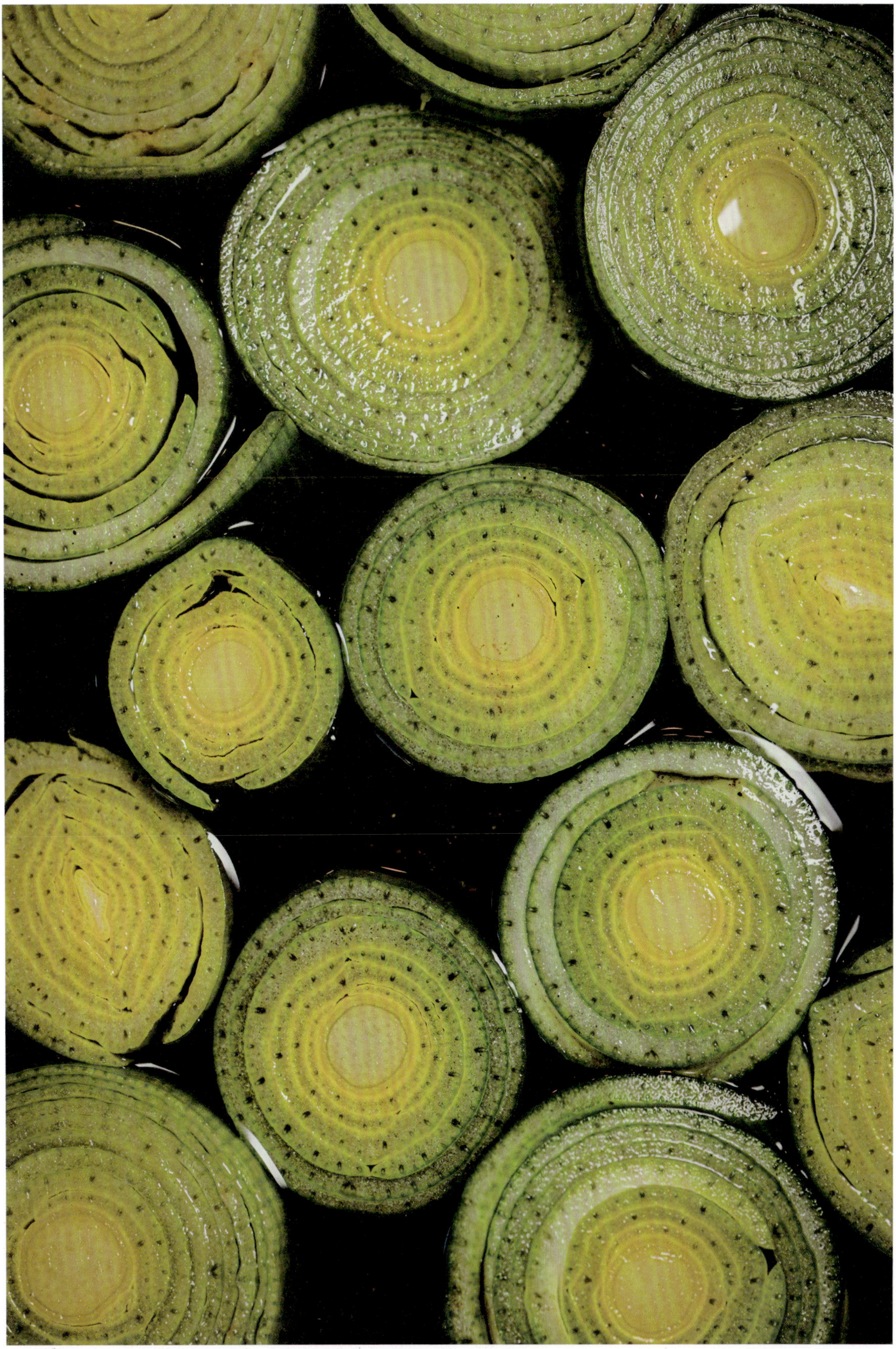

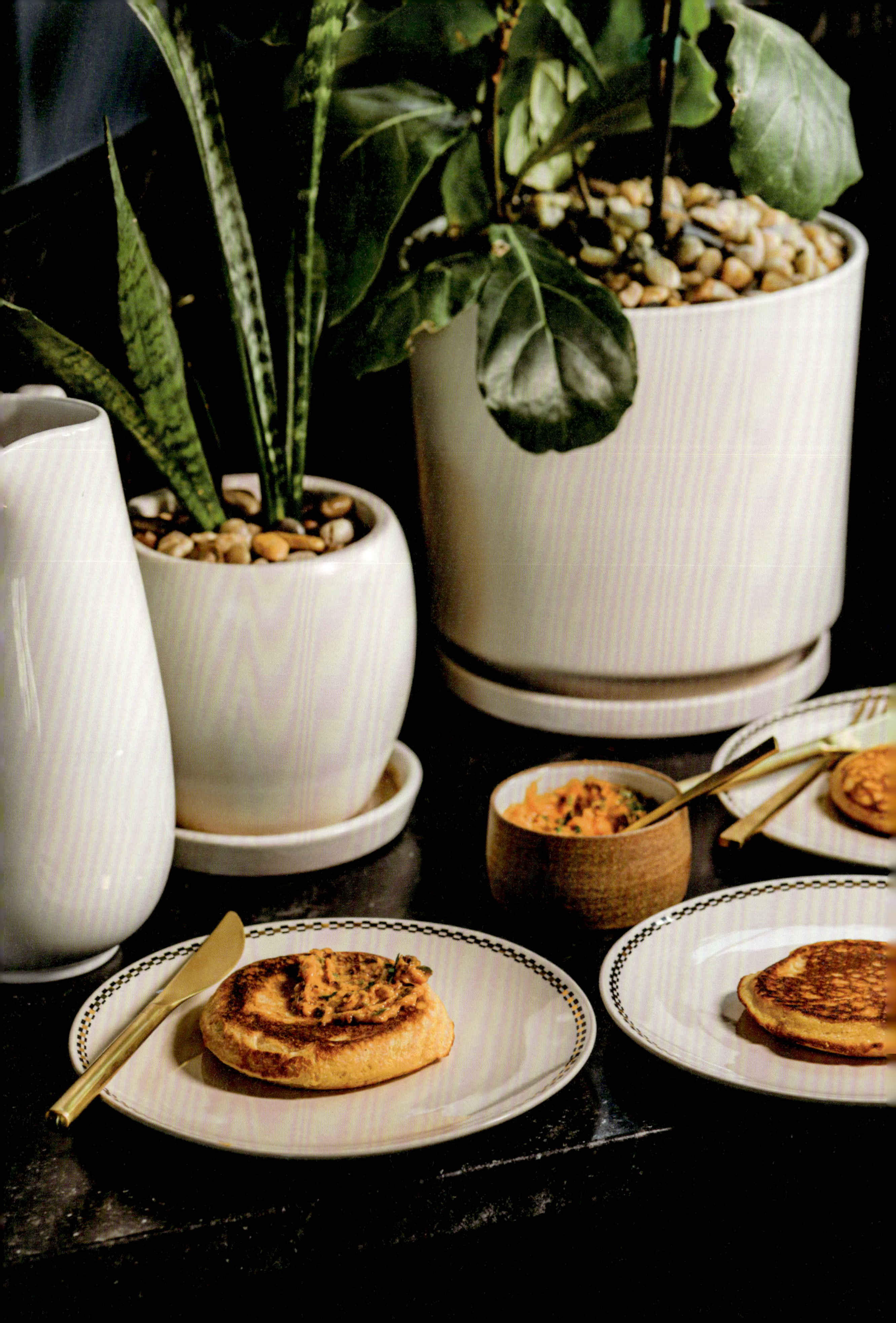

玉米餅佐蝦夷蔥奶油
Corn Cakes with Sichuan Chive Butter

四人份

①蝦夷蔥奶油　　在小碗中攪拌混合 **½ 杯 [110 克] 軟化的無鹽奶油**、**3 湯匙切碎的蝦夷蔥**、**2 大湯匙香辣脆油辣椒罐裡的固體**、**1 瓣磨碎的大蒜**。依需求加入**片狀海鹽**。做好的奶油收在密封盒內冷藏，最多可存放三天。

②準備玉米餅。攪拌混合 **1 杯 [140 克] 粗玉米粉**、**1 杯 [120 克] 低筋麵粉**、**1 茶匙細海鹽**、**½ 茶匙薑黃粉**、**½ 茶匙泡打粉**、**¼ 茶匙小蘇打粉**。

③在一個中調理碗裡，攪拌混合 **1 杯 [240 毫升] 白脫牛奶或克菲爾優格**、**¼ 杯 [50 克] 深色紅糖**[2]、**2 顆大蛋**、**2 湯匙融化的酥油、奶油或其他發煙點高的中性油，例如葡萄籽油**。在玉米粉混合物中間弄出井洞，倒入以上液體，攪拌直到完全均勻融合為止。

④用大的鑄鐵平底煎鍋或烤盤，以中低溫融化 **½ 湯匙無鹽奶油**。用湯匙舀取四分之一的玉米粉麵糊，倒在中間，均勻畫圈攤平，約15公分 [6 英吋] 大。蓋住平底煎鍋，烹煮到玉米餅的底部開始變得酥脆，呈現金黃褐色，約 2 到 3 分鐘。接著用大鍋鏟把玉米餅翻面，蓋上鍋蓋，再次烹煮到另一面也變得酥脆，呈現金黃褐色，約 2 到 3 分鐘。移到盤子上，用廚房擦巾蓋住保溫。分批準備剩下的玉米餅，依需求加更多的奶油到烤盤上。

⑤趁熱在玉米餅擺上一塊分量足夠的蝦夷蔥奶油，上菜。沒吃完的玉米餅收在密封盒內冷藏，奶油用烘焙紙包起來，收進密封盒。

烹飪漫談

有些人早餐喜歡吃煎餅，我則是喜歡吃玉米餅。我愛到願意為了玉米餅跑馬拉松，如果終點有玉米餅等著我，我會去參加。這些金黃色的玉米餅有著酥脆的棕色邊緣，加上一大匙融化的蝦夷蔥奶油，完美結合了甜、鹹、辣與熱度，切記，一定得加上大量的奶油。

廚師筆記

- 低筋麵粉的蛋白質含量低，產生的碎屑會比中筋麵粉細很多。

---

2. 編註：深色紅糖 (dark brown sugar) 含糖蜜量較多，濕潤感較高，帶濃厚焦糖風味，可用紅糖或黑糖代替。

烤大蒜＋鷹嘴豆湯
Roasted Garlic + Chickpea Soup

四人份

①預熱烤箱至攝氏 200 度［華氏 400 度］。

②**剝掉 1 小顆大蒜的外層薄皮，上半部去掉 6 公釐［¼ 英吋］**，塗上 ½ **湯匙特級初榨橄欖油**。用鋁箔紙包住大蒜，大約烤 1 小時，在 45 分鐘時確認一下。讓大蒜在鋁箔紙裡放涼，之後再繼續操作。把大蒜瓣從外皮擠出來，放進攪拌機。

③瀝乾並洗清 **2 罐 400 克［14 盎司］的鷹嘴豆**，預留四分之一瀝乾的鷹嘴豆，擺在廚房擦巾上，拍乾暫放。把其餘的鷹嘴豆放進攪拌機。

④在攪拌機中加入 **3 杯［710 毫升］低鈉蔬菜或牛肉高湯**，或是大師菇類蔬菜高湯（下冊頁 199）、**2 湯匙蘋果醋**、**2 湯匙白味噌或淡色味噌**、½ **茶匙薑黃粉**、½ **茶匙黑胡椒粉**、½ **茶匙肉桂粉**、¼ **茶匙卡宴辣椒粉**。以高速混合至滑順均勻。把液體倒進中平底燉鍋裡，煮沸。試味道後以**細海鹽**和**醋**調味。如果沒有立刻上菜，可先以小火保溫。

⑤用小平底燉鍋，以中高溫加熱 **2 湯匙特級初榨橄欖油**。翻炒預留的鷹嘴豆到呈現酥脆金黃褐色為止，約 4 到 5 分鐘。轉小火，灑上 ½ **茶匙乾燥奧勒岡或 1 茶匙切碎的新鮮奧勒岡**、½ **茶匙孜然粉**、½ **茶匙煙燻紅椒粉**、¼ **茶匙卡宴辣椒粉**。試味道後以**細海鹽**調味。轉動均勻裹上，翻炒至有香味，約 30 到 45 秒。關火。

⑥上菜前，把溫熱的湯分裝成 4 碗，分別用酥脆的鷹嘴豆裝飾，最後灑一點特級初榨橄欖油。

烹飪漫談

烤大蒜可能是我最愛的廚房大變身食材之一，大蒜的刺激味道變得柔和，轉化成甜如焦糖的氣味。這是我最愛的湯品之一，不只因為口味，也因為準備起來很快（尤其是手邊有熟鷹嘴豆的時候）。炒過的鷹嘴豆很適合充當烤麵包丁，為這道美妙的濃湯帶來鬆脆的對比。

廚師筆記

- 也可以用酥脆香料鷹嘴豆（下冊頁 83）取代炒鷹嘴豆，用烤麵包丁也不錯。
- 大蒜可以提前一、兩天先烤好。
- 除了紅椒粉以外，其他帶有煙燻氣味的辣椒──奇波雷（chipotle）和喀什米爾（Kashmiri）辣椒粉──也適合這道菜。

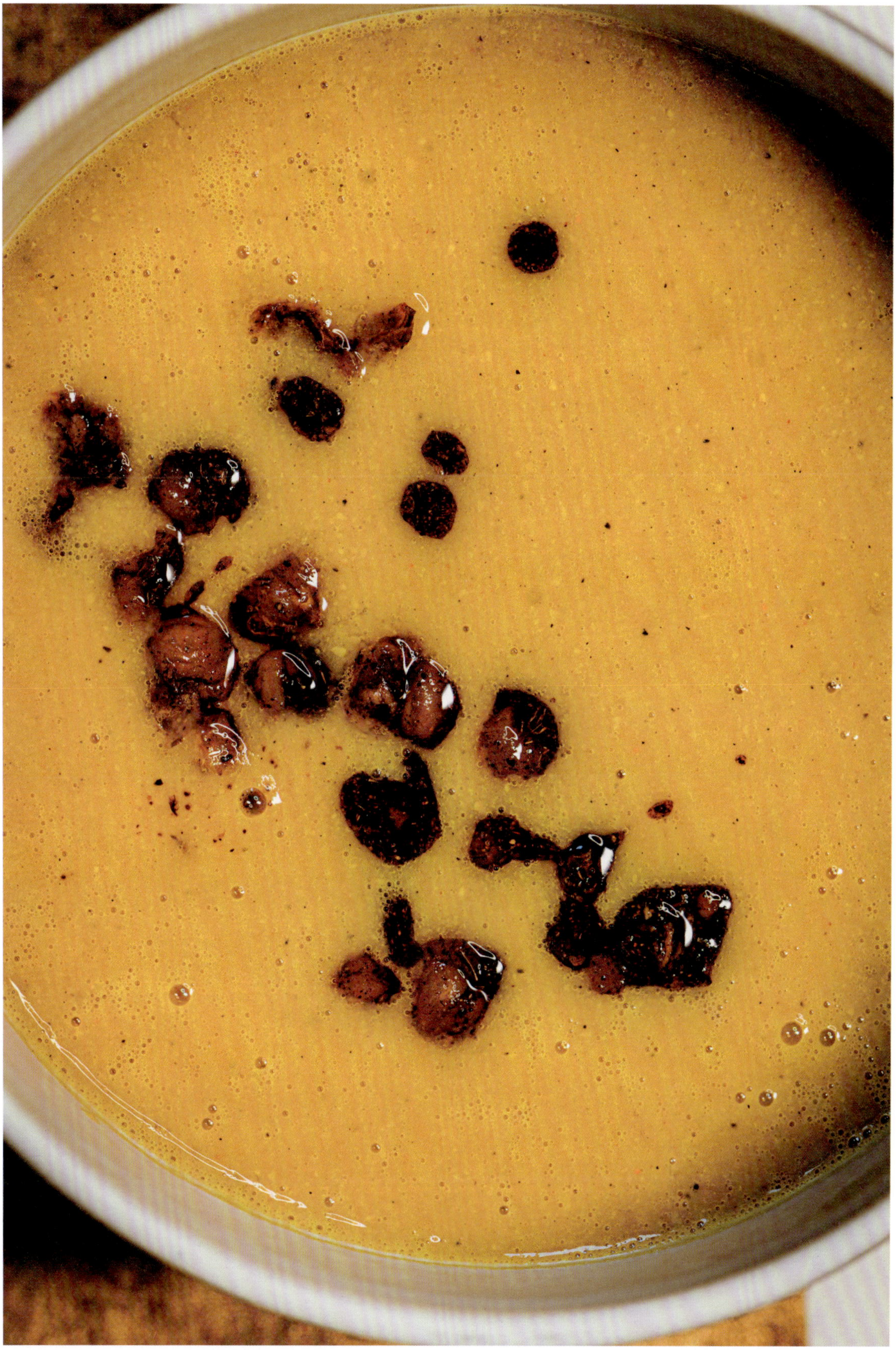

2.

Yams
非洲山藥

產地

非洲山藥起源於非洲、亞洲及加勒比群島。

非洲山藥

非洲山藥（西非名稱 nyami）常常會跟番薯搞混，除了都生長在土裡，這些塊莖類完全不一樣，不過大多時候，兩者在食譜裡都可互換使用。

非洲山藥跟番薯外觀不同（番薯，頁 151），非洲山藥的外皮粗糙，呈現棕色或黑色，帶有多毛的鬚根；相較之下，番薯的外皮比較平滑。不像番薯，非洲山藥不帶甜味，風味清淡，我覺得很適合用來呈現各式各樣的香料和調味品。煮熟的非洲山藥口感介於馬鈴薯和木薯之間：富含澱粉、略乾且帶有纖維感。

既然看起來跟吃起來都很不一樣，為何大家還會搞混非洲山藥和番薯呢？作家瑪格麗特·尹比（Margaret Eby）在《美食與美酒》（Food and Wine）一書中寫道，這兩種蔬菜的混淆發生在橫跨大西洋的奴隸貿易時期。販奴船從非洲載送俘虜，跟要給他們吃的非洲山藥。但美洲並沒有種植非洲山藥，也無法得取得，不過有番薯──原生於中美洲，再往北傳進美國。於是番薯在奴隸的飲食中取代了非洲山藥，非洲山藥（yam）一詞源自於多個西非字彙，意思是「吃」。

1930 年代時，路易斯安那州農業試驗場發表了許多新的番薯品種，由朱利安·C·米勒（Julian C. Miller）研發，擁有「吸引人的表皮、濕潤的橘色果肉，並富含維生素 A。」路易斯安那州的生產者想與傳統比較乾的白果肉番薯品種競爭，於是隨即展開積極的市場行銷。1937 年時，路易斯安那州業者把他們的產品命名為「yam」，刻意要讓這種橘色品種突出在市場上。yam 的名稱從此難以改變，全美國各地的雜貨店都把番薯叫做「yam」。本書中提到 yam 時，都不是指番薯，而是指真正的、非洲原生塊莖「非洲山藥」。

儲存

生非洲山藥應該存放在廚房裡陰涼的地方，可以放上幾個月。

烹飪訣竅

- 美國一般雜貨店裡買不到真正的非洲山藥，不過可以在非洲或加勒比雜貨店裡買到，或是上網購買。我買過迦納的普納山藥（puna yam），風味和口感都比較像馬鈴薯，而不像非洲山藥。那味道讓我想到帶有堅果香味的馬鈴薯，口感比馬鈴薯稍微乾一點。
- 非洲山藥通常滿大顆的，可以切下需要的分量烹煮就好。剩下的非洲山藥切口會變乾，以保護蔬菜維持幾個星期。另一種方法是全部都煮起來，取用需要的分量，再把剩下的冷藏，並於一個星期內用完。
- 參薯（Ube）是一種鮮豔紫色的非洲山藥，廣泛使用在菲律賓料理中，有時候會被誤稱為番薯或芋頭，這兩者也很常有紫色的品種。烹煮過後，澱粉塊莖應該要壓碎或放進食物調理機打成泥糊，弄斷纖維，之後通常會做成甜點，例如冰淇淋或蛋糕。
- 非洲山藥必須完全煮熟才能食用，熱度有助於破壞天然存在的有毒化合物，像是黃藥子素（diosbulbins）、組織胺、氰，讓人可以安全食用非洲山藥。
- 生非洲山藥削皮後會變得滑溜，備料過程中用自來水清洗並稍微拍乾，有助於穩定掌握非洲山藥。處理時請戴手套，因為非洲山藥的汁液可能會刺激皮膚（就像佛手瓜一樣，詳見烹飪訣竅，下冊頁 42）。
- 烹煮非洲山藥之前請先完全削皮，包括棕色薄皮和深色斑點，否則會在加熱時變黑，尤其是在燒烤的時候。
- 我比較喜歡用一鍋加鹽的水來煮非洲山藥，然後再用攝氏 220 度［華氏 425 度］燒烤（詳見糖醋非洲山藥，頁 72）。比起只有燒烤，這麼做可以讓口感更滑順。

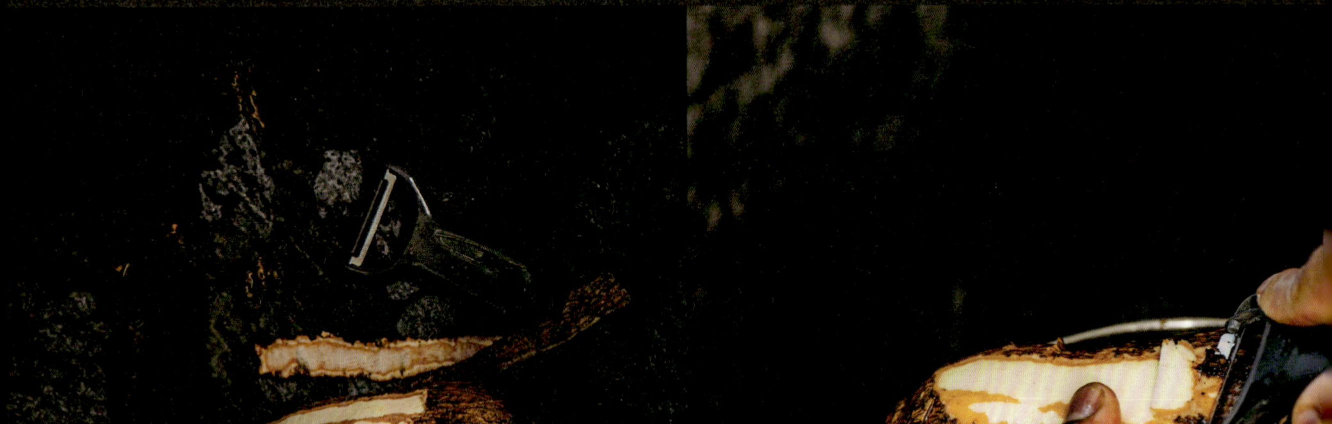

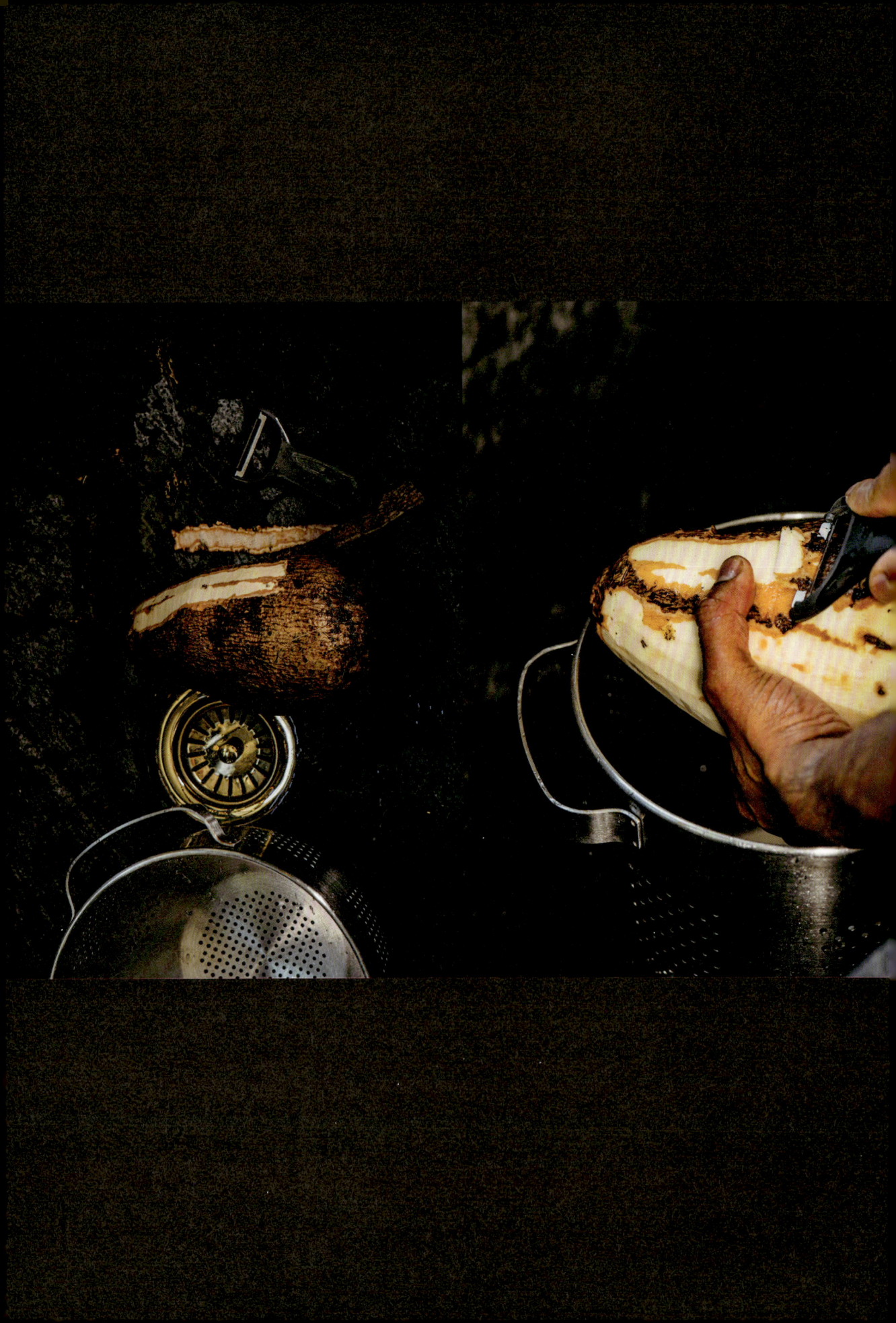

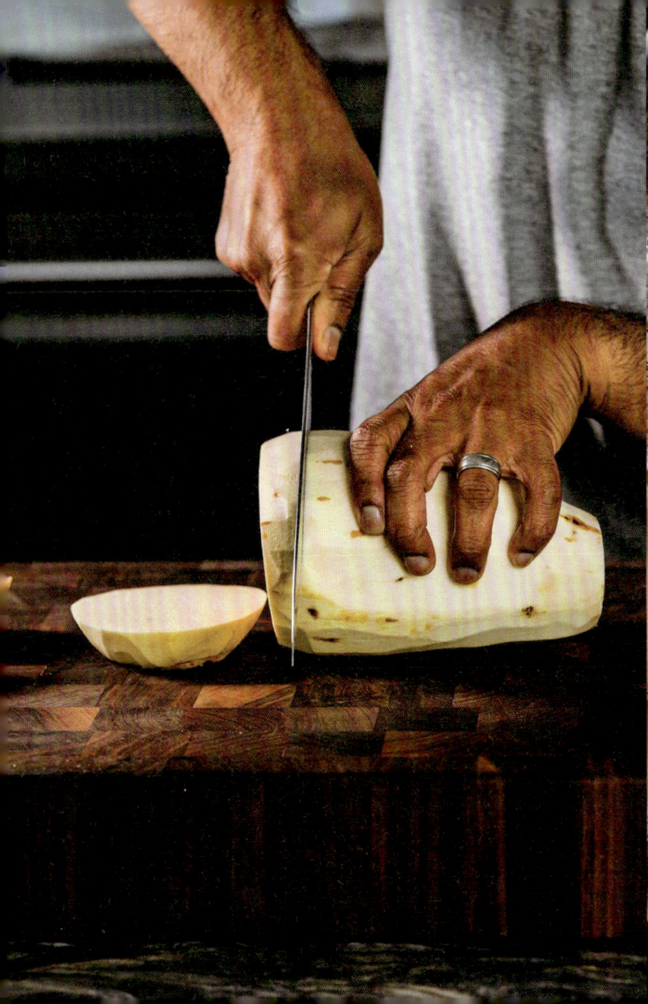
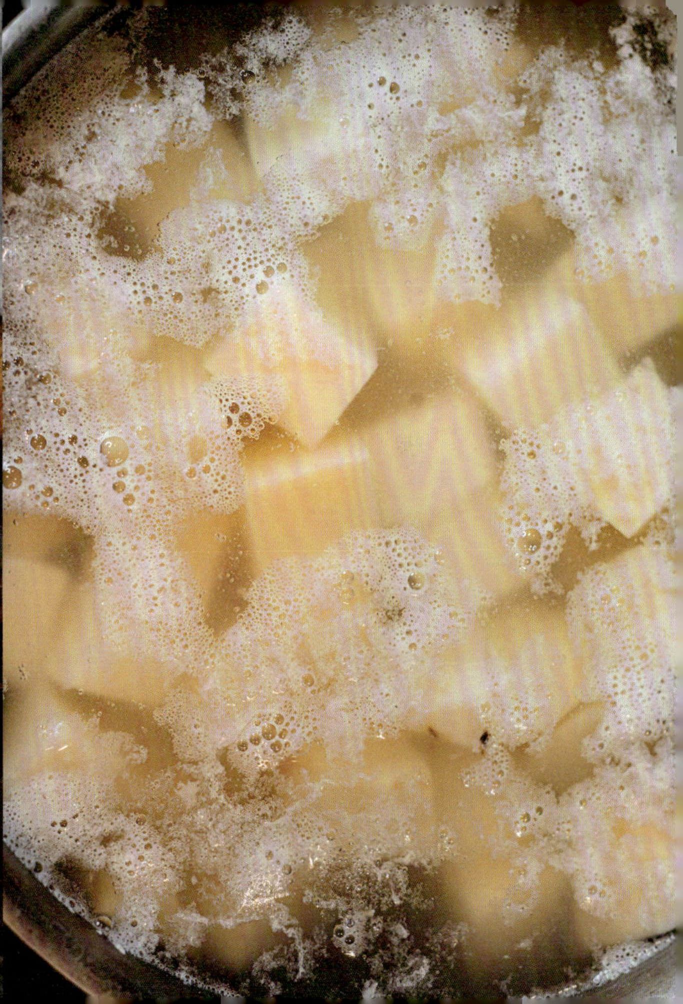

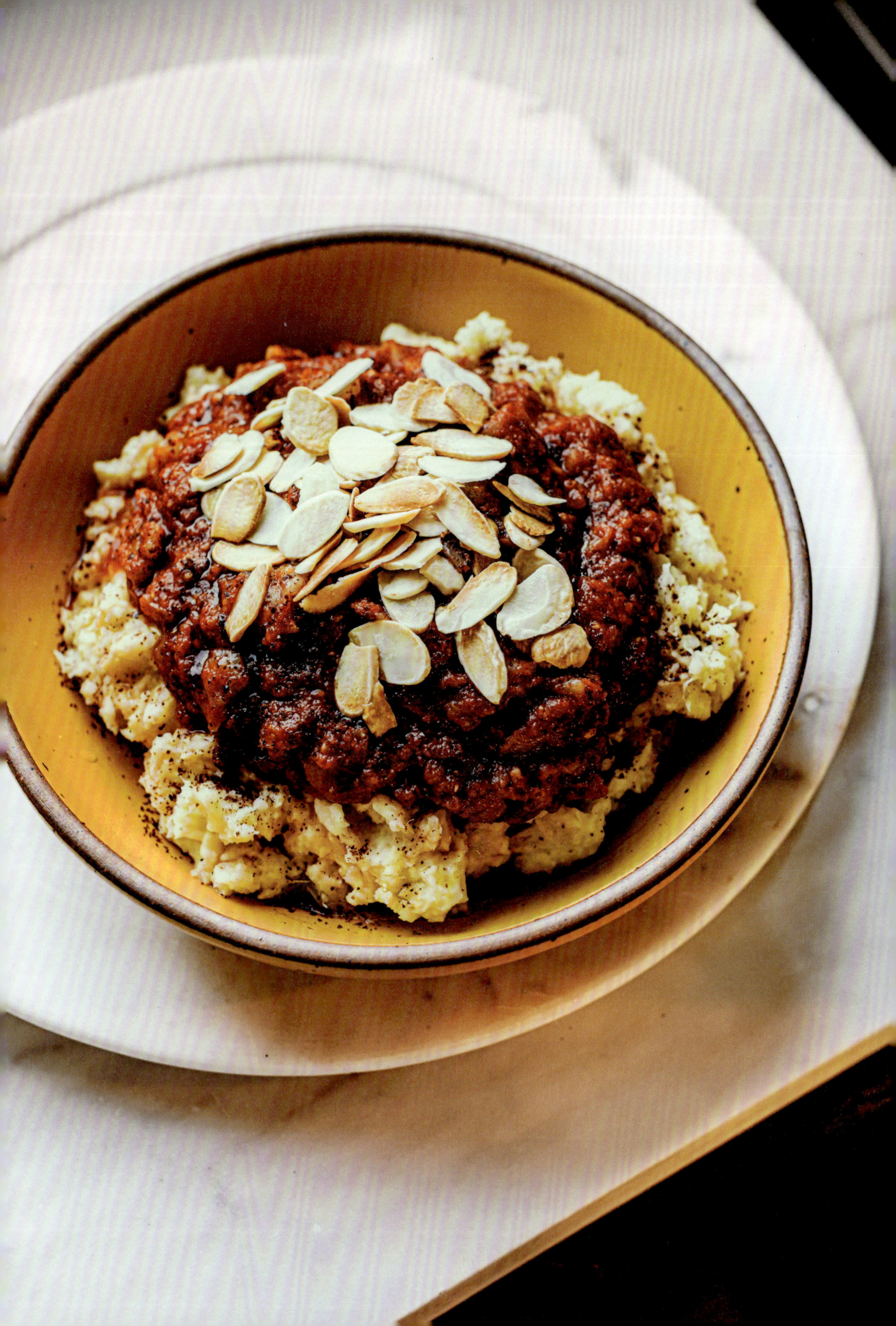

非洲山藥泥佐番茄醬
Mashed Yams with Tomato Sauce

四人份的配菜

①用中平底燉鍋，放進 **455 克 [1 磅] 非洲山藥**，削皮後切成 13 公釐 [½ 英吋] 的丁塊、**1 茶匙細海鹽**，加入足夠的水蓋住食材，水高約 2.5 公分 [1 英吋]，以大火煮沸。轉小火煨煮，蓋住烹煮到非洲山藥軟化，能夠輕鬆用刀或叉戳過去，約 12 到 15 分鐘。關火，瀝乾並倒掉水。

②烹煮非洲山藥的同時，準備沾醬。用中平底燉鍋，以中火加熱 **2 湯匙特級初榨橄欖油**。加入 **1 個中型白洋蔥或黃洋蔥**，切丁，煸炒到變成半透明，約 4 到 5 分鐘。加入 **5 瓣磨碎的大蒜、1 茶匙煙燻紅椒粉、1 茶匙孜然粉、1 茶匙芫荽粉、1 茶匙鹽膚木粉、½ 茶匙肉桂粉**。煸炒到有香味，約 30 到 45 秒。攪拌加入 **1 罐 400 克 [14 盎司] 的碎番茄**，轉到中高溫，煮沸，小心避免噴濺。關火，試味道後有需要的話，以**細海鹽和一撮糖**調味。

③把煮好的非洲山藥移到大調理碗裡，用叉子或馬鈴薯搗碎器壓到滑順為止。混合 **¼ 杯 [60 毫升] 的特級初榨橄欖油、2 到 4 瓣磨碎的大蒜**（詳見廚師筆記）、**½ 茶匙黑胡椒粉**。試味道後以**細海鹽**調味。

④把非洲山藥放到餐碗裡，加上 **¼ 杯 [25 克] 烤過的無鹽杏仁片、½ 茶匙鹽膚木粉**。灑上**特級初榨橄欖油**，趁熱或放涼吃皆可。

⑤沒吃完的收在密封盒內冷藏，最多可存放三天。

烹飪漫談

享用澱粉類蔬菜，尤其是塊莖類，最可靠、最撫慰人心的方式之一，就是煮熟後壓碎成滑順的泥糊。這道可口的配菜適合搭配燉肉和烤根莖類蔬菜，也很適合替代馬鈴薯泥。這道菜也可以包在酥脆的印度煎薄餅（dosa）裡，搭配番茄醬。

廚師筆記

- 如果找不到非洲山藥，可以改用褐皮馬鈴薯，效果不同，但依然美味。
- 我發現非洲山藥泥就像海綿一樣，調味時往往需要下手重一點，加進兩倍、三倍或四倍的新鮮蒜瓣，以配合個人口味。

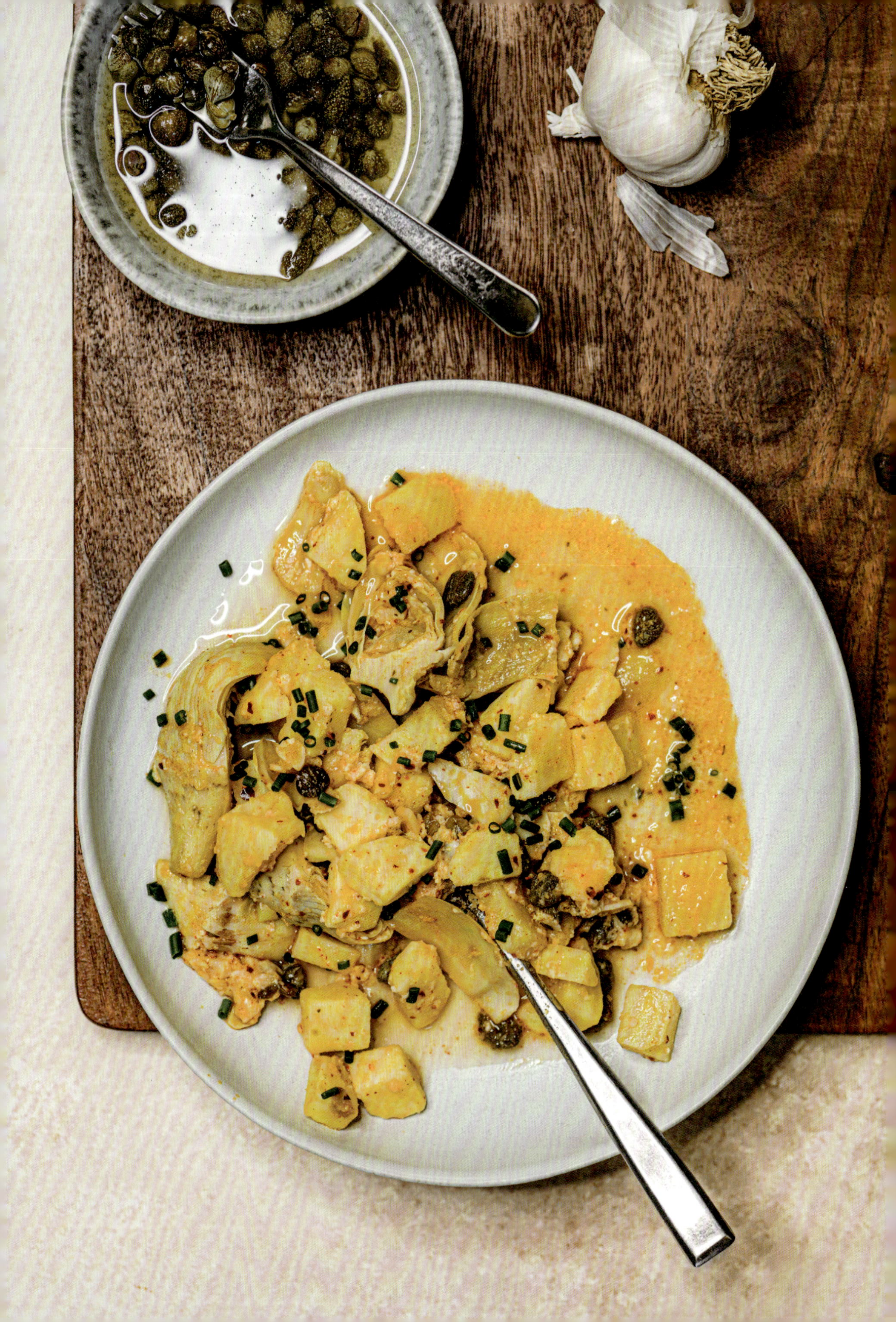

檸檬＋朝鮮薊非洲山藥
Lemon + Artichoke Yams

四人份

①用大平底燉鍋，放進 **680 克 [1½ 磅] 非洲山藥**，削皮後切成 13 公釐 [½ 英吋] 的丁塊、**1 茶匙細海鹽**，加入足夠的水蓋住食材，水高約 2.5 公分 [1 英吋]，以中高溫煮沸。轉小火燜煮，蓋住烹煮到非洲山藥軟化，能夠輕鬆用刀或叉戳過去，約 12 到 15 分鐘。關火，在水槽上倒進濾網，把非洲山藥留在濾網中備用。

②烹煮非洲山藥的同時，準備朝鮮薊沾醬。用中平底燉鍋，以中火加熱 **2 湯匙特級初榨橄欖油**。加入 **4 瓣大蒜**，切成薄片、**1 湯匙瀝乾的醃漬續隨子**、**1 茶匙紅辣椒碎片**，例如阿勒頗、馬拉什或烏爾法辣椒、**1 茶匙煙燻紅椒粉**。煸炒到有香味，約 30 到 45 秒。

③攪拌加入 **1 罐 400 克 [14 盎司] 瀝乾切碎的水煮朝鮮薊心**、**1 顆檸檬的細絲皮**、**3 湯匙新鮮檸檬汁**。煮到有香味，約 30 到 45 秒。攪拌加入 **½ 杯 [120 毫升] 水**、**1 杯 [60 克] 磨碎的帕馬森起司**。

④拌入煮熟的熱非洲山藥，以**細海鹽**和**胡椒**調味，**依喜好加入更多檸檬汁**。用 **2 湯匙切碎的蝦夷蔥**加以裝飾，喜歡的話可以灑一點**特級初榨橄欖油**，立刻上菜。

烹飪漫談

很多好食譜都跟最初的構想差很多，這本來是義大利麵食譜，不過在研究學習怎麼烹煮非洲山藥的時候，我發現這種塊莖類那略為清淡的風味，很適合用來替代各種菜色中的食材。煮過的非洲山藥就像磁鐵一樣，吸收了柑橘風味和香料，朝鮮薊則提供了滑順柔嫩的口感，與非洲山藥的澱粉果肉形成對比。

廚師筆記

- 如果找不到非洲山藥來做這道菜，可以改用褐皮馬鈴薯、胡蘿蔔或歐防風。
- 如果想要辣一點，可以使用比較辛辣的辣椒品種，例如卡宴或是卡拉布里亞（Calabrian）辣椒。
- 想讓醃漬續隨子的味道更明顯，可以使用雙倍的分量，瀝乾後，拿一半用熱橄欖油翻炒至呈現酥脆金黃褐色為止，在最後步驟再拌入。

糖醋非洲山藥
Sweet + Sour Yams

四人份

① 預熱烤箱至攝氏 180 度［華氏 350 度］。在烤盤鋪上鋁箔紙。

② 拿一個大碗，攪拌混合 **680 克［1½ 磅］非洲山藥，削皮後切成 13 公釐［½ 英吋］的丁塊、2 湯匙特級初榨橄欖油、細海鹽**。平鋪在準備好的烤盤上。蓋上第二層鋁箔紙，折疊邊緣，密封固定，烤 30 分鐘。用矽膠鍋鏟翻動非洲山藥丁塊（不必用到料理夾，因為太多塊要翻面了）。移除鋁箔蓋，再烤 30 到 45 分鐘，直到呈現酥脆金黃褐色為止，移到餐碗裡。

③ 烤非洲山藥的同時，在攪拌機或食物調理機內加入 **½ 杯［100 克］壓緊的淺色紅糖**[3]、**½ 杯［120 毫升］米醋、1 杯［210 克］鳳梨丁、1 茶匙魚露或胺基酸醬油 (liquid aminos)**[4]、**2 湯匙新鮮萊姆汁、1 茶匙紅辣椒碎片（使用比較辣的品種）**。以高速攪拌，瞬速打至滑順，試味道後以**細海鹽**調味。把醬汁移到小平底燉鍋，以中高溫煮沸。關火，把熱醬汁倒在煮熟的熱非洲山藥上，攪拌均勻裹上。

④ 用 **2 支青蔥，蔥白和蔥綠都要，切成薄片、2 湯匙切碎的香菜、1 顆萊姆的細絲皮**，加以裝飾，立刻上菜。

⑤ 沒吃完的收在密封盒內冷藏，最多可存放三天。

---

3. 編註：淺色紅糖 (light brown sugar) 含糖蜜量較少，顆粒較粗，甜味純正，焦糖風味較淡，可用二砂或黃砂糖代替。
4. 編註：是一種由大豆或椰子發酵製成的液體調味料，口味類似醬油，但鈉含量較低，帶有天然鮮味，且不含小麥，適合無麩質飲食。可用薄鹽醬油、昆布醬油代替。

烹飪漫談

我一直想做出糖漬的甜非洲山藥，但是嘗起來就是沒有糖漬番薯那麼好吃。我越試就越覺得自己太勉強了，最後我的結論是，糖漬的菜色很適合用番薯來做，因為番薯本來就是甜的。不過像這裡，讓果香酸味加上一點熱度和甜味，事情就完全不一樣了，加上醋、鳳梨、紅辣椒。這道菜適合當作天氣涼爽時的配菜，也適合搭配夏季烤肉。

廚師筆記

- 如果找不到非洲山藥來做這道菜，可以改用褐皮馬鈴薯或胡蘿蔔，也可以用番薯。
- 烤過的非洲山藥會變硬，熱非洲山藥遇到醬汁時，會像海綿一樣，吸收幾乎全部的汁液。
- 使用品種比較辣的紅辣椒碎片，不要用阿勒頗、馬拉什或烏爾法辣椒這些比較溫和的品種。
- 來自醋和鳳梨的酸，為醬汁添加了必要的強烈味道，中和了甜味。
- 喜歡多汁的人，可以加倍醬汁的分量。使用食譜中列出的分量，再把額外的分量放在一旁。

53.

Bamboo + Corn

竹笋
+玉米

禾本科
Poaceae

產地

竹筍來自亞洲，玉米來自墨西哥南部。

竹筍

  我是出了名的愛吃竹筍（筍茸），在分享炒好的菜之前，還會把竹筍挑出來，愛吃到捨不得分出去。亞洲很多地方都會食用竹筍，例如中國，在日本竹筍叫たけのこ，在印度，bastenga 是一種發酵竹筍的處理方式，可用來替其他菜色增添風味，從沙拉到燉菜皆可。食用竹筍可以購買到新鮮的、罐裝的和乾燥的。竹筍越年輕，口感就越嫩。我會在亞洲超市和雜貨店購買竹筍罐頭，也可以在亞洲農夫市集找到新鮮的竹筍。

玉米／玉蜀黍

  如果要選一種最能代表夏天的蔬菜，那一定是甜玉米了。在玉米粒最成熟、滿含糖分之時收成，不過這也表示要在最佳時刻處理玉米，是一場對抗時間的競賽。甜玉米必須在採收之後盡快食用，因為玉米粒中的酶會把糖的甜味轉化成無味的澱粉，冷藏甜玉米有助於減少糖分的損失。

  最甜的品種是黃色的玉米。許多食譜的重點都放在玉米粒上，不過玉米外殼也非常有價值。玉米外殼烤過之後可以拿來泡茶，或是做成帶有「淡淡玉米香」的高湯（詳見甜玉米香料抓飯，頁 93）。

  食用玉米還有其他的形式，像是玉米筍，是在玉米穗尚未成熟之前收成而來，可以加在沙拉裡生食，或是煮過再吃。爆米花不是用甜玉米做成的，而是用另一個硬粒種（flint）的品種做成，玉米粒比較硬。

  玉米糊（polenta）和玉米粥（hominy）也是用硬粒種玉米做成的。

儲存

　　新鮮和煮熟的竹筍可以浸泡在水中儲藏，收在密封盒內冷藏，最多可存放一個星期。我不喜歡冷凍竹筍，因為會失去脆脆的口感。

　　帶有外殼的整穗玉米和切下來的玉米粒，不論生熟，都可以冷凍儲存三個月。留住玉米風味的方法之一，是用一鍋滾水燙煮 5 分鐘，接著把玉米粒浸入冰水裡冷卻，終止烹煮過程。瀝掉水分後拍乾，冷藏或冷凍。新鮮和煮熟的玉米可以冷藏儲存，最多可存放一個星期。玉米外殼要輕拍擦乾後，收在密封袋或密封盒內，才能放進冰箱。

- 生竹筍必須煮過才能食用（罐裝竹筍已經煮過，可以即食）。沒煮過的生竹筍吃起來非常苦，因為含有有毒物質氰甙（cyanogenic glycoides，蘋果果核和木薯裡也有）。把剝皮的生竹筍在鹽水中煮沸 25 到 30 分鐘，破壞有毒物質，讓苦味變淡，留下有點像玉米的宜人溫和風味。把煮筍的的水倒掉，徹底洗清煮好的竹筍，放在冰水中備用。
- 用一碗沸水泡開筍乾，泡上幾個小時，讓筍乾變軟。這種乾燥竹筍的風味較不如新鮮竹筍或罐裝竹筍。
- 煮蔬菜濃湯或玉米濃湯時（詳見玉米濃湯佐墨西哥辣椒油，頁 77），先用水加鹽和小蘇打粉，把玉米粒煮過。2 穗玉米的用量是 2 杯 [480 毫升] 水、½ 茶匙細海鹽、¼ 茶匙小蘇打粉。熱度加上水和兩種含鈉鹽分的共同作用，使得玉米粒內的果膠變得可溶於水。小蘇打粉造就的鹼性條件也提供了兩個額外的益處：避免玉米粒內的澱粉過度糊化，湯才不會太過黏稠。小蘇打粉也有催化劑的作用，能透過焦糖化及梅納反應，提升風味表現。
- 把玉米外殼留下（當然了）做墨西哥玉米棕（tamales），也可以用來煮一鍋燒烤玉米外殼高湯，像平常使用一般高湯那樣，用來製作湯品（玉米濃湯佐墨西哥辣椒油，頁 77），或是替各種菜色調味（甜玉米香料抓飯，頁 79）。

燒烤玉米外殼高湯

這是最簡易版本的燒烤玉米外殼高湯，只使用玉米外殼。

四人份 [945 毫升]

可以利用這個基本食譜，加上更多的增味食材，像是洋蔥、乾香菇、月桂葉、丁香等等。如果手邊有玉米穗，請燒烤個幾分鐘，直到玉米粒略微焦黑後，跟玉米外殼一起加入水裡。玉米外殼不要烤得太焦，否則高湯會變苦。
用攝氏 180 度 [華氏 350 度] 燒烤 **2 穗玉米的外殼**，約 10 到 12 分鐘，直到變成淺金黃褐色為止，立刻浸入湯鍋，鍋內盛裝 **6 杯 [1.4 升] 冷水**。加入 **1 湯匙整粒的黑胡椒**，以高溫煮沸，轉小火燉煮，收汁到剩下 4 杯 [945 毫升] 的液體。倒進濾網，保留液體，榨出玉米外殼上的汁液，丟掉外殼。冷藏最多可存放一個星期，依需求使用。也可以冷凍起來，最多可存放一個月。

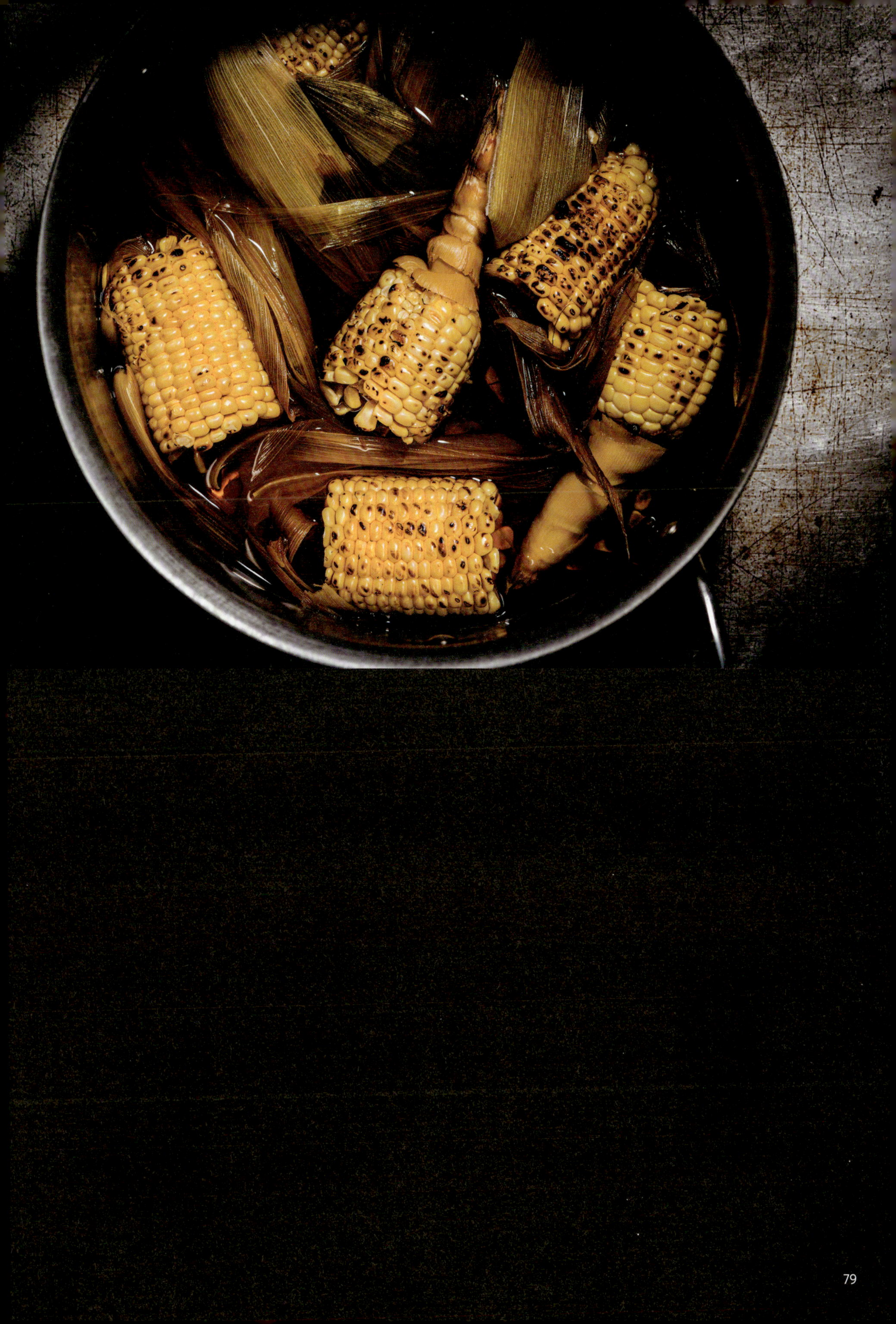

玉米、高麗菜＋蝦子沙拉
Corn, Cabbage + Shrimp Salad

四人份

①**4 穗帶外殼的甜玉米**，刷上 **2 湯匙發煙點高的中性油，例如葡萄籽油**。用平底鍋或爐子上的烤盤煎封玉米，使用料理夾轉動玉米，總共約 10 到 12 分鐘，直到整穗玉米都有深烤痕為止。把玉米穗從平底鍋移到烤網上，放置 5 分鐘，放涼後再繼續處理。用刀子從玉米芯上削下玉米粒，把玉米粒放進大碗裡。

②用大平底燉鍋或湯鍋，以中高溫煮沸 **4 杯[945 毫升] 水和 1 茶匙細海鹽**。準備一中碗分量的冰水。

③在沸水中加入 **455 克[1 磅] 中型蝦子，去殼、去泥腸**。

④用鹽水煮蝦，直到變成粉紅色為止，約 3 分鐘。用漏勺把蝦子移到冰水裡，浸泡到變冷，約 5 分鐘。用漏勺舀起蝦子，加入玉米，再加入**1 杯[100 克] 切碎的高麗菜或紫高麗菜、½ 杯[90 克] 煮熟放涼的翡麥或大麥仁、1 個紅蔥頭，縱切對半再切成薄片、2 支青蔥，蔥白和蔥綠都要，切成薄片、1 瓣剁碎的大蒜、1 顆新鮮辣椒切成薄片，例如墨西哥辣椒或塞拉諾辣椒（serranos）、¼ 杯[5 克] 壓緊的香菜葉、2 湯匙切碎的新鮮薄荷葉、½ 茶匙黑胡椒粉、1 顆萊姆的細絲皮**。

⑤用一個小碗，攪拌混合 **3 湯匙烘焙芝麻油、3 湯匙新鮮萊姆汁、2 湯匙蜂蜜或楓糖漿**。倒在沙拉上，攪拌均勻裹上。試味道後有需要的話，以**細鹽**和**黑胡椒粉**調味，立刻上菜。沒吃完的冷藏，最多可存放兩天。

烹飪漫談

我小時候在印度，家裡吃很多海鮮，所以我很快就學到，蝦子、玉米、高麗菜應該要在一起。冷蝦玉米高麗菜沙拉是我每年夏天都期待的菜色。這個食譜是我的版本，在這道心愛的沙拉加上更多新鮮香草、烘焙芝麻，還有微微刺痛嘴唇的新鮮萊姆。

廚師筆記

- 紫高麗菜的粉紅色素放久了會滲色，染到蝦子。這不會影響味道，只會替整道菜加上一種玫瑰粉紅的色調。
- 4 穗帶外殼的甜玉米，每支約 230 克〔8 盎司〕，可以削出大約 3½ 杯〔525 克〕的玉米粒。

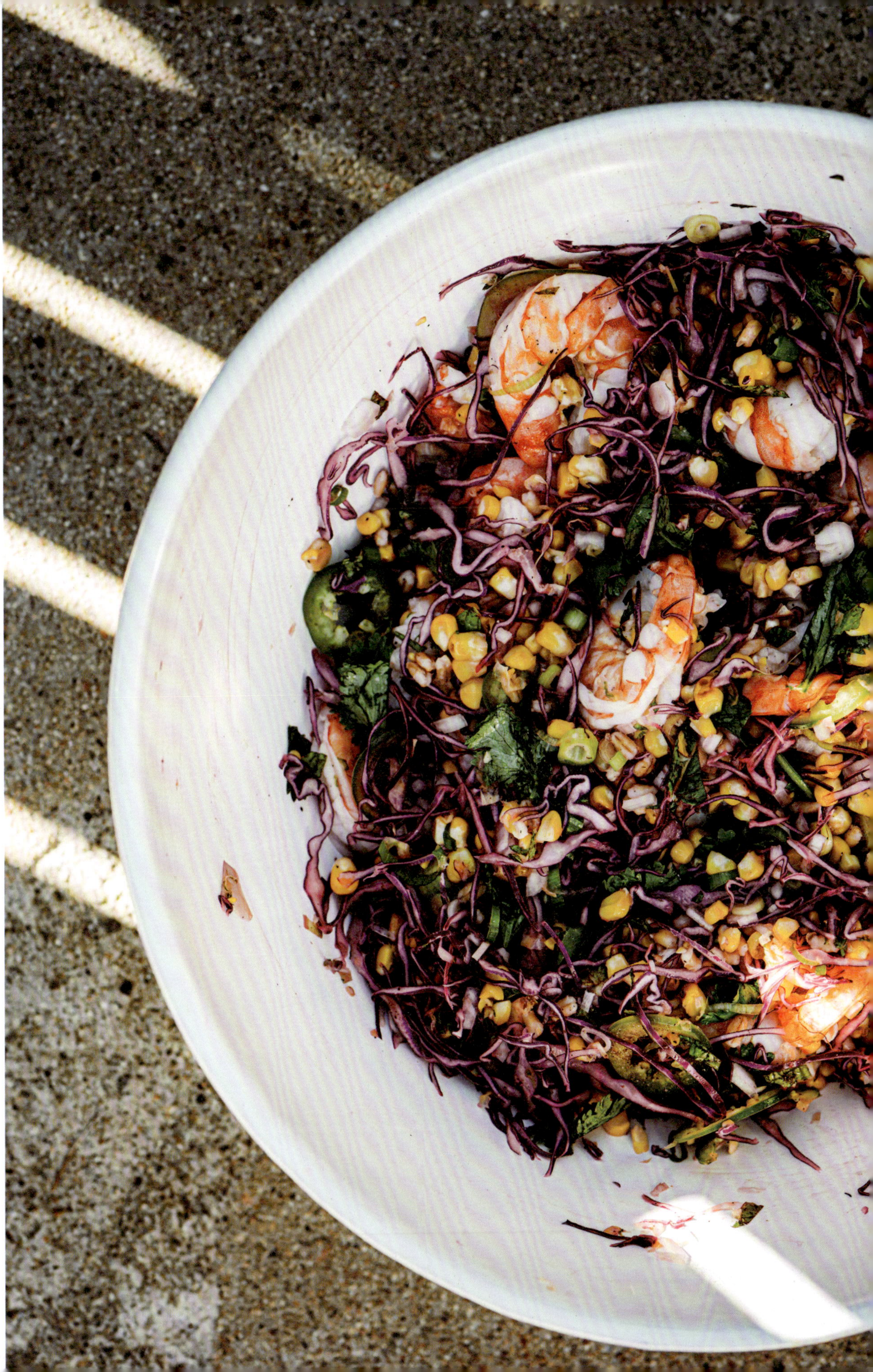

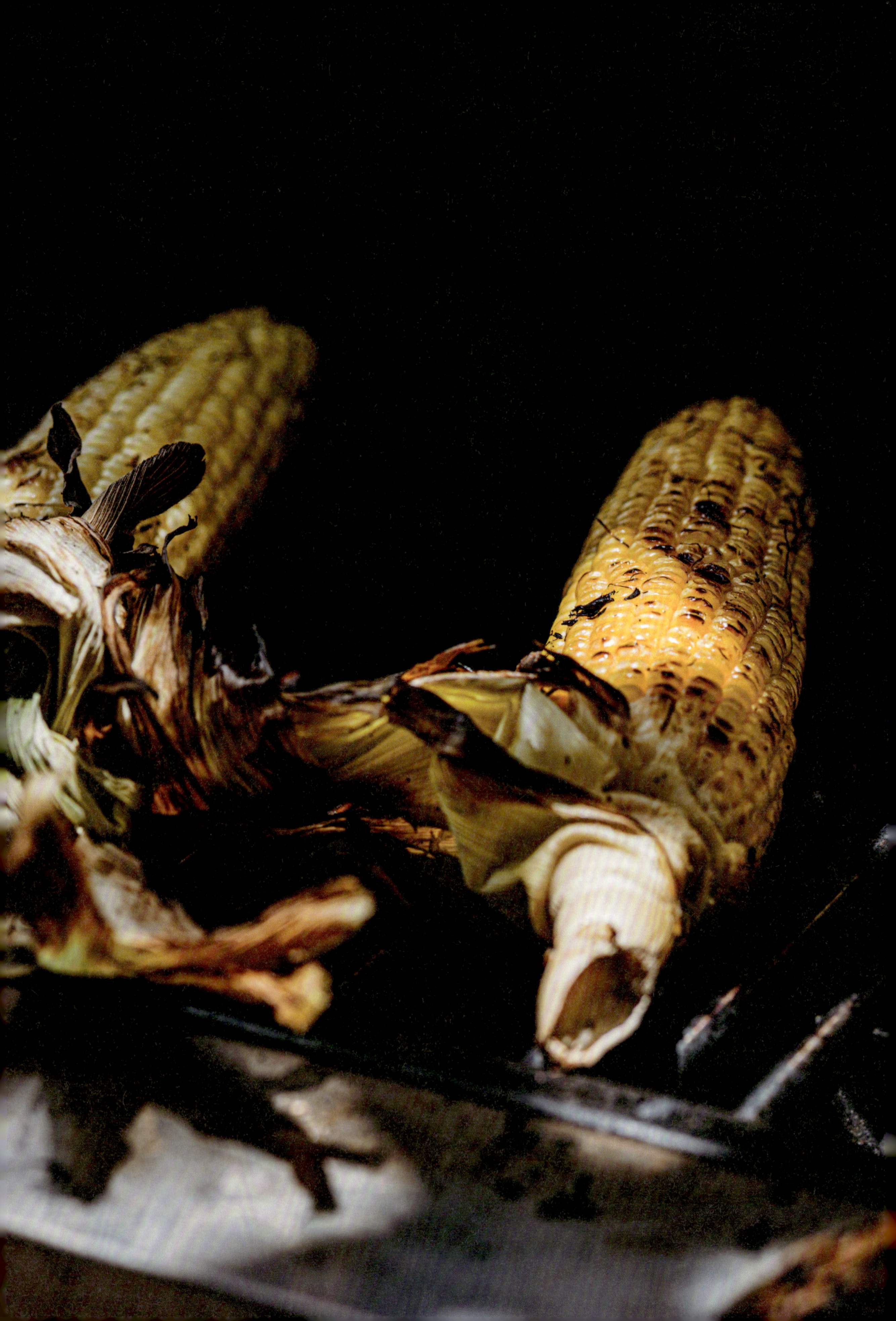

烤玉米大餐
A Grilled Corn Feast

四人份

① 以中高溫加熱烤架,用折疊的廚房紙巾沾取發煙點高的中性油(例如葡萄籽油)塗抹烤架。

② **4 穗帶外殼的甜玉米**,刷上 **2 湯匙發煙點高的中性油,例如葡萄籽油**。用烤架煎封玉米,使用料理夾轉動玉米,約 10 到 12 分鐘,直到整穗玉米都有深烤痕為止。把玉米穗移到盤子上,用糕點刷或奶油刀調味熱玉米,可以使用下頁的任一種調味料。

後頁續

烹飪漫談

我愛甜玉米,本人的終極目標之一就是舉辦夏日烤玉米吃到飽派對,提供一整桌各種不同口味的奶油、混合香料和醬汁。在那之前,這份食譜提供了四種調味料任君選擇(詳見頁 84)。香菜大蒜奶油的靈感來自於墨西哥風味;印度街頭小吃風烤玉米充滿萊姆、辣椒、鹽的風味;味噌大蒜抹醬的靈感來自於日本;甜茴香奶油讓人想起加州四處生長的野生茴香。可以任選一種或是全部都要。

廚師筆記

- 如果沒有戶外烤架,或是夏季陽光快把人烤熟,可以改用室內爐子上的平底烤鍋,這是絕佳的備用工具。
- 如果手邊有的話,可以使用預先烤好的孜然。我不覺得特別必要,因為玉米芯的熱度一碰到奶油,就能充分釋放出其中的香氣。如果想要自己烤孜然,用乾燥的鑄鐵或不鏽鋼平底煎鍋,以中火小心烘烤 ½ 茶匙孜然籽,約 30 到 45 秒內,香料就會開始變成淺褐色,釋放出香氣。把香料移到小盤子上,放涼到室溫後再研磨。
- 如果喜歡口味重一點的味噌大蒜抹醬,就把大蒜的分量加倍。
- 這些調味料都可以事先做好,分量夠 4 穗玉米使用。調味奶油和味噌抹醬可以收在密封盒內冷凍起來,或是用保鮮膜密封包住。
- 沒吃完的奶油可以收在密封盒內冷藏,最多可存放三天。多餘的乾燥香料可以收在密封盒內,放在食品儲藏室的陰涼處,最多可存放三個月。

香菜大蒜奶油

將近 ½ 杯 [100 克] 份

用一個小碗，混合 **¼ 杯 [60 克]** 室溫下的無鹽奶油、**1 顆新鮮辣椒剁碎**，例如墨西哥辣椒或塞拉諾辣椒、**2 湯匙切碎的香菜**、**2 瓣磨碎的大蒜**、**½ 茶匙孜然籽粉**（詳見廚師筆記）、依需求使用**片狀鹽**。

印度街頭小吃風烤玉米

7 克 [¼ 盎司] 份的香料粉

用一個小碗，混合 **1 茶匙喀什米爾辣椒粉**（或 **¾ 茶匙煙燻紅椒粉 + ¼ 茶匙卡宴辣椒粉**）、**½ 茶匙細海鹽**。在混合香料中浸入 **2 個對半切開的萊姆**，用萊姆當作刷子，把調味料刷在玉米穗上，再擠出萊姆汁灑在玉米上。

味噌大蒜抹醬

約 ½ 杯 [100 克] 份

在一個小調理碗裡，混合 **2 湯匙特級初榨橄欖油**、**2 湯匙白味噌**、**1 瓣磨碎的大蒜**（詳見廚師筆記）、**½ 茶匙黑胡椒粉**。攪拌加入 **2 湯匙沸水**，混合至滑順均勻。

甜茴香奶油

約 ¼ 杯 [60 克] 份

以中火加熱小的乾燥鑄鐵或不鏽鋼平底煎鍋，加入 **1 茶匙茴香籽**、**10 顆黑胡椒粒**，烘烤 30 到 45 秒，直到出現香味。關火，移到小盤子或小碗裡放涼。放涼後，用杵臼或香料研磨罐把混合香料磨搗成粉。把磨好的香料放進小碗，加入 **¼ 杯 [60 克]** 室溫下的無鹽奶油、**1 湯匙稀蜂蜜或楓糖漿**、依需求使用**片狀鹽**。攪拌混合。

竹筍芝麻沙拉
Bamboo Shoot Sesame Salad

四人份

① **2 大條英國黃瓜** [5]，削皮去掉尾端，縱切對半，舀掉籽，橫切成 6 公釐 [¼ 英吋] 的薄片。把小黃瓜加到大調理碗裡，灑上 **1 茶匙細海鹽**。攪拌後靜置 30 分鐘。瀝掉液體，用自來水清洗，仔細瀝乾，用乾淨的廚房擦巾拍乾。擦乾淨大調理碗，把小黃瓜放回去。

② 加入 **1 顆大的紅色彩椒**，去籽縱切成 6 公釐 [¼ 英吋] 的條狀、**1 罐 200 克 [7 盎司] 的筍片**，瀝乾洗清、**20 片撕碎的新鮮薄荷葉**。

③ 準備調味醬。用小平底燉鍋，以中火加熱 **¼ 杯 [60 毫升] 發煙點高的中性油**，例如葡萄籽油。油熱後，加入 **1 湯匙芝麻籽**、**1 茶匙紅辣椒碎片**，例如阿勒頗、馬拉什或烏爾法辣椒。轉動直到芝麻籽滋滋作響，油變成橘色有香氣，約 30 到 45 秒。把混合物倒進耐熱的小料理碗中。

④ 在調味醬中攪拌加入 **½ 杯 [70 克] 切碎的烘烤無鹽腰果**、**2 湯匙新鮮萊姆汁**、**1 瓣磨碎的大蒜**、**1 茶匙鯷魚醬**（純素版本請見廚師筆記）、**1 茶匙深色紅糖**。把調味醬倒在碗裡的蔬菜上，攪拌均勻裹上，試味道後以**細海鹽**調味，立刻上菜。

烹飪漫談

這是一道清爽的沙拉，適合搭配蘆筍、蝦子＋義式培根炒飯（頁 103）。如果不介意不只一道菜裡有小黃瓜，可以再搭配四季豆＋小黃瓜麵條（下冊頁 95）。

廚師筆記

- 小黃瓜加鹽靜置 30 分鐘，瀝乾清洗後再次瀝乾。鹽可以透過滲透作用去除多餘的水分。
- 上菜前再準備這道沙拉，如果擺太久，新鮮薄荷會變黑、變軟，雖並不會影響風味，只是不美觀。
- 這份食譜裡的鯷魚醬並沒有完美的純素替代品，不過這個選擇滿接近的：混合 1 茶匙的白味噌或淡色味噌、1 茶匙胺基酸醬油，加進調味醬裡。

---

5. 編註：英國黃瓜（English cucumber）長約 30 至 40 公分，皮薄且表面光滑，籽少且富含水分。可用小黃瓜代替使用。

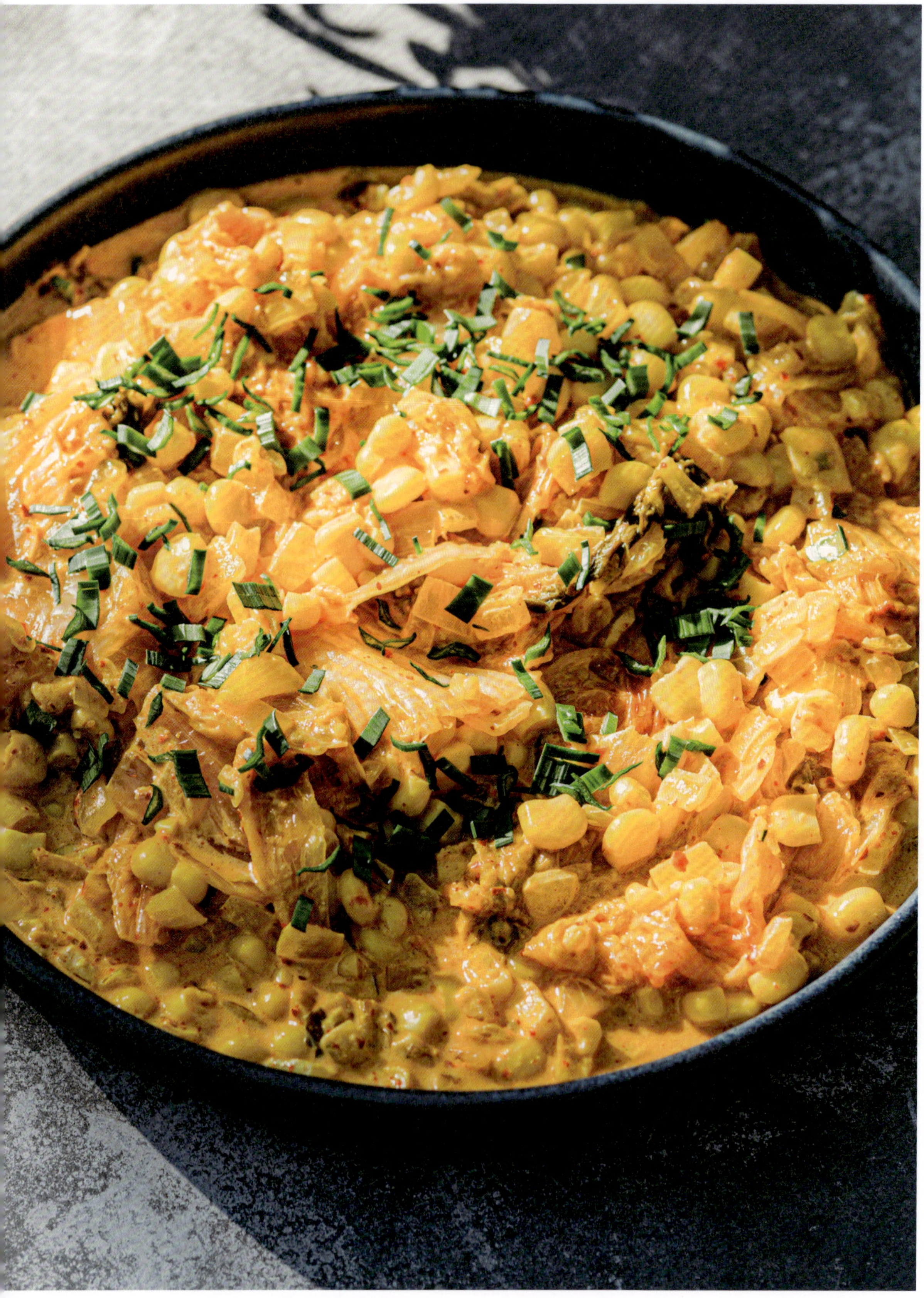

辛奇椰奶玉米
Kimchi Creamed Corn

四人份

①用大的鑄鐵或不鏽鋼平底煎鍋,以中火加熱 **2 湯匙特級初榨橄欖油**。加入 **1 個大型黃洋蔥或白洋蔥,切丁**,煸炒到變成半透明,開始變成褐色,約 3 到 4 分鐘。加入 **4 瓣剁碎的大蒜、½ 茶匙薑黃粉**。煮到有香味,約 30 到 45 秒。

②攪拌加入 **3½ 杯 [560 克] 的玉米粒**,煸炒 3 到 4 分鐘,直到玉米變軟。玉米粒吃起來應該甜嫩而沒有粉質口感。攪拌加入 **1 杯 [240 毫升] 原味無糖全脂椰奶**,煨煮收汁到剩一半,約 2 到 3 分鐘。

③拌入 **2 杯 [200 克] 壓緊的切碎白菜辛奇、1 湯匙蘋果醋**,煮到辛奇熱透。

④關火,移到餐碗裡,用 **2 湯匙切碎的蝦夷蔥或香菜**,加以裝飾,熱食或溫溫吃皆可。這道菜可以提前一天準備,用密封盒冷藏,加熱後再上菜。

烹飪漫談

這道椰奶玉米的美味能快速替人帶來無限的喜悅,甜玉米粒沉浸在濃郁的椰奶和辛奇特調中,又甜又辣、又鹹又爽口。這道菜可以搭配麵包,吸收每一滴美味的醬汁。這道菜也是純素,如果受邀參加感恩節的百味餐會,我就會帶這道菜。

廚師筆記

- 我最愛的椰奶品牌是 AROY-D,非常感謝北卡羅來納加蘭(Garland)餐廳的主廚淇蒂・庫瑪(Cheetie Kumar)介紹這個超讚的品牌給我。這個牌子的椰奶風味完美無瑕,很接近從椰子裡剛取出的新鮮椰奶。
- 在辛奇裡加上薑黃似乎不太尋常,不過用在這裡能替椰奶增添明亮的色調。

燜燒竹筍＋蘑菇
Braised Bamboo + Mushrooms

四人份

① 用大平底燉鍋或炒鍋，以中高溫加熱 **2 湯匙芝麻油**。油熱後，加入 **455 克[1 磅] 整顆的小褐菇**、**1 罐 140 克[5 盎司] 的筍片**，瀝乾洗清、**1 個紅蔥頭**，切成薄片。蓋住後烹煮到蘑菇變軟，約 5 到 6 分鐘，偶爾攪拌一下。

② 在一個小碗裡，混合 **2 湯匙低鈉醬油**、**1 瓣磨碎的大蒜**、**1 茶匙淺色或深色紅糖**、**½ 茶匙黑胡椒粉**。倒在蔬菜上，攪拌均勻裹上。煮到汁液吸收為止，試味道後以**細海鹽**調味。

③ 沒吃完的可以收在密封盒內冷藏，最多可存放三天。

烹飪漫談

小褐菇（又稱 baby bellas）就是白蘑菇、也是波特貝拉大蘑菇（portobellos），差別在於它們在成熟度不同的階段採收。燜燒後蘑菇會變得美味多汁，軟嫩的口感呼應著爽脆的筍片。這道菜很適合搭配米飯，或是作為四季豆＋小黃瓜麵條（下冊頁 95）的配菜。

廚師筆記

- 雖然想要更強烈的芝麻風味，但在加熱時不可以換成烘焙芝麻油，這種油的發煙點比一般芝麻油低很多（一般芝麻油的發煙點是攝氏 210 度到 230 度、華氏 410 度到 446 度，烘焙芝麻油則是攝氏 180 度到 210 度、華氏 350 度到 410 度），烘焙油會變苦。請改成在準備上菜時，灑幾滴烘焙芝麻油。
- 可以替換成秀珍菇或香菇。如果蘑菇太大，先切成一口大小。

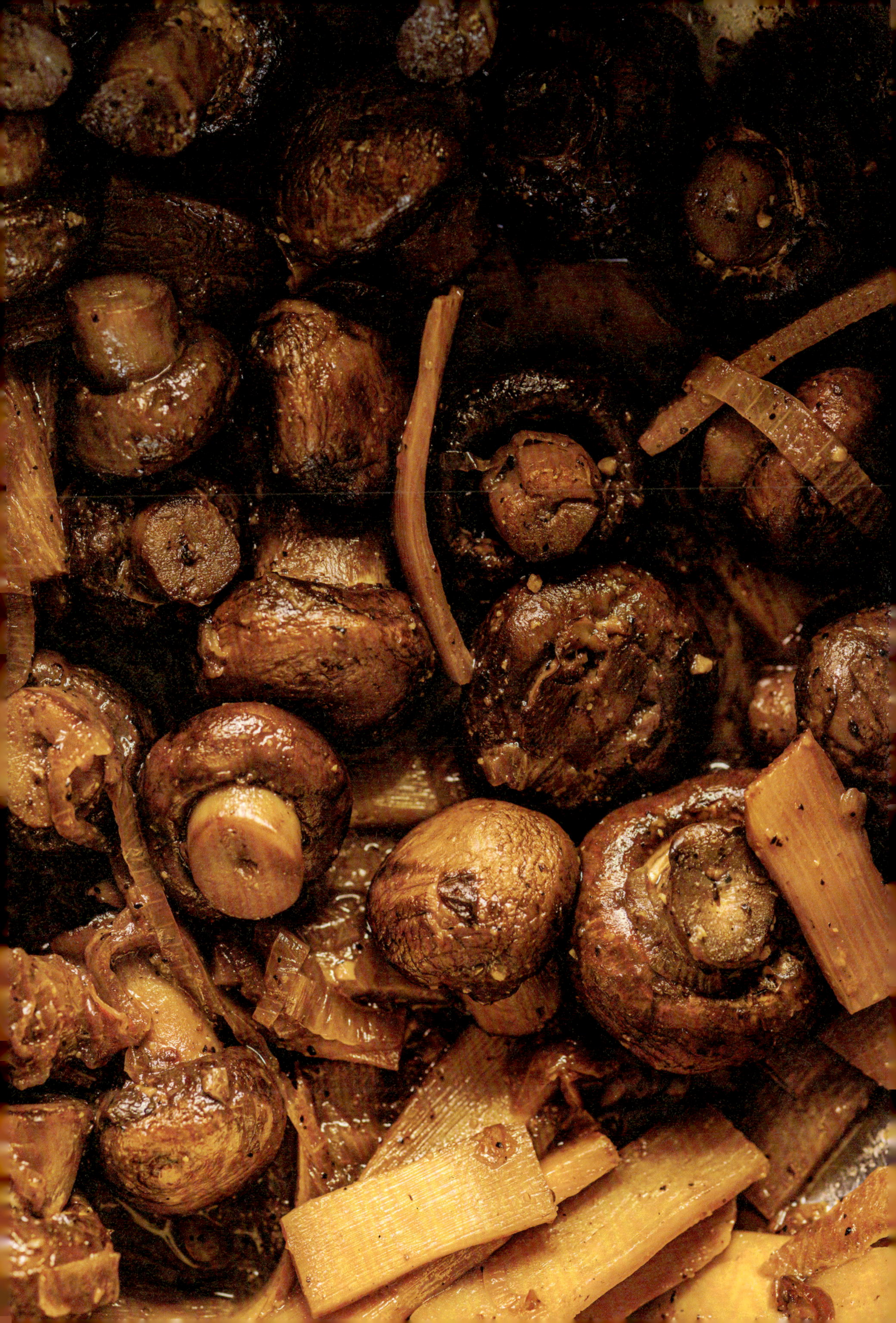

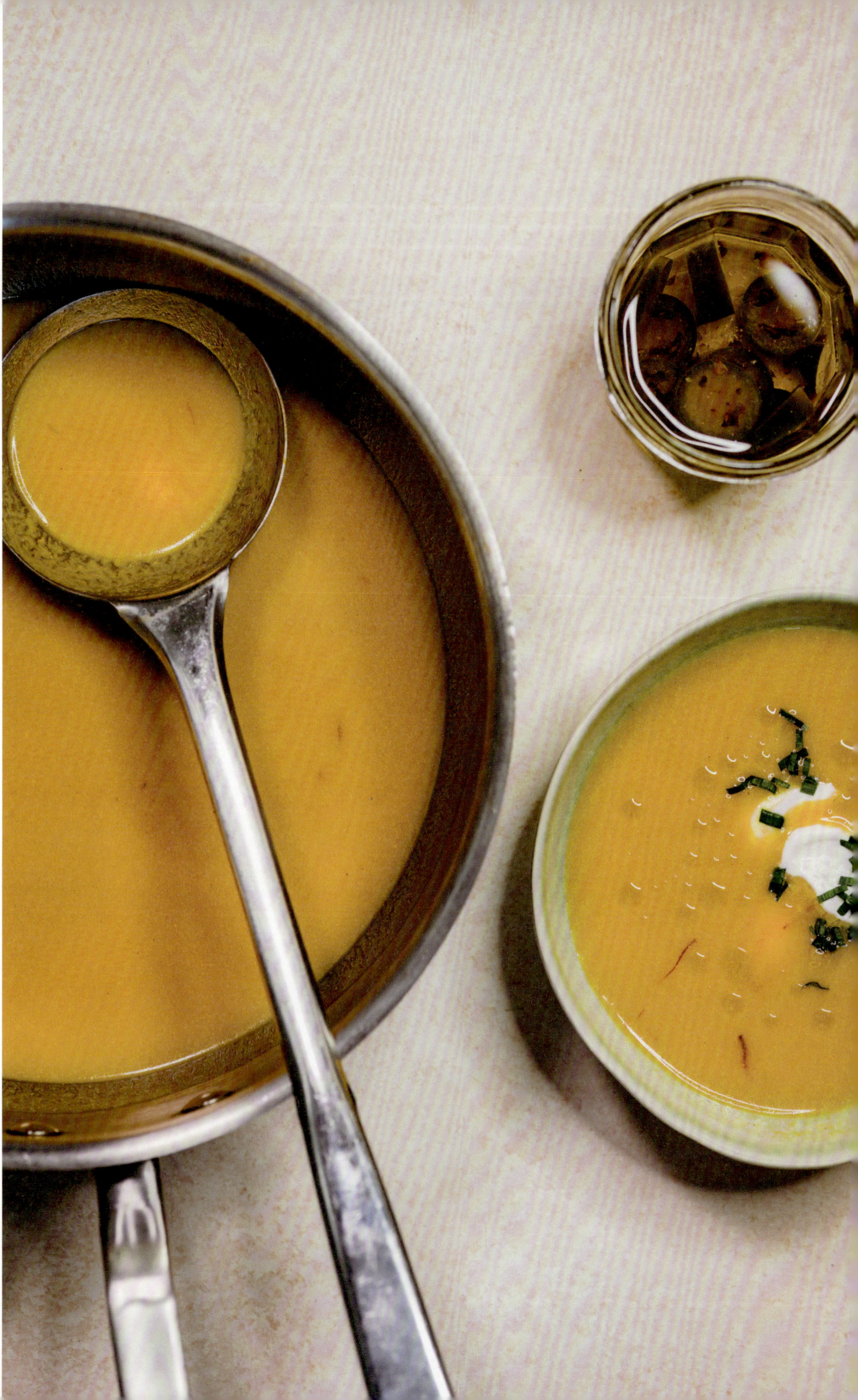

玉米濃湯佐墨西哥辣椒油
Creamy Corn Soup with Jalapeño Oil

四人份

① 墨西哥辣椒油　在耐熱的廣口瓶或碗裡，放 **1 顆切碎的墨西哥辣椒**。用小平底燉鍋，加熱 **½ 杯 [120 毫升] 發煙點高的中性油，例如葡萄籽油**到攝氏 95 度 [華氏 200 度]。把熱過的油倒進廣口瓶，蓋上後靜置，使用前至少擺放 60 分鐘，最多不超過 4 小時。使用前過濾掉固體的墨西哥辣椒，丟掉不用。這個油可以提前一個星期製作，收在密封盒內冷藏。

② 備料湯品，削下 **2 穗黃甜玉米的玉米粒**，保留外殼，放進中平底燉鍋。利用外殼準備高湯（燒烤玉米外殼高湯，頁 78）。

③ 玉米粒裡加入 **2 杯 [480 毫升] 水**、**½ 茶匙細海鹽**、**¼ 茶匙小蘇打粉**，以中高溫煮沸。轉小火，加入 **10 顆黑胡椒粒**，蓋上煨煮 30 分鐘，玉米粒會變成鮮黃色。

④ 把玉米粒和汁液從平底燉鍋倒進攪拌機，加入 **2 杯 [480 毫升] 玉米外殼高湯**、**2 瓣大蒜**，攪拌至滑順均勻。

⑤ 擦乾淨平底燉鍋，轉中小火，加熱 **2 湯匙發煙點高的中性油，例如葡萄籽油**。加入 **½ 茶匙芫荽粉**、**20 縷番紅花**，煸炒香料到出現香味，約 30 到 45 秒。用細濾網直接蓋在平底燉鍋上，把湯過篩，細濾網內殘留的固體丟掉不用。攪拌，以中火煮沸。湯應該濃郁細緻，依需求加入玉米外殼高湯，調整濃度。攪拌加入 **1 湯匙萊姆汁**，試味道後以**細海鹽**調味。

⑥ 上菜前，把湯分裝成 4 碗，每碗湯用 **2 茶匙法式酸奶油或酸奶油**、**1 茶匙切碎的蝦夷蔥**加以裝飾。灑上 **1、2 茶匙墨西哥辣椒油**，熱食或溫溫吃皆可。

⑦ 沒吃完的湯可以收在密封盒內冷藏，最多可存放三天。

後頁續

烹飪漫談

食譜確實是食物的科學實驗，不過這份食譜感覺特別具有教育意義。研發這份食譜時，我學到很多，讓我回想起翹課一次，那堂課卻像是教了整個星期所需知識的感覺。即使對科學不感興趣，這道湯也夠迷人的，請務必煮看看。香氣四溢的濃湯有玉米的甜味，墨西哥辣椒油增添了一股令人愉悅、濃綠香草味道的辣椒風味，幾片壓碎的炸玉米片做出酥脆的配料。

廚師筆記

- 玉米提供了糖分的甜味以及澱粉，讓這道湯變得濃郁。
- 添加小蘇打粉有助於 (1) 分解玉米的果膠，達到更滑順的成果；(2) 加速焦糖化及梅納反應；(3) 營造風味。
- 每個人對辣椒的接受程度不同，如果喜歡更辣一點，改用塞拉諾辣椒取代墨西哥辣椒。如果想要不辣一點，辣椒用一半就好，或是換成比較溫和的品種。也可以把辣椒籽和中肋丟掉不要，大部分的辣椒素都集中在那裡。
- 辣椒有很多部分可溶於油脂，包括辣椒素、其他的辣椒風味分子，甚至是綠色的葉綠素色素。這表示溫熱的油可以做為溶劑，從辣椒中抽取出這些物質。辣椒在油裡浸泡得越久，風味就變得越明顯。我會提前 24 小時製作墨西哥辣椒油，不過 1 小時就足以做出有味道的辣椒油。

甜玉米香料抓飯
Sweet Corn Pulao

四到六人份

①用細孔篩網，清洗 **2 杯 [400 克] 印度香米（basmati rice）**，直到流出來的水變清澈為止。把米倒進中碗裡，加入足夠的水蓋住，水高約 2.5 公分 [1 英吋]。浸泡 30 分鐘。

②以中高溫加熱烤架，用折疊的廚房紙巾沾取**發煙點高的中性油（例如葡萄籽油）**塗抹烤架。

③**2 穗帶外殼的甜玉米**，刷上 **2 湯匙發煙點高的中性油，例如葡萄籽油**。煎封玉米，用料理夾轉動玉米，直到整穗玉米都有深烤痕為止，約 10 到 12 分鐘。把玉米穗移到烤網上，放置 5 分鐘，放涼後再繼續處理。用刀子從玉米芯上削下玉米粒，把玉米粒放進碗裡。

④用大的厚底平底燉鍋或荷蘭鍋，以中火加熱 **1 湯匙發煙點高的中性油，例如葡萄籽油**。加入 **5 公分 [2 英吋] 長的生薑，去皮切絲**、**4 個綠豆蔻莢，稍微弄破**、**1 茶匙整粒孜然籽**、**1 茶匙紅辣椒碎片**、**½ 茶匙黑胡椒粉**。翻炒到有香味，約 1 分鐘。

⑤瀝乾浸泡的米，加入平底燉鍋，翻炒 2 到 3 分鐘，直到米粒裹上油和香料，不再互黏。

⑥加入預留的烤玉米粒和外殼、**4 杯 [945 毫升] 水**、**2 湯匙新鮮檸檬汁或萊姆汁**，以**細海鹽**調味。以高溫煮沸，然後轉小火煨煮，蓋住煮到水分吸收為止，約 10 到 12 分鐘。關火，蓋著靜置 5 分鐘。玉米外殼丟掉不要。

⑦在煮飯的同時，用中平底燉鍋，以中火加熱 **2 湯匙發煙點高的中性油，例如葡萄籽油**。加入 **4 個去皮的紅蔥頭，去掉尾端切成薄片**，煸炒並充分翻攪至變成金黃褐色，約 12 分鐘。如果紅蔥頭開始燒焦，加入 **1 湯匙水**洗鍋收汁，刮一下鍋底。加入 **1 顆大的綠色彩椒，去籽切丁**、**1 條切碎的新鮮綠辣椒（例如墨西哥辣椒）**，煸炒到變軟，約 8 到 10 分鐘。以**細海鹽**調味。

⑧準備上菜時，把米飯裝到餐碗裡，加上紅蔥頭及彩椒的混合料，趁熱食用。

後頁續

烹飪漫談

香料抓飯或抓飯跟義大利麵有很多共通點：只要一道菜就能餵飽大家，而且根據使用的食材，每次都有變化。香料抓飯可以在平常吃，或是當作慶典晚餐的配菜。香料抓飯的芳香來自於多種香料的結合，有綠豆蔻、孜然、玉米外殼，不過這道菜的主要風味來自於甜玉米、檸檬和彩椒。香料抓飯可以單吃，但搭配一碗鹹優格或是喜歡的印度醃菜也不錯，我喜歡搭配萊姆或番茄的印度醃菜（achar）。

廚師筆記

- 不同於玉米外殼高湯（頁 78），這份食譜不需要烤玉米外殼。我發現檸檬的酸味會凸顯燒烤玉米外殼的苦味，變得不好吃。

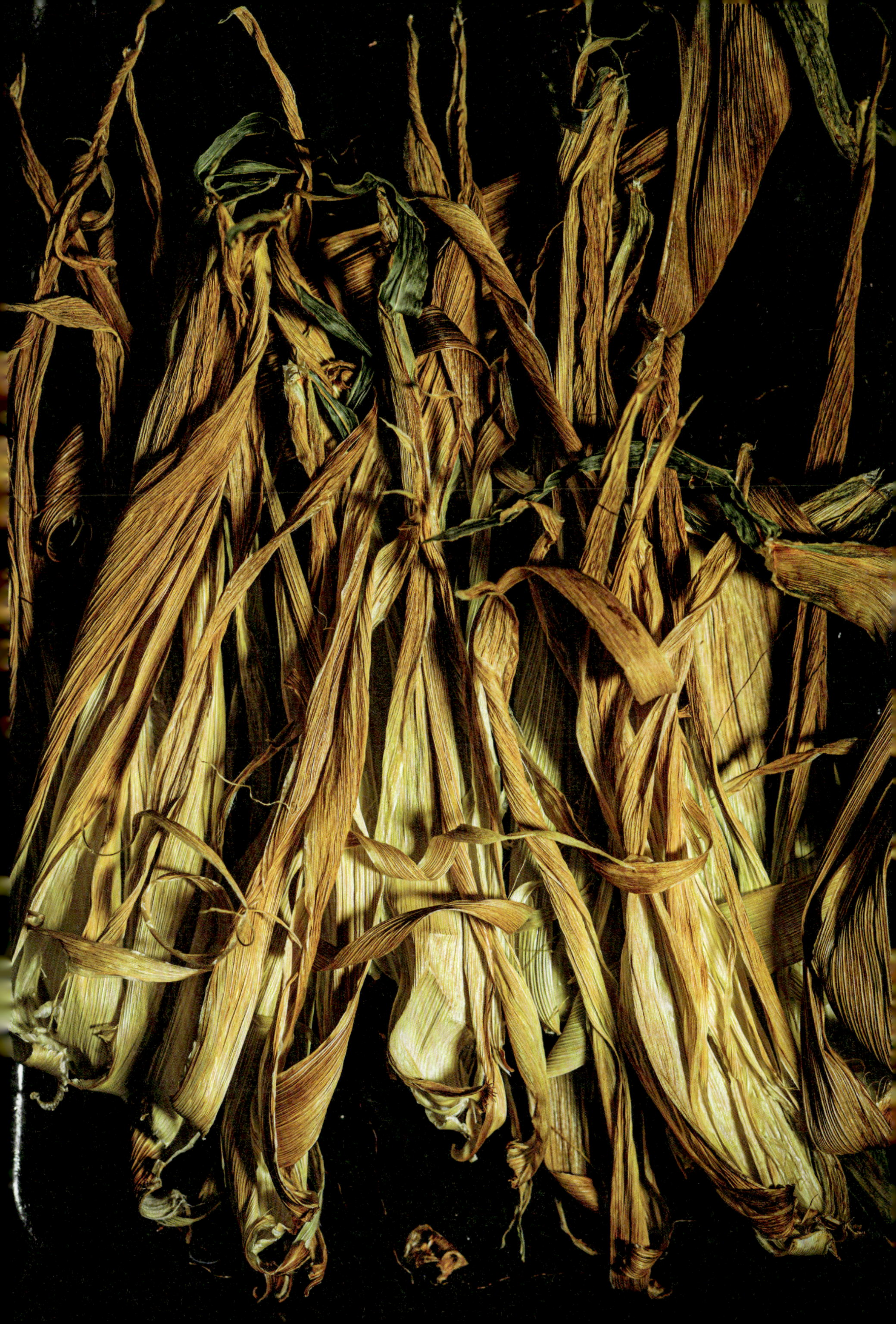

4.

Asparagus

蘆筍

天門冬科
Asparagaceae

產地

蘆筍來自於地中海東部和小亞細亞。

蘆筍

　　春季時出現的多用途蔬菜之一就是蘆筍，必須趁鮮嫩時採收，否則就會變柴。我沒打算避而不談「蘆筍尿」現象，有些人可能聞過，但這種吃完蘆筍後產生的特殊氣味，並非人人都能察覺。有些人因為遺傳變異的關係，聞不到這種味道。有些人代謝蘆筍中化學物質的程度不比其他人，因此聞不到。吃完蘆筍後，大約 15 到 30 分鐘會產生「蘆筍尿」，多喝水可以緩解這種現象，不過那股味道通常要 24 到 48 小時才會漸漸消失。
　　絲蘭屬的植物也屬於這一科，常見於許多南加州的花園中，還有墨西哥各地。不要跟樹薯或木薯（詳見下冊頁 66）混淆了。

儲存

　　蘆筍最好在採收當天食用，所以購買當天就要烹煮，才能充分發揮風味。因為蘆筍嫩芽就是莖部，請當作新鮮切花看待。
　　修剪乾掉的底部，切口朝下，放在玻璃杯或廣口瓶中，裝水高約 2.5 公分 [1 英吋]。用塑膠袋鬆鬆蓋住，放冰箱可存放四到六天。水濁時換水。

烹飪訣竅

- 蘆筍嫩莖剛開始很鮮嫩，隨著老化，莖的厚度增加，也會變得粗硬。要除去粗硬的尾端，最簡單的方法就是用刀削掉。還有另一個方法叫「彎斷法」，坦白說，我覺得不切實際又浪費，容我說明原因。這個方法要靠了解蘆筍嫩莖上所謂的斷裂點，

也就是從嫩莖過渡到粗硬質地的地方。根據經驗，「輕輕」施壓的力量程度，可能會造成蘆筍莖在任何一點斷裂，最後就會得到長度不一的蘆筍。尋找這個想像中的斷裂點，會浪費掉很多還能吃的蘆筍嫩莖，老實說，削掉乾硬的尾端最有效率。另一個做法是在使用蘆筍之前，替比較厚的那端削皮。

- 通常我會避免購買及烹煮像鉛筆一樣細的蘆筍嫩莖，因為太細了，很容易煮過頭。反之，太粗厚的蘆筍莖往往很柴，纖維過多，只是浪費錢。
- 除了變嫩，煮過的綠蘆筍會變成鮮綠色。在沸水中加一小撮蘇打粉能增加鮮豔度，不過請小心：如果留在水中太久，蘆筍會變得非常軟。紫蘆筍在加熱時，會失去部分的紫色，因為造成這個顏色的花青素不耐熱。
- 蒸煮：蒸蘆筍時使用蒸架或竹蒸籠，放在湯鍋或炒鍋裡，加入約 5 公分［2 英吋］高的沸水。烹煮時間要依據蘆筍莖的粗細來調整，請在蒸煮 5 分鐘後開始查看軟嫩程度。
- 水煮：可以把蘆筍莖放進煮沸的鹽水裡（4 杯［945 毫升］水、1 茶匙海鹽），用大平底燉鍋煮到軟嫩為止。較細的蘆筍請在烹煮 2 分半到 3 分鐘後查看，比較粗的則是 5 分鐘後查看。用漏勺把煮好的蘆筍撈出來，浸泡到大碗冰水裡，免得煮過頭。
- 有時候我會在沸水中加一點檸檬皮（去掉白色的內皮，不然吃起來會苦），或是加幾片馬蜂橙葉片，增添一絲柑橘香氣。沸水裡也可以加入有香味的香草或香料。
- 燒烤：用少許特級初榨橄欖油或其他發煙點高的油，和鹽一起攪拌均勻裹上蘆筍。用烤盤以攝氏 200 度［華氏 400 度］烤蘆筍 25 到 30 分鐘，直到變成鮮綠色，開始有烤痕為止。
- 炙烤：就像燒烤一樣，炙烤很適合用來表現苦甜的炭燒風味。用油和鹽攪拌均勻裹上蘆筍，以中高溫在熱烤架上烹煮，直到稍微有烤痕，變得軟嫩，約 5 到 6 分鐘。必要時以料理夾翻動，均勻地烹煮。有孔的蔬菜烤盤讓炙烤更容易，如果沒有烤架的話，可以改用爐子上的鑄鐵烤盤。

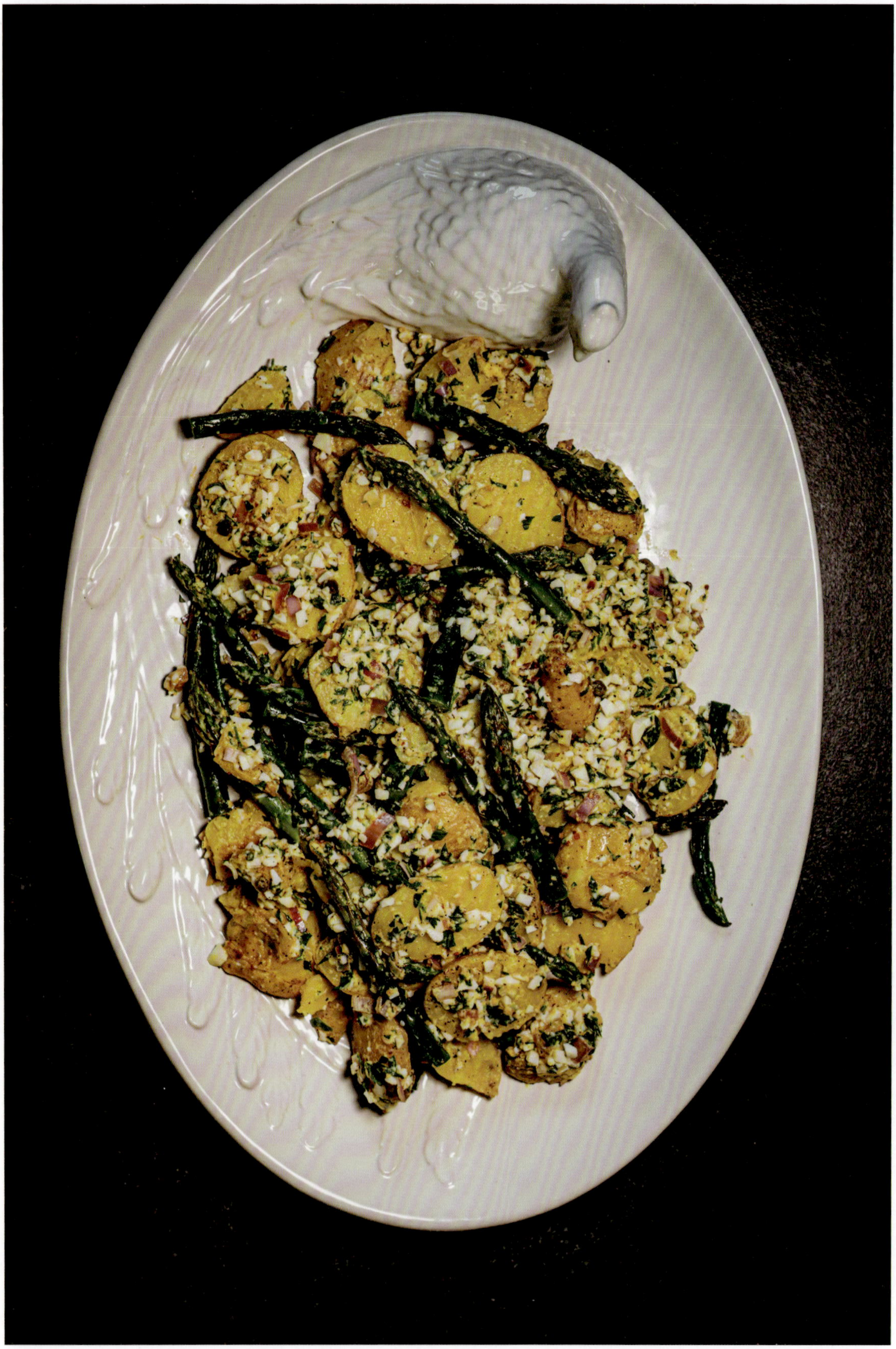

蘆筍、新馬鈴薯＋法式香草蛋黃醬
Asparagus, New Potatoes + Sauce Gribiche

四人份

① 用中平底燉鍋，加入 **285 克 [10 盎司]** 的小顆新馬鈴薯[6]，刷洗後縱切對半。加入足夠的水蓋住食材，水高約 4 公分 [1½ 英寸]。加入**細海鹽**，以高溫煮沸，轉小火煨煮，煮到馬鈴薯可以輕鬆用叉子穿透為止，約 15 到 20 分鐘。烹煮時間會根據馬鈴薯的品種和尺寸而有變化。

② **法式香草蛋黃醬** **4 個大的全熟水煮蛋**，放涼至室溫，分開蛋白和蛋黃。在中碗裡使用叉子搗碎蛋黃，加上 **1 湯匙第戎芥末籽醬**。以緩慢而穩定的流速在蛋黃灑上 **⅓ 杯 [80 毫升] 特級初榨橄欖油**，用叉子攪拌至乳化，變得濃郁。攪拌加入 **1 湯匙雪利酒或白酒醋**。細細切碎蛋白後加入，接著加入 **3 條剁碎的酸黃瓜、1 個剁碎的紅蔥頭、1 瓣剁碎的大蒜、1 湯匙鹽漬續隨子、2 湯匙切碎的平葉香芹、1 茶匙黑胡椒粉**。試味道後有需要的話，以**細海鹽**和更多的**醋**調味。

③ 瀝乾馬鈴薯，放進大碗裡，用木湯匙輕輕弄碎成一口大小。以少許**細海鹽**調味。

④ 在蒸架或竹蒸籠上鋪一張烘焙紙，也可以鋪幾片高麗菜或萵苣，放進大平底燉鍋或炒鍋裡，以中高溫加熱約 5 公分 [2 英寸] 高的沸水。加入 **455 克 [1 磅] 蘆筍，削掉粗硬的尾端，丟掉不用**。蒸煮到蘆筍變成鮮綠色且軟嫩，約 4 到 5 分鐘。用料理夾把蘆筍加進馬鈴薯裡。

⑤ 把法式香草蛋黃醬加進蘆筍和馬鈴薯裡，攪拌均勻裹上。試味道後有需要的話，以**細海鹽**調味，趁熱或放涼至室溫後食用。沒吃完的冷藏，最多可存放三天。我喜歡加 **1 到 2 湯匙的沸水**，水化馬鈴薯後再重新加熱上菜。

後頁續

---

6. 編註：新馬鈴薯（new potatoes）並非特定品種，而是指在生長季節早期被提早採收的馬鈴薯。具有細嫩的薄皮、高水分含量和甜美的風味，澱粉含量較低，烹煮時能保持形狀，特別適合用於常溫料理。

烹飪漫談

法式香草蛋黃醬是一款經典的法式冷醬，搭配鮮綠色的蒸煮蘆筍嫩莖和鮮嫩的新馬鈴薯，堪稱一絕。每一口都可以期待大蒜、鹽、新鮮香草，還有夠分量的爽口醋。有些人可能會覺得很藝瀆，不過我眞的很喜歡把這道蘆筍夾在溫熱烤過的綜合貝果裡，我想「心滿意足」應該很適合替這種做法辯解。如果有吃海鮮的話，可以用這道菜搭配烤過或煙燻過的魚，例如鮭魚、鯖魚或鱒魚。

廚師筆記

- 第戎芥末醬和全熟的蛋黃有助於乳化醬汁，讓蛋黃醬能夠結合在一起。
- 酸黃瓜的愛好者請放膽嘗試，隨自己喜好，儘管使用比食譜更多的分量吧。如果眞的要搭配貝果，可以多放幾條當配菜。

蘆筍、蝦子＋義式培根炒飯
Asparagus, Shrimp + Pancetta Fried Rice

四人份

① 在中碗裡，攪拌混合 **455 克 [1 磅] 中型蝦子，去殼、去泥腸、1 湯匙玉米粉、½ 茶匙細海鹽、⅛ 茶匙黑胡椒粉**，暫放一旁。

② 在一個小碗裡，攪拌混合 **2 顆大蛋、¼ 茶匙黑胡椒粉、⅛ 茶匙細海鹽**。

③ 炒鍋開高溫，繞鍋緣倒入 **1 湯匙發煙點高的中性油，例如葡萄籽油**。轉中高溫，在熱炒鍋中加入蛋。以畫圈動作翻攪蛋，同時一邊刮擦炒鍋邊緣炒蛋。把炒好的蛋移到大碗裡。

④ 擦乾淨炒鍋，重新轉高溫加熱。加入 **115 克 [4 盎司] 義式培根，切丁**，翻炒到熬出油脂，變成褐色酥脆。把炒好的義式培根移到大碗裡，跟蛋放在一起，油脂留在炒鍋裡。

⑤ 加入 **1 個剁碎的紅蔥頭、6 支青蔥，蔥白和蔥綠都要，切成薄片、5 公分 [2 英吋] 長的生薑，去皮切絲**。翻炒到青蔥開始變成褐色，薑變成褐色酥脆，約 3 到 4 分鐘。加入 **455 克 [1 磅] 蘆筍，削掉粗硬的尾端，丟掉不用，切成 2.5 公分 [1 英吋] 長**。翻炒到蘆筍變成鮮綠色且微焦，約 3 到 4 分鐘。過程中如果覺得需要加油，在炒鍋中灑上 **1 湯匙葡萄籽油**。把混合好的食材移到大碗裡，跟蛋和義式培根放在一起。

⑥ 擦乾淨炒鍋，加入 **1 湯匙葡萄籽油**，用高溫加熱。加入蝦子，翻炒到蝦子變成粉紅色，約 1 到 2 分鐘。把炒好的蝦子移到大碗裡。

⑦ 擦乾淨炒鍋，加入 **1 湯匙葡萄籽油**，用高溫加熱，接著加入 **5 杯 [510 克] 前一天煮好的米飯**。弄開結塊的米飯，翻炒 3 到 5 分鐘，烹煮到米飯開始變得焦脆，稍微焦糖化，拌入蛋、義式培根、蔬菜和蝦子。

⑧ 在一個小碗裡，混合 **1 湯匙低鈉醬油、1 湯匙米醋、½ 茶匙黑胡椒粉**。把汁液倒進米飯和蔬菜的炒鍋裡，攪拌均勻裹上，再翻炒 1 分鐘，關火，趁熱上菜。沒吃完的收在密封盒內冷藏，最多可存放三天。

後頁續

烹飪漫談

炒飯是我在中餐館最喜歡點的一道菜,這道菜的美妙之處在於能有無數的版本,是利用剩菜最棒、最有新意的方式,蘆筍的堅果香味由酥脆的義式培根和甜鹹蝦子烘托出來。我最喜歡搭配炒飯的兩種醬汁是相同分量的醬油和米醋,混合後再加上一顆鳥眼辣椒切片,或是一罐香辣脆油辣椒。

廚師筆記

- 這裡的短粒米也可以替換成長粒米,例如印度香米(在印度有時候會這麼做)或是茉莉香米,不過一定要用前一天煮好的米飯。剛煮好的米飯比較濕潤,很難翻炒,到最後會黏在炒鍋上。使用前一天煮好的飯,澱粉已形成結晶,能讓米粒更結實,適合翻炒。
- 義式培根取代了典型中式炒飯裡的臘腸或香腸,烹煮時,請確實煸出義式培根的油脂,讓風味瀰漫整道菜。
- 據我所知,似乎沒有適合的非豬肉食材能替代義式培根,不過可以用綠橄欖切丁達到類似的鹹味。要替換成綠橄欖的話,就要在烹煮紅蔥頭的時候,多加點油,2 到 3 湯匙的分量應該可以補足缺少的義式培根油脂。
- 如果冰箱裡剛好有剩下的歐姆蛋,可以略過本食譜中的炒蛋,改成把歐姆蛋切碎,在最後步驟時拌入炒好的米飯中。

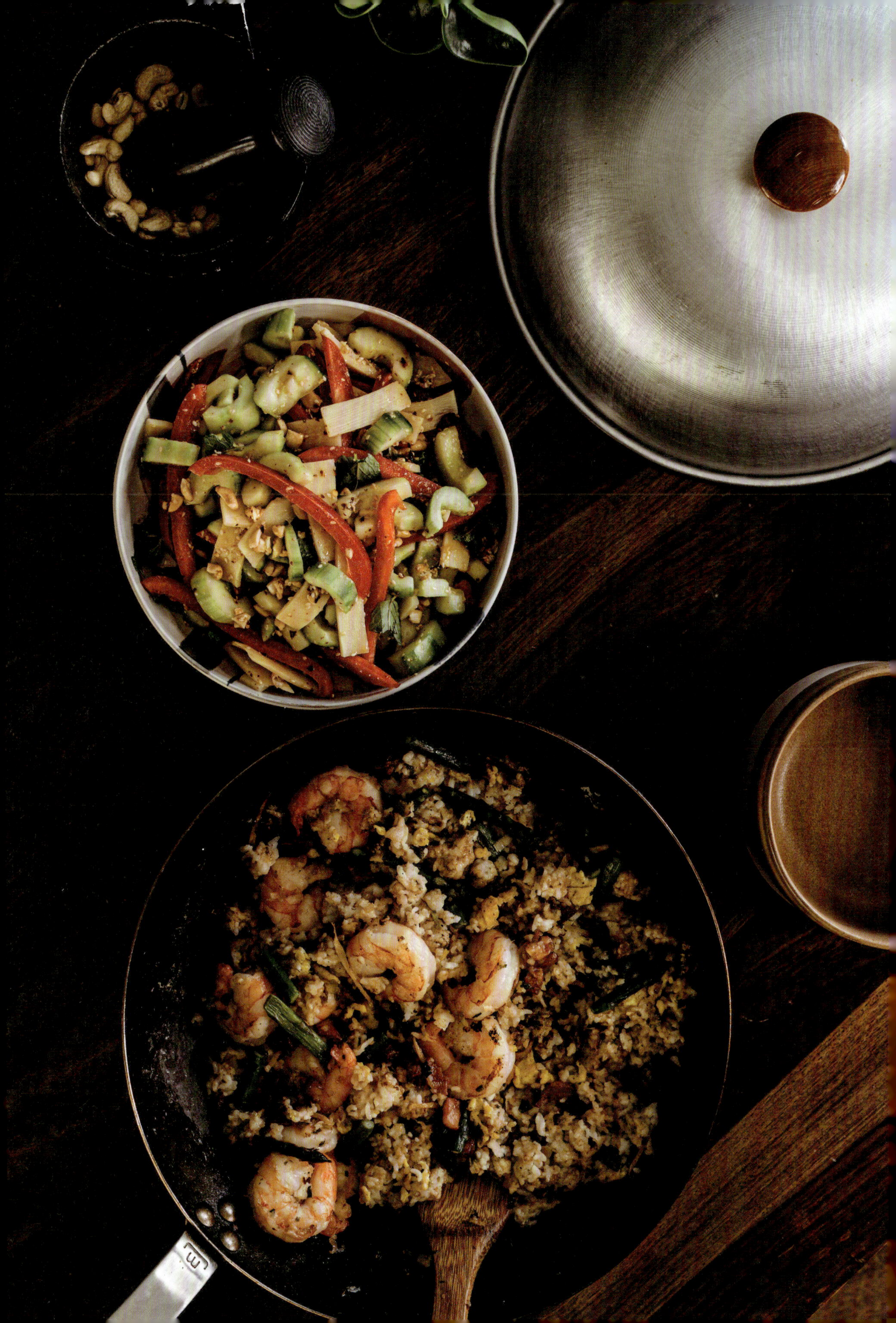

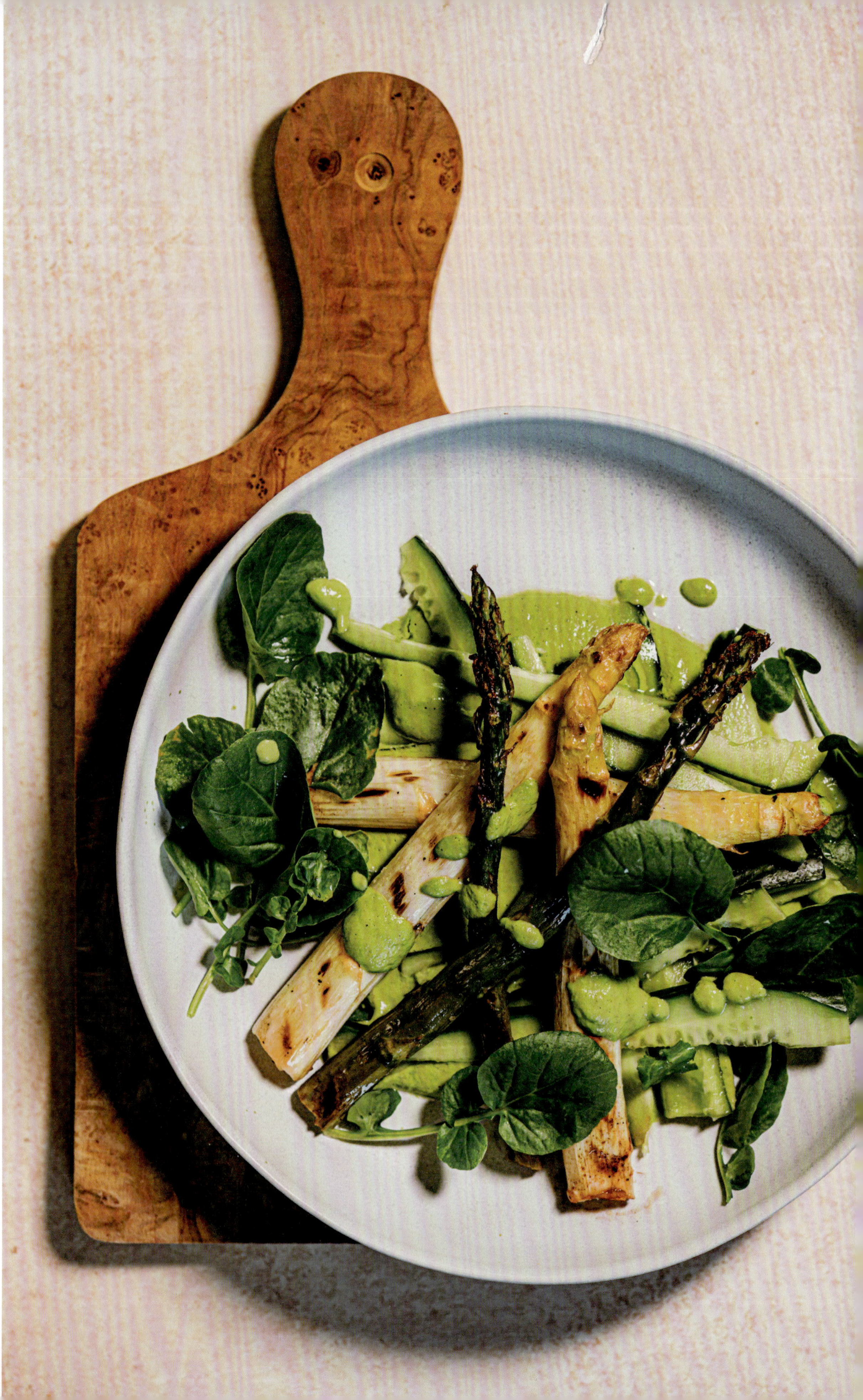

蘆筍沙拉佐腰果綠酸辣醬
Asparagus Salad with Cashew Green Chutney

四人份及 1½ 杯 [370 克] 的酸辣醬

① **腰果綠酸辣醬**　在攪拌機內加入 **¾ 杯 [105 克] 整粒的無鹽生腰果**、**½ 杯 [120 毫升] 沸水**，浸泡 15 分鐘。加入 **1 把 [115 克] 切碎的香菜**、**3 支青蔥，蔥白和蔥綠都要，橫切對半**、**1 條新鮮的綠辣椒（例如墨西哥辣椒或塞拉諾辣椒，把莖去掉）**、**1 湯匙瀝乾的鹽漬綠胡椒**、**1 顆萊姆的細絲皮**、**2 湯匙新鮮萊姆汁**，攪拌至滑順均勻，試味道後以**細海鹽**調味。保留 ½ 杯 [120 克] 的分量，其餘的醬汁收在密封盒內冷藏，最多可存放四天，冷凍可存放兩個星期。

② 以中高溫加熱烤盤或鑄鐵平底煎鍋，蘆筍上的油脂應該足夠，加熱烤盤之前不必刷油。在烤盤上，拌勻 **680 克 [1½ 磅] 蘆筍，削掉粗硬尾端，丟掉不用**、**1½ 湯匙特級初榨橄欖油**、**½ 茶匙細海鹽**，在熱烤盤上烹煮蘆筍，用料理夾翻動，直到蘆筍變成鮮綠色且微焦，或是出現烤痕，約 4 到 6 分鐘。把蘆筍移到餐盤上。

③ 加入 **1 大條英國黃瓜，縱切對半，舀掉籽不要，再切成薄片**、**1 把去掉尾端的水田芥 [約 200 克]**，以**細海鹽**調味。加上腰果綠酸辣醬調味，上菜。

烹飪漫談

身為印度裔，我認為酸辣醬和印度醃菜不只是沾醬或三明治的抹醬，所以有必要在我寫的每本書裡都收錄酸辣醬的作法——同時也提供幾種不同的食用方式。在這裡，腰果綠酸辣醬是當作沙拉醬來使用，搭配蘆筍和小黃瓜。新鮮的水田芥則帶有怡人的溫和芥末風味。

廚師筆記

- 用沸水浸泡能快速軟化腰果，做出更滑順濃郁的酸辣醬。
- 這道菜也很適合加上烤馬鈴薯和烤番薯。
- 這道沙拉裡有小黃瓜，所以我喜歡上菜之前再加沙拉醬，避免釋出太多汁液。
- 找不到水田芥的話，也可以用嫩芝麻葉代替。

蘆筍貓耳朵麵＋菲達起司
Orecchiette with Asparagus + Feta

四人份

① 用中平底燉鍋裝水加入 **1 茶匙細海鹽**，以高溫煮沸。

② 加入 **230 克 [½ 磅] 貓耳朵麵**，煮到有嚼勁為止，或是按照包裝說明烹煮。用漏勺把麵移到大餐碗，保留 1 杯 [240 毫升] 煮麵水，保溫。

③ 在煮麵的同時，用大平底燉鍋或荷蘭鍋，以中低溫加熱 **2 湯匙特級初榨橄欖油**。煸炒 **2 瓣大蒜，切成薄片**、**½ 茶匙黑胡椒粉**，喜歡的話也可以加入 **½ 茶匙紅辣椒碎片**，直到出現香味，約 1 分鐘。轉中高溫，加入 **280 克 [1 品脫] 聖女番茄或葡萄番茄**，煸炒至番茄開始迸裂，約 4 到 5 分鐘，用木湯匙的背面壓碎番茄，刮起鍋底。加入 **455 克 [1 磅] 蘆筍，削掉粗硬的尾端，丟掉不用，切成 2.5 公分 [1 英吋] 長**。烹煮到蘆筍變成鮮綠色且軟嫩，約 3 到 4 分鐘。拌入煮熟的熱貓耳朵麵。

④ 用攪拌機，移除蓋子上的中心填充蓋，開口用餐盤擦巾蓋住，讓蒸氣可以散出。以高速攪拌混合 **100 克 [3½ 盎司] 弄碎的菲達起司**、**1 杯 [240 毫升] 保留的溫熱煮麵水**、**½ 茶匙薑黃粉**，瞬速打至滑順。倒在貓耳朵麵上，攪拌均勻裹上。拌入 **1 顆醃漬的檸檬皮，細切成條狀**、**2 湯匙切碎的蒔蘿葉**、**⅓ 杯 [40 克] 松子**。試味道後以**細海鹽**調味。熱食或溫溫吃皆可。

烹飪漫談

溫熱的蘆筍塊、爽口的煸炒聖女番茄、像「小耳朵」的貓耳朵義大利麵，全都沉浸在豪華的薑黃菲達起司醬汁中。只需要再加上酥脆的松子和新鮮的蒔蘿，就能完成這道繽紛的義大利麵。

廚師筆記

- 醃漬檸檬皮的作法是把檸檬泡在加鹽的新鮮檸檬汁中，放置幾個月。如此一來，檸檬會變得很鹹，使用之前要先洗過。有些牌子會建議去除軟糊漿狀的果肉，只用外皮。
- 把檸檬皮細切成條狀時，可以使用檸檬柑橘刨皮刀。避開檸檬薄黃色外皮層下方有苦味的白色內皮。
- 我偏好使用沒有烘烤過的松子來裝飾，不過當然烘烤過的也可以。

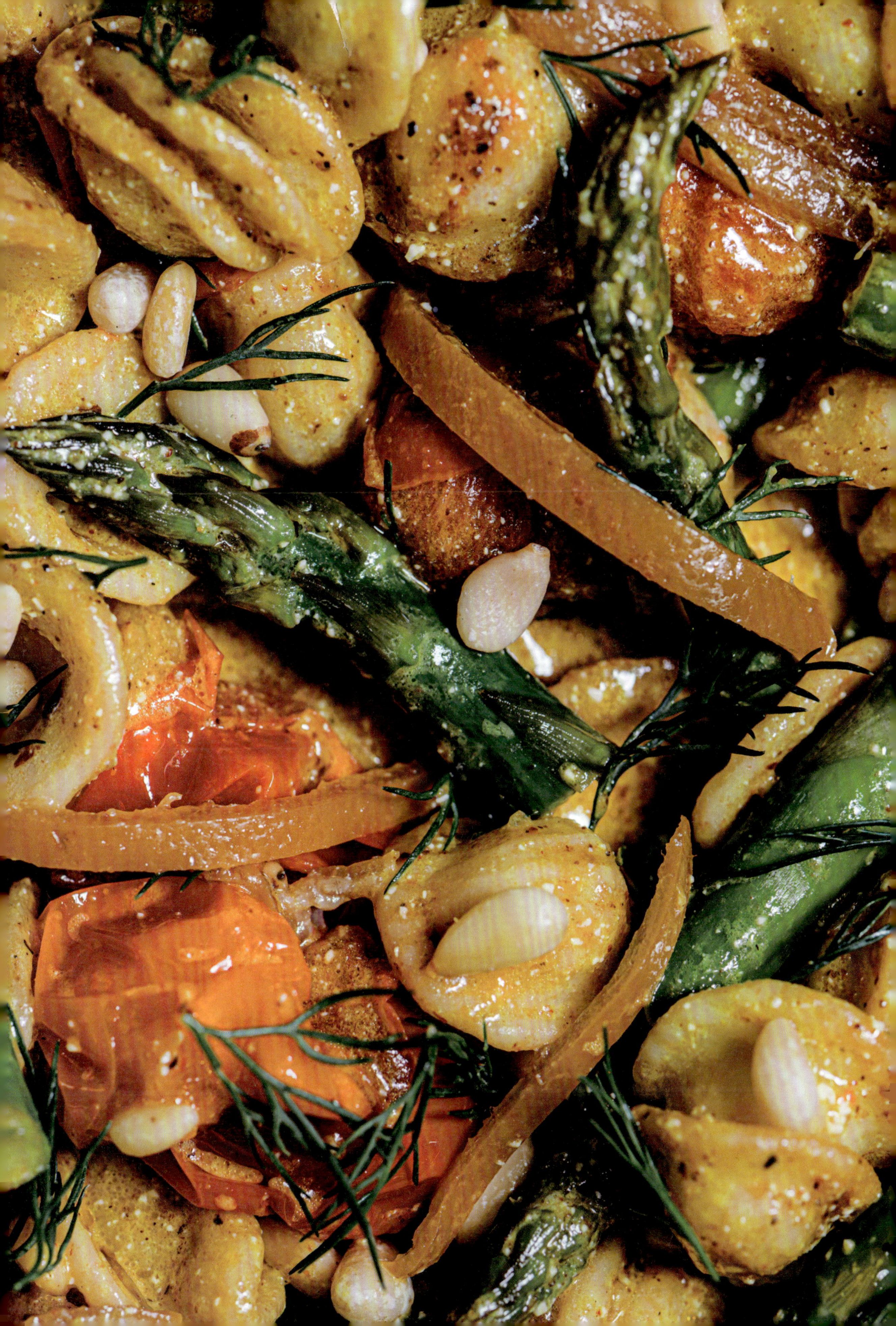

5.

Beets
Chard
+ Spinach

甜菜
莙蓬菜
＋菠菜

莧科
Amaranthaceae

產地

甜菜來自地中海及中東，莙蓬菜來自西西里島，菠菜來自伊朗。

甜菜

　　我是個誇張的孩子，長大成人之後也沒怎麼改變。好幾次我忘記吃過甜菜，幾個小時後就因為紅色的小便，以為自己快死了。人類無法消化某些品種甜菜的紅色色素，也就是這種顏色的來源，這種無害的現象叫做甜菜尿症。甜菜有各種顏色，從深粉紅到金黃色都有，還有好看的糖果條紋基奧賈（Chioggia）甜菜，我堅信應該專門用來做沙拉，才能讓這種甜菜的特色凸顯出來。

莙蓬菜

　　莙蓬菜又稱作瑞士甜菜（Swiss chard）或銀甜菜（silver beets），是具有可食用葉菜的甜菜品種。葉片的色調不同，從綠到紅都有，葉柄（莖）則有白、綠、黃、紫或紅等顏色。這些五顏六色的光輝聚在一起，因此又稱作彩虹甜菜。

菠菜

　　在家裡，我總戲稱菠菜是「縮水的榮耀」，因為烹煮過後，大量的新鮮菠菜很快就會剩下一點點。菠菜葉含有 90% 以上的水分，加熱會釋放出菜葉中的汁液，使其縮水。這就是為何食譜通常需要大量的新鮮菠菜。冷凍菠菜是切碎的新鮮菠菜經由水煮或燙過之後再冷凍起來，可以視為經過預先縮水。一包 285 克 [10 盎司] 的冷凍菠菜大約相當於 455 克 [1 磅] 的新鮮菠菜。

儲存

請把甜菜的葉菜和根部分開存放。葉菜可以冷藏，包在微濕的廚房擦巾或紙巾裡，放進塑膠袋或密封盒，最多可存放一個星期，或是直到開始發黃為止。短期儲存時，從根部上方 5 公分［2 英吋］處切掉，收納在冰箱的蔬果抽屜裡。長期儲存時，可以把根部放進冰箱，如果有的話，也可以收納在根菜作物地窖中潮濕、陰涼的地方。你也可以烹煮過後冷凍起來：移除葉菜，洗清後擦掉殘餘的泥土，把帶皮的甜菜煮軟，約 30 分鐘；移到冰水中，浸泡至完全冷卻，把皮削掉，依喜好切片，放進可冷凍的密封袋內，最多可存放一年。莙薘菜和菠菜的短期儲存方法跟甜菜一樣：包在微濕的廚房擦巾或紙巾裡，放進塑膠袋或密封盒，最多可存放一個星期。

烹飪訣竅

- 甜菜葉、莙蓬菜和菠菜在大部分的食譜裡都可以替換使用，需要帶苦味綠色葉菜的食譜也可以，例如拿來替換羽衣甘藍。不過甜菜的莖和莙蓬菜的粗莖需要事先煮過。
- 甜菜在烹煮前不需要削皮，只需輕輕地充分洗清即可。如果不想要甜菜皮，煮之後很容易就能削掉。避免太用力刷洗甜菜，不然甜菜皮會破掉。
- 紅色、粉色、黃色的甜菜含有水溶性色素，接觸到就會染色。為了避免五顏六色一團亂，請戴上洗碗手套，或是塗一點橄欖油在手上、砧板和刀子上。這種色素只溶於水，不溶於油，塗過油的表面可以輕鬆去除染色。
- 烤甜菜的方式有兩種：低溫慢速烘烤，介於攝氏 120 度到 180 度［華氏 250 度到 350 度］之間，或是高溫快速烘烤，介於攝氏 200 度到 220 度［華氏 400 度到 425 度］之間。我比較喜歡高溫快烤的方法，不過要用鋁箔紙包緊甜菜，避免乾掉。鋁箔紙也有助於蒸煮，讓甜菜變軟（詳見辣味甜菜＋皇帝豆佐小黃瓜橄欖沙拉，頁 127）。一旦放涼到可以繼續操作，就能輕鬆去掉甜菜皮。
- 我會避免水煮甜菜，因為這麼做會失去風味和顏色。不過在某些食譜中，例如醃漬甜菜或是甜菜、烘烤大麥＋布拉塔起司沙拉（頁 119），水煮甜菜會比烤甜菜好吃，醃漬汁液和香料也能增進風味。
- 鮮嫩的生甜菜葉很適合切碎後加進沙拉，也可以翻炒（甜菜葉、薑黃＋扁豆義式燉飯，頁 121），就像其他葉菜類那樣運用。
- 避免購買有菜葉黃掉或黏糊斑點的菠菜（或是任何一種葉菜類），葉菜應該結實、呈現鮮綠色。冷凍菠菜也不錯，我手邊都會備著一、兩包，以免沒時間去買菜。
- 相較於其他的葉菜類，莙蓬菜的葉片比較不會撕破，很適合用來包東西或做菜捲，可以替代高麗菜葉，用來製作高麗菜捲佐番茄醬（頁 194）。
- 新鮮菠菜含有大量的水分和草酸，在攝氏 60 度［華氏 140 度］以上烹煮時，草酸會分解，釋放出更多的水分。煮過的菠菜不會像新鮮生食那樣侵蝕牙齒。
- 讓新鮮菠菜軟化有好幾種不同的方法，在義大利和其他某些歐洲國家，會把新鮮菠菜葉直接放入沸水中煮到變軟後再瀝乾。新鮮的菠菜葉也可以用微波加熱或煸炒的方式來預煮軟化，不論使用哪種方式，都要盡量壓出液體，充分瀝乾。冷凍菠菜可以解凍後再瀝乾，去除多餘的汁液。

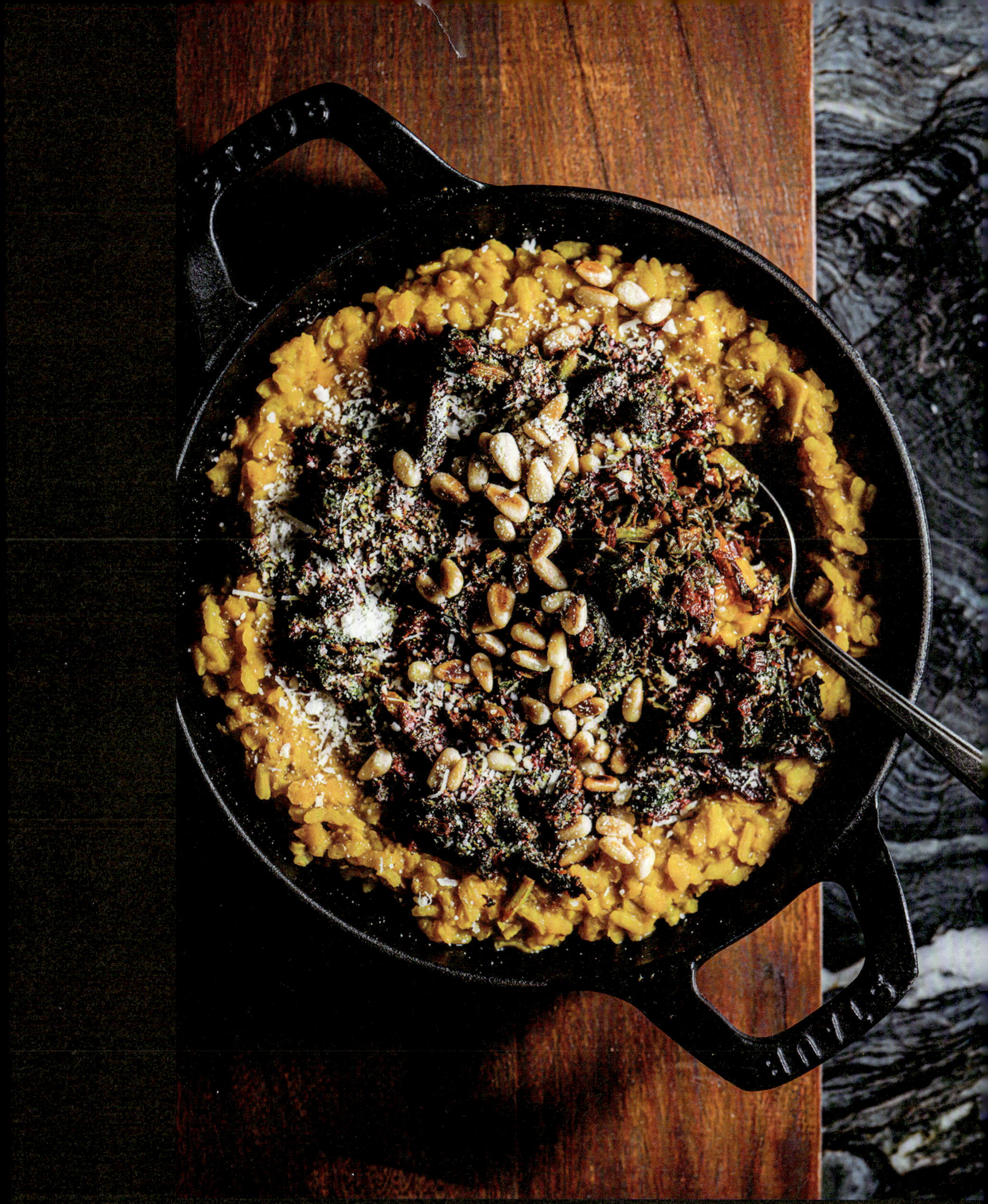

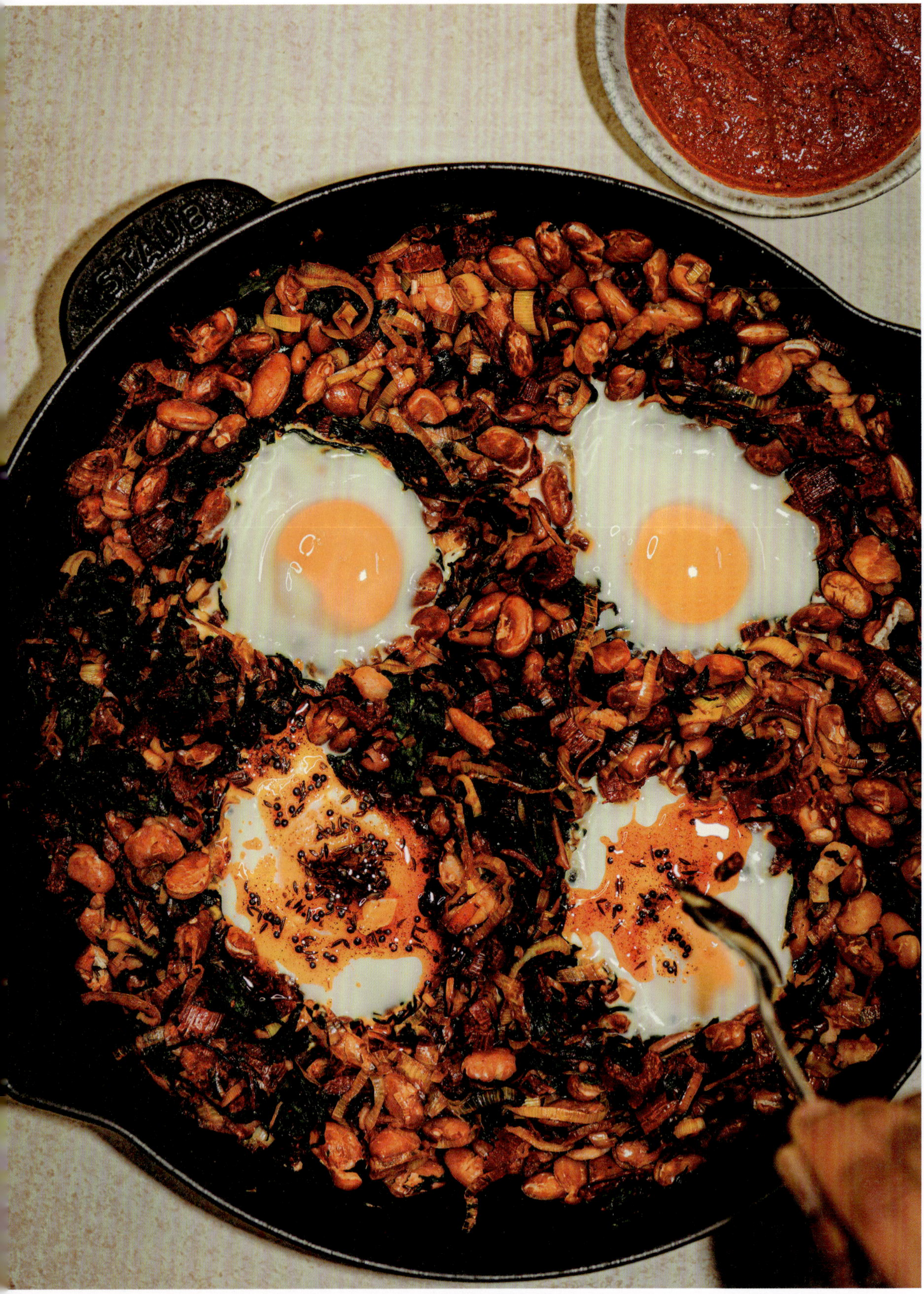
STAUB

烘焙蛋佐爆香蔬菜
Baked Eggs with Tadka Greens

四人份

① 預熱烤箱至攝氏 180 度［華氏 350 度］。

② 用大的鑄鐵鍋或其他適用烤箱的平底煎鍋，以中火融化 **1 湯匙酥油或特級初榨橄欖油**。加入 **2 棵大韭蔥，去掉尾端後切成薄片**，煸炒到呈現金黃褐色，約 4 到 5 分鐘。加入 **2 瓣大蒜，切成薄片、1 茶匙紅辣椒碎片，例如阿勒頗、馬拉什或烏爾法辣椒、½ 茶匙黑胡椒粉**調味，煸炒到有香味，約 30 到 45 秒。加入 **1 大把 [約 455 克] 切碎的茼蒿菜葉及莖梗**，煸炒到葉片開始軟化，莖變嫩，約 5 到 6 分鐘。

③ 關火，拌入 **1 罐 400 克 [14 盎司] 的斑豆（pinto beans），瀝乾洗清、1 湯匙新鮮檸檬汁或萊姆汁**。試味道後以**細海鹽**調味。

④ 使用湯匙或鍋鏟，在平底煎鍋中弄出 4 個井洞，打 **4 顆大蛋**進井洞。把平底煎鍋放進烤箱，烘烤到蛋白變得不透明，蛋黃半熟，約 5 到 6 分鐘。從烤箱拿出來。

⑤ 烹煮蛋的同時，準備爆香。用小平底燉鍋，以中火融化 **2 湯匙酥油或特級初榨橄欖油**。油熱後，加入 **1 茶匙整粒的葛縷子、1 茶匙整粒的黑色或褐色芥末籽、1 茶匙芫荽粉**。輕輕轉動，直到籽不再噴濺，變成淺金黃褐色，約 30 到 45 秒。關火，加入 **½ 茶匙煙燻紅椒粉**。

⑥ 把香料熱油澆到蛋和蔬菜上，立刻上菜。這道菜的最佳賞味時間是煮好後的一小時內，沒吃完的冷藏，最多可存放一天。不過請注意，半熟蛋黃並不適合重新加熱，熱過之後就不一樣了。

烹飪漫談

「爆香」（Tadka）有很多其他的名稱，是印度烹飪中常用的營造風味手法之一，令人讚嘆。使用爆香方法時，把整粒或磨過的香料，還有其他有香味的食材，例如大蒜或咖哩葉，全都扔進少量發煙點高的熱油中。熱度和油脂能引出香料中的芳香分子，創造出美味的調製風味，溫熱地澆上去，就能完成菜色。上菜時搭配熱麵包和番茄酸辣醬（詳見秋葵醃漬檸檬天婦羅佐番茄酸辣醬，下冊頁 111）。

廚師筆記

- 爆香時的油非常熱，香料很容易燒焦變苦，我建議讓熱油離開爐子後再加入香料，或是只烹煮 30 到 45 秒就好。
- 要測試油是否夠熱，可以丟一、兩顆芥末籽進去，如果籽開始滋滋作響蹦跳，就表示油夠熱，可以進行爆香了。

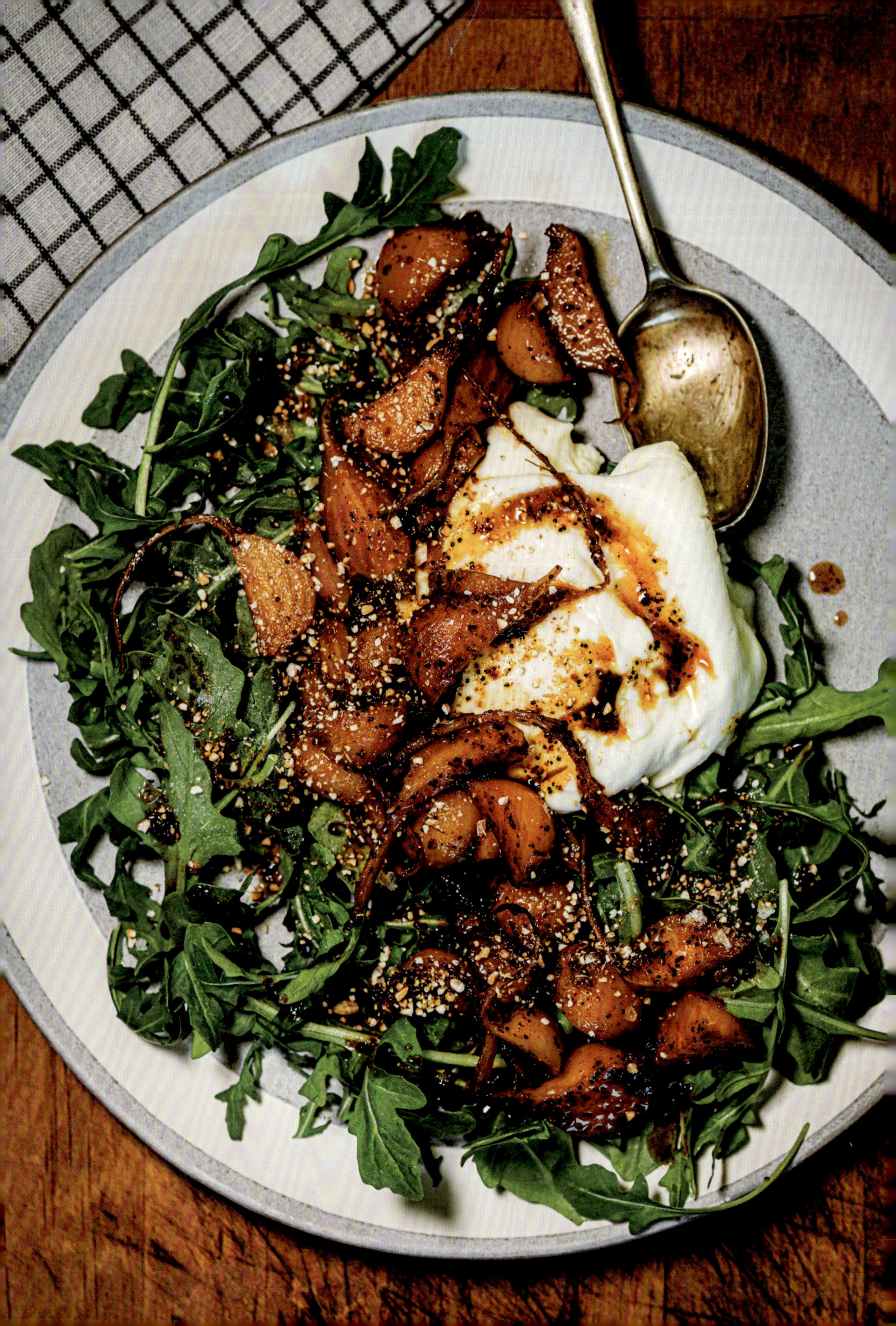

甜菜、烘烤大麥＋布拉塔起司沙拉
Beets, Toasted Barley + Burrata Salad

四人份

①用大平底燉鍋裝入足夠的鹽水，蓋住 **8 個小甜菜**，刷洗後削掉至少 **2.5 公分 [1 英吋]**。以中高溫煮沸，轉小火蓋上燜煮，煮到甜菜變軟，可以輕鬆用刀子或串肉叉穿透為止，約 20 到 40 分鐘。必要時加入更多水，保持蓋住甜菜。用漏勺把甜菜移到盤子上放涼，一旦放涼到可以繼續操作，削皮切成 4 塊。

②把煮好切成 4 塊的甜菜放進小平底燉鍋，加入 **½ 杯 [120 毫升] 米醋、¼ 杯 [60 毫升] 楓糖漿、1 茶匙黑胡椒粉、1 茶匙罌粟籽、1 茶匙紅辣椒碎片**，例如阿勒頗、馬拉什或烏爾法辣椒、**½ 茶匙細海鹽**。煮沸後轉小火燜煮，不要蓋住，偶爾攪拌一下，收汁到液體減少，剩下將近 ¼ 杯 [60 毫升]，約 8 到 10 分鐘。關火，靜置放涼到可以繼續操作。甜菜可以提前三天準備，收在密封盒內冷藏，使用前再恢復到室溫。

③以中火加熱乾燥的不鏽鋼平底煎鍋，鍋熱後，加入 **2 湯匙大麥仁**。轉動烘烤平底鍋內的穀物，直到開始變成金黃褐色有香氣，約 2 到 3 分鐘。移到小盤子上，徹底放涼。壓碎大麥仁──用杵臼或研磨機──做成粗粒混合物。

④組合沙拉，在餐盤擺上 **140 克 [5 盎司] 嫩芝麻菜、230 克 [8 盎司]** 室溫下的**布拉塔起司**，加上醃漬甜菜和弄碎的烘烤大麥仁，灑上 **2 湯匙特級初榨橄欖油**和一點**片狀鹽**。這個沙拉的最佳賞味時間是組合好後的一小時內，不適合存放。

後頁續

烹飪漫談

我先生麥可之前很常去中國，總會帶回帶各式各樣的茶一起嘗試，其中最突出的就是烘焙麥茶，帶有溫暖的堅果香氣。在此我借用了這種風味，而且不只香氣，也利用了麥子的酥脆口感。甜菜用米醋快速醃過，再加上楓糖漿的甜味，搭配布拉塔起司和新鮮帶有胡椒味的芝麻菜。

這道沙拉適合單吃，也適合在百味餐會中大家一起分享，可以搭配其他的菜色如酥脆菊芋＋醃漬檸檬義式香草醬（頁 137）或扁豆千層麵（下冊頁 100）。

廚師筆記

- 使用比較小的甜菜，先水煮再加進醋混合物中，這樣甜菜會變嫩，而且更容易醃入味。
- 烘烤大麥仁讓這道沙拉產生了暖和的堅果香氣，再加上酥脆的口感。這項食材很快就會吸收汁液，請等到要上菜時再加進去。
- 甜菜的紅色會染色起司，但這不是世界末日。如果想要控制不要染色，請把甜菜擺在旁邊上菜，或是上菜前再加進去。

甜菜葉、薑黃＋扁豆義式燉飯
Beet Greens, Turmeric + Lentil Risotto

四人份

① 用中平底燉鍋，以中高溫煨煮 **5 杯 [1.2 升] 大師菇類蔬菜高湯**（下冊 199），轉小火，保溫高湯，最後可能不會全部用完。

② 準備義式燉飯，用大平底燉鍋，以中火融化 **2 湯匙酥油、特級初榨橄欖油或無鹽奶油**。油熱後，加入 **2 瓣切成薄片的大蒜、½ 茶匙薑黃粉**。煸炒到有香味，約 30 到 45 秒。攪拌加入 **1 杯 [200 克] 艾柏瑞歐（Arborio）米，洗淨瀝乾、½ 杯 [100 克] 紅扁豆，洗淨瀝乾**。攪拌裹上油，約 1 分鐘。

③ 攪拌加入 1 杯 [240 毫升] 高湯，持續攪拌，直到米粒吸收大部分的汁液。分次再加入 ½ 杯 [120 毫升] 高湯，每次都要攪拌到液體完全吸收。重複到米和扁豆變軟為止，約 20 到 25 分鐘。大概需要 4 杯 [945 毫升] 的溫熱高湯。關火，攪拌加入 **1 湯匙新鮮檸檬汁**。

④ 準備甜菜葉。用大的鑄鐵或不鏽鋼平底煎鍋，以中高溫加熱 **2 湯匙酥油、特級初榨橄欖油或無鹽奶油**。加入 **2 瓣磨碎的大蒜、1 茶匙孜然籽、1 茶匙黑胡椒粉、1 茶匙紅辣椒碎片**，例如阿勒頗、馬拉什或烏爾法辣椒、**½ 茶匙薑黃粉**。煸炒到有香味，約 30 到 45 秒。

⑤ 分次少量拌入 **455 克 [1 磅] 切碎的甜菜葉和嫩莖（取自 2 到 3 把的甜菜）**，直到菜葉完全軟化，莖變嫩。如果鍋子感覺太乾，香料開始燒焦，加入 1 到 2 湯匙的水。攪拌加入 **2 茶匙新鮮檸檬汁**。試味道後，依喜好加入**更多檸檬汁**和**細海鹽**調味。

⑥ 如果燉飯冷掉後變硬，依需求攪拌加入 ½ 杯 [120 毫升] 或更多的溫熱高湯，就能鬆開變硬的飯。上菜時，在義式燉飯加上煮好的甜菜葉，用 **¼ 杯 [15 克] 磨碎的帕馬森起司、2 湯匙烘烤過的松子**，加以裝飾。

⑦ 沒吃完的收在密封盒內冷藏，最多可存放三天。重新加熱前，加 1 到 2 湯匙水讓燉飯鬆開。

後頁續

烹飪漫談

我發現世界各地不同地方都有類似菜色，非常有意思。例如印度的蔬菜香米飯（khichdi）和義大利的燉飯：兩者都是利用米飯裡的澱粉，創造出豐富滑順的口感，也都算是療癒食物。這道燉飯把兩者都呈現出來，使用印度蔬菜香米飯裡的酥油、扁豆、薑黃，加上義式燉飯裡比較常見的艾柏瑞歐米、高湯和帕馬森起司。

廚師筆記

- 燉飯是把甜菜葉全部用掉的好方法，不過也可以使用其他的綠色葉菜，例如莙薘菜、寬葉羽衣甘藍，甚至是羽衣甘藍也可以。
- 這道燉飯裡讓汁液變濃稠的澱粉，來自於米飯和扁豆。
- 這裡我偏好使用酥油或奶油，因為做出來的風味很像印度蔬菜香米飯，不過也可以用橄欖油。
- 烘烤松子可以自製，以中火加熱小不鏽鋼平底煎鍋，直到松子變成金黃褐色。小心別烤過頭，否則會變苦。

酥脆鮭魚佐綠咖哩菠菜
Crispy Salmon with Green Curry Spinach

四人份

①用大的鑄鐵或不鏽鋼平底煎鍋，以中高溫加熱 **2 湯匙特級初榨橄欖油**。油熱後，加入 **2 湯匙**瀝乾的醃漬續隨子，煸炒到酥脆且呈現微金黃焦色，約 1 分半到 2 分鐘。

②加入 **1 個**切碎的大紅洋蔥，煸炒到半透明，約 4 到 5 分鐘。加入 **2 湯匙綠咖哩醬**、**4 瓣大蒜**，切成薄片，煸炒到有香味，約 1 分半到 2 分鐘。一次一把地加入 **455 克 [1 磅]** 新鮮的嫩菠菜，煸炒攪拌至菜葉完全軟化，讓大部分的汁液蒸發，約 10 到 12 分鐘。攪拌加入 **1 杯 [120 克]** 新鮮或冷凍的豌豆、**1 杯 [240 毫升]** 無糖椰奶、**½ 杯 [120 毫升]** 水、**½ 茶匙黑胡椒粉**。煮沸後轉小火煨煮，直到豌豆變軟，約 1 分半到 2 分鐘。

③攪拌加入 **1 湯匙**新鮮的萊姆汁或檸檬汁、**1 茶匙低鈉醬油**。試味道後以**細海鹽**調味。關火，蓋住保溫。

④使用乾淨的廚房紙巾，拍乾 **4 塊 170 克 [6 盎司]** 的帶皮鮭魚塊，兩面都以**細海鹽**和**黑胡椒粉**調味。

⑤用大的鑄鐵或不鏽鋼平底煎鍋，以中火融化 **2 湯匙無鹽奶油**。烹煮到奶油停止劈啪作響，所含的水分蒸發，約 2 到 3 分鐘。加入 **2 湯匙特級初榨橄欖油**，把鮭魚片放進熱鍋中，魚皮朝下。烹煮時不要移動魚片（如果在魚皮完全煮熟前就移動，很容易就會皮肉分離）。烹煮 5 分鐘後，把平底煎鍋往自己的方向傾斜，用大湯匙舀起鍋中的油，澆在魚片上。煮到魚皮開始變成金黃褐色，邊緣變得酥脆，大約再 1 到 2 分鐘。把煮好的魚從鍋裡移到盤子上，搭配菠菜，用幾支帶葉的**香菜或芝麻菜**、**羽衣甘藍**等菜苗加以裝飾，上菜。

後頁續

烹飪漫談

我阿姨伊蓮深信鮭魚不應該用來煮咖哩，因為不像其他種類的魚，鮭魚會變得太硬而不好吃。但如果把鮭魚分開來烹煮，搭配在旁邊上菜呢？這份食譜原本是為我阿姨設計的，不過相信大家應該也會喜歡。

椰漿飯（詳見腰果＋彩椒雞肉佐椰漿飯，下冊頁155）或白飯都很適合用來搭配這道菜。

廚師筆記

- 奶油中的乳蛋白有助於烹煮魚皮，也容易釋放出來。蛋白質與鍋子的金屬表面結合，創造出不黏的表面，讓魚在煮好後，能夠輕鬆滑動取出。
- 如果不吃魚，可以改成煮一些青江菜佐酥豆腐（頁186），擺在咖哩上一起吃。煎封天貝（tempeh）或炸茄子也是不錯的選擇。
- 網路上和雜貨店裡有好幾個不錯的泰式咖哩醬品牌，我最愛的咖哩醬品牌之一是Mekhala（是純素的）！
- 有時候我會把一些大塊的南瓜加進這道咖哩，或是其他葫蘆科的蔬菜例如佛手瓜也可以加進去。

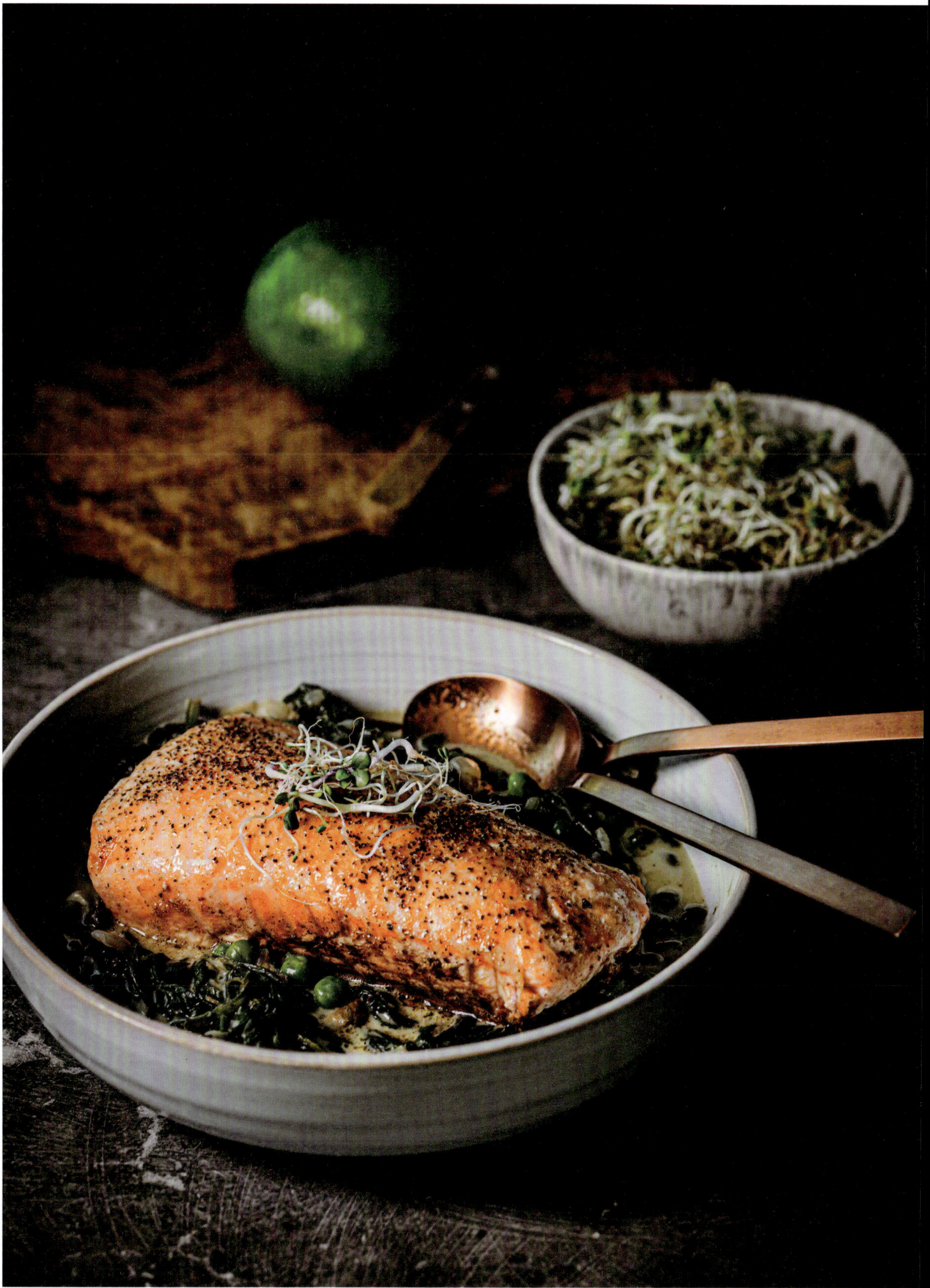

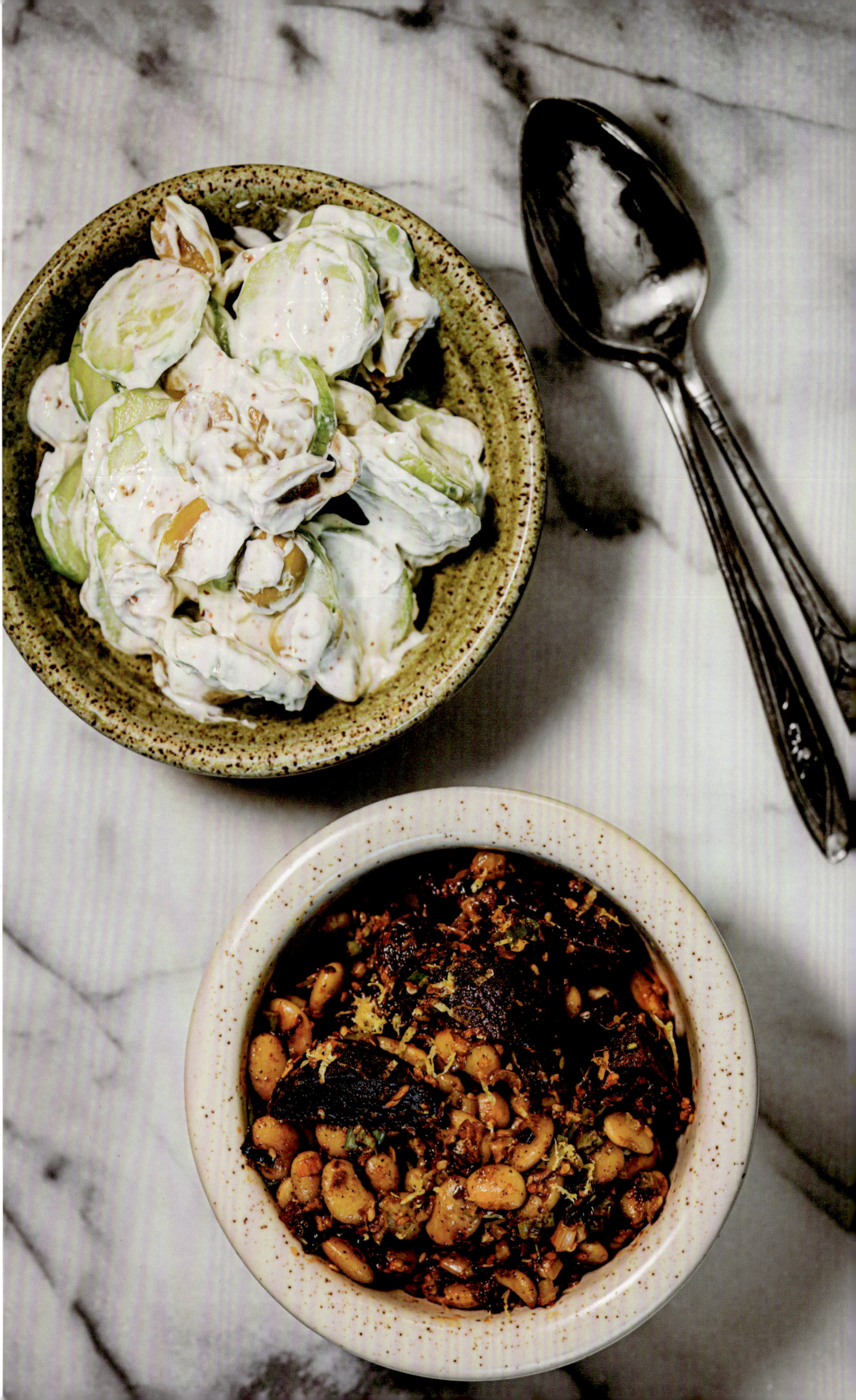

辣味甜菜＋皇帝豆佐小黃瓜橄欖沙拉
Chilli Beets + Lima Beans with Cucumber Olive Salad

四人份

① 預熱烤箱至攝氏 220 度［華氏 425 度］。

② **4 個小的紅甜菜**，去皮切成四等分，刷上 **1 湯匙發煙點高的中性油**，例如葡萄籽油。平鋪在烤盤上，蓋上一層鋁箔紙，四周封緊。煮到變軟，可以輕鬆用刀子或串肉叉穿透中心為止，約 30 分鐘。

③ 烹煮甜菜的同時，準備沙拉。在中碗裡，混合 **1 杯［240 克］原味無糖全脂希臘優格**、**1 瓣磨碎的大蒜**、**1 湯匙新鮮檸檬汁**、**1 茶匙黑胡椒粉**。試味道後以**細海鹽**調味。拌入 **1 大條英國黃瓜**，去皮切成 6 公釐［¼ 英吋］厚、**1 杯［140 克］去籽綠橄欖**，瀝乾對半。移到餐碗裡，輕輕攪拌加入 **2 湯匙特級初榨橄欖油**、**1 茶匙紅辣椒碎片**，例如阿勒頗、馬拉什或烏爾法辣椒。冷藏備用。

④ 用大的鑄鐵或不鏽鋼平底煎鍋，以中火加熱 **2 湯匙特級初榨橄欖油**。油熱後，加入 **1 瓣壓碎的大蒜**，煸炒到有香味，約 30 到 45 秒。加入 **4 支青蔥**，蔥白和蔥綠都要，切成薄片，煸炒到開始變成淺褐色，約 3 到 4 分鐘。加入 **2 罐 400 克［14 盎司］的皇帝豆**或其他白豆，例如白腰豆，洗淨瀝乾、**2 湯匙香辣脆油辣椒或辣醬**、**¼ 杯［60 毫升］的水**。烹煮到汁液開始冒泡，豆子熱透。關火，加入烤好的甜菜。加入 **1 顆檸檬的細絲皮**、**2 湯匙新鮮檸檬汁**，試味道後以**細海鹽**調味。

⑤ 搭配小黃瓜橄欖沙拉，趁熱上菜。這道沙拉的最佳賞味時間是準備好後的一小時內，不過皇帝豆和甜菜可以收在密封盒內冷藏，最多可存放三天。

烹飪漫談

我非常偏愛利用溫度來變化的菜色，這道沙拉結合了兩個部分：一熱一冷。煮熟的溫熱甜菜和皇帝豆，搭配橄欖和小黃瓜做成的冰涼優格沙拉，熱度凸顯出甜辣的風味，冷涼的食材則讓大蒜和柑橘的風味變得溫和。

廚師筆記

- 小顆的甜菜更好煮，也更省時。
- 要做出更細絲的檸檬皮，可以使用刨絲刀。

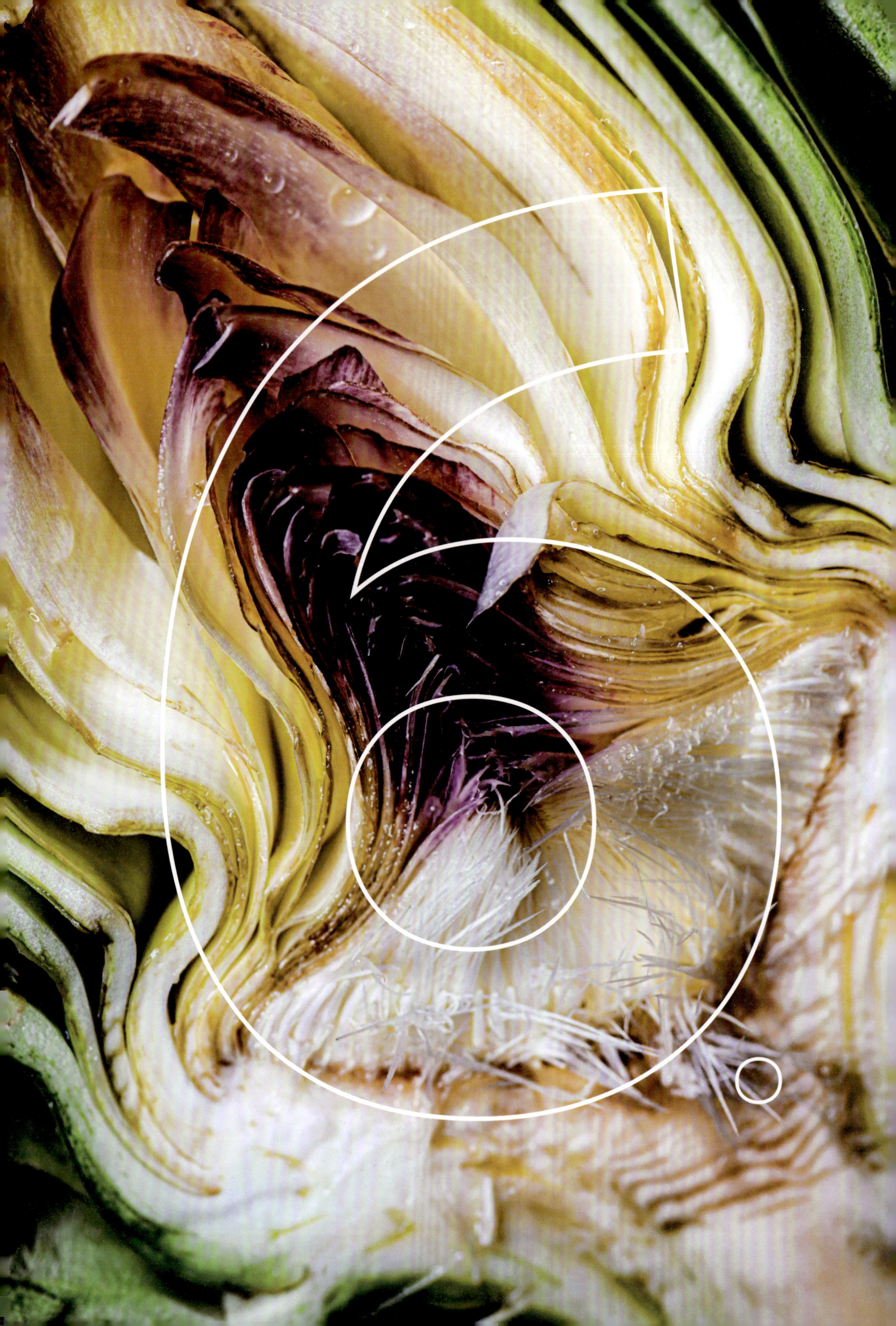
6.

Artichokes
朝鮮薊
Sunchokes
菊芋
Endive
菊苣
Escarole
寬葉苦苣
Radicchio
紫紅菊苣
+ Lettuce
＋萵苣

菊科
Asteraceae

植物王國裡最大的開花植物科。

產地

朝鮮薊、寬葉苦苣和萵苣來自地中海，菊芋起源於北美洲，菊苣來自亞洲，紫紅菊苣來自義大利。

朝鮮薊（又稱球狀朝鮮薊）

如果有機會開車沿著加州令人驚嘆的1號公路走，我非常推薦去一趟卡斯楚維爾（Castroville），看看壯觀的朝鮮薊田，有些沿著太平洋海岸排列種植，形成令人嘆為觀止的景色。正當季時，甚至可以看到某些巨大未採收的紫色花薊即將綻放。朝鮮薊可食用的部分是尚未綻開的花芽，烹煮後，葉片基底（心）和莖部會變得鮮嫩柔軟，讓人只想一口吞下。

菊芋（又稱耶路撒冷朝鮮薊或野生向日葵）

菊芋是一種根莖類蔬菜，嘗起來有些許甜味和堅果味。我喜歡烤菊芋（詳見酥脆菊芋＋醃漬檸檬義式香草醬，頁137）或是油炸菊芋，都會變得非常酥脆。菊芋有時候被稱為「屁薊」，因為含有的大量膳食纖維「菊糖」（inulin），人體無法消化；生吃或是烹煮不當時，腸道裡天然的細菌接觸到菊糖，分解後就會產生氣體。

菊苣、寬葉苦苣、紫紅菊苣

　　我把這三種歸為一類，因為嘗起來都有點苦味，很適合加在沙拉裡。三者都可以生食、炙烤、燒烤或燜燒。綠捲鬚菊苣（Frisée）是一種捲曲品種的菊苣，菜葉從淺綠到淺黃都有，加在沙拉中很優雅。紫紅菊苣的菜葉可說是最美觀的一種，亮紫色與白色的條紋，加在任何一道沙拉裡都亮眼（詳見綜合苦味蔬菜沙拉，頁147）。我愛寬葉苦苣，因為葉片既結實又多汁。

萵苣

　　受歡迎的結果之一就是難以避免單調乏味，萵苣似乎就遭遇到這種情況。萵苣常被加進沙拉充場面，或是弄碎當成裝飾，不過我確信萵苣可以獨當一面，不需要其他的配角搭襯。萵苣不一定要生食──可以像醃黃瓜那樣醃漬，加進醋和糖的溶液裡，也可以烤過後做成凱薩沙拉，或是混進湯裡。萵苣很受歡迎，因此品種很多，常見品種包括珊瑚萵苣、奶油萵苣、結球萵苣、小寶石萵苣、橡葉萵苣、蘿蔓萵苣、皺葉萵苣、斑葉萵苣、萵筍或嫩莖萵苣。我大多使用蘿蔓萵苣、結球萵苣和萵筍來炙烤或加熱，因為這幾個品種的萵苣比較不會軟化。萵筍也很適合用來煸炒。

儲存

　　儲存朝鮮薊時，可以在頭部的地方灑點水，放進夾鏈袋，冷藏最多可存放一個星期。菊芋可以存放在廚房裡的陰涼處，要長期儲存的話，用乾燥的廚房紙巾包起來，吸收多餘的濕氣，放進夾鏈袋，冷藏可存放一到二個星期。儲存菊苣、寬葉苦苣、紫紅菊苣和萵苣時，用廚房紙巾包起菜葉，放進夾鏈袋冷藏起來。感覺潮濕的話，可視情況更換廚房紙巾。

烹飪訣竅

- 朝鮮薊含有一種叫做洋薊酸（cynarin）的化學物質，能讓東西嘗起來變甜，包括水也會。洋薊酸與我們口中的甜味感受器結合，只要一喝水把洋薊酸沖走，就會釋放感受器，觸發甜味反應。因為這個現象，食用朝鮮薊時，許多葡萄酒專家建議完全避免飲酒。
- 切開後，因為褐變酵素多酚氧化酶的緣故，朝鮮薊和菊芋很快就會變色。如果切好的蔬菜沒有打算馬上使用，可先浸泡在冰的酸性水裡（擠入分量足夠的檸檬或萊姆汁）。
- 挑選菊芋時，試著挑選表面沒有太多突起的，不然削皮時會浪費掉很多。好好刷洗，去除土和根部。
- 要減少菊芋產氣，可以借用製作印度煎薄餅的訣竅：印度煎薄餅的麵糊裡加入了茴香籽粉，有助於減少產氣。我發現這個方法也適合用在製作菊芋湯。菊糖在攝氏 135 度到 190 度 [華氏 275 度到 375 度] 之間會分解，所以在這個溫度範圍內烹煮，有助於減少產氣。如果以上都沒效，請服用緩解脹氣的 Beano 或 Gas-X。
- 菊苣、寬葉苦苣、紫紅菊苣和萵苣菜葉可以蒸煮、炙烤、煸炒。炙烤時，在菜葉輕輕刷點油，烤到菜葉出現烤痕為止。
- 烹煮萵苣和其他新鮮綠色蔬菜時，務必記得去除多餘的水分，可以使用沙拉蔬菜脫水器，或是把洗好的菜葉平鋪在乾的廚房擦巾上，使用前輕輕拍乾。水分太多會稀釋掉油醋醬和其他沙拉醬的作用。
- 三種帶苦味的葉菜——寬葉苦苣、菊苣、紫紅菊苣——我偏好用分量較多的醋或柑橘汁來調味，以掩飾苦味。做沙拉時，這些蔬菜很適合加入鮮脆的新鮮水果和大量新鮮的香草。

如何備料朝鮮薊

　　清洗朝鮮薊有點麻煩，我不建議在忙碌的日子裡處理。我手邊存放著冷凍和罐裝的朝鮮薊，需要時就可以加進義大利麵或燉菜裡。不過除了需要蒸煮的時候（詳見蒸朝鮮薊佐腰果紅彩椒沾醬，頁141），我使用的清洗方法如下。

　　清洗時，偏大型和中型的朝鮮薊是比較好的投資，最後能夠得到比較厚實的莖梗，葉片比較有肉，可食用的朝鮮薊心部分更大。小心處理朝鮮薊，外層葉片的尖端就像仙人掌一樣，很容易刺傷皮膚。清洗和處理的過程中，使用加了酸的水清洗，可以避免褐化。

1. 在大碗中裝滿8杯[2升]自來水，加入2湯匙檸檬汁（萊姆汁或醋也可以）。用一點檸檬汁抹在手上和刀子上，備料朝鮮薊時可以經常這麼做。

2. 把每顆朝鮮薊的棕綠色外層硬葉拔掉，丟掉不用，拔到剩下淺黃色的核心內層嫩葉。葉片彎曲處會有一處凹陷，往上延伸，從凹陷處上方2.5公分[1英吋]的地方切掉，以上的部位丟掉不要。葉片紫色的部分也不能食用。把朝鮮薊浸入檸檬水中，甩掉多餘的水分。

3. 使用削皮刀，修掉莖梗的外層綠色纖維厚層，露出白色的核心。修剪莖梗與整顆朝鮮薊的連接處，然後浸入檸檬水中，把水甩掉。

4. 用茶匙或挖球器，把中間細絲狀的部分舀出來，這個部位叫絨毛（choke）。再次用檸檬水清洗朝鮮薊，這一次把整顆都浸泡在檸檬水裡。如果食譜需要把朝鮮薊對半，切好再舀出中心的絨毛會比較容易。

5. 用同樣的方式備料其餘的朝鮮薊，浸泡在檸檬水中備用。如果要用熱油料理，烹煮前請快速弄乾。

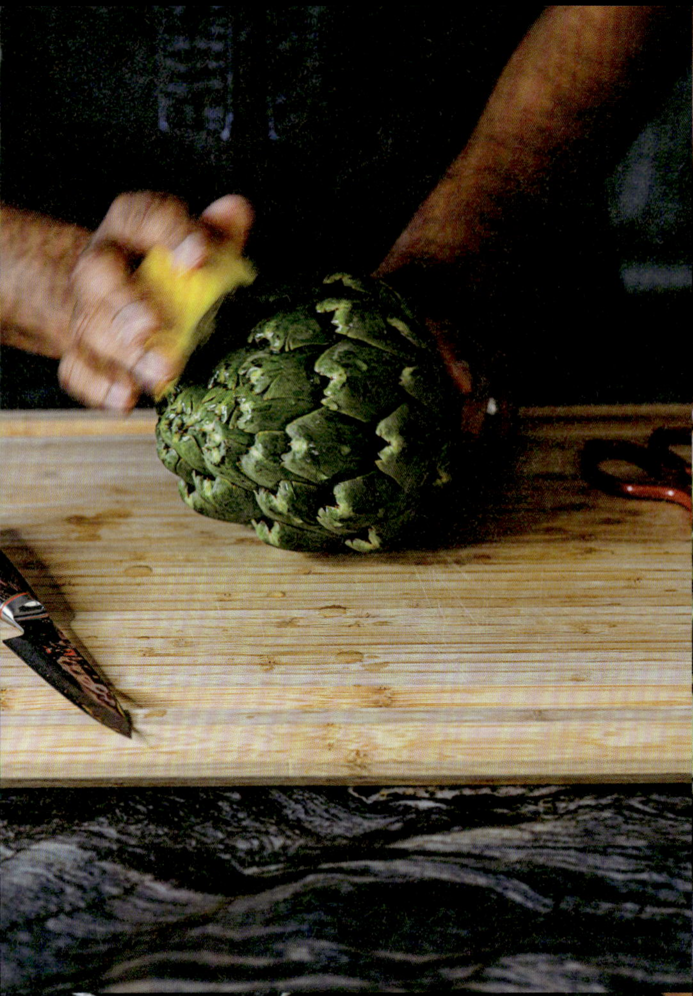
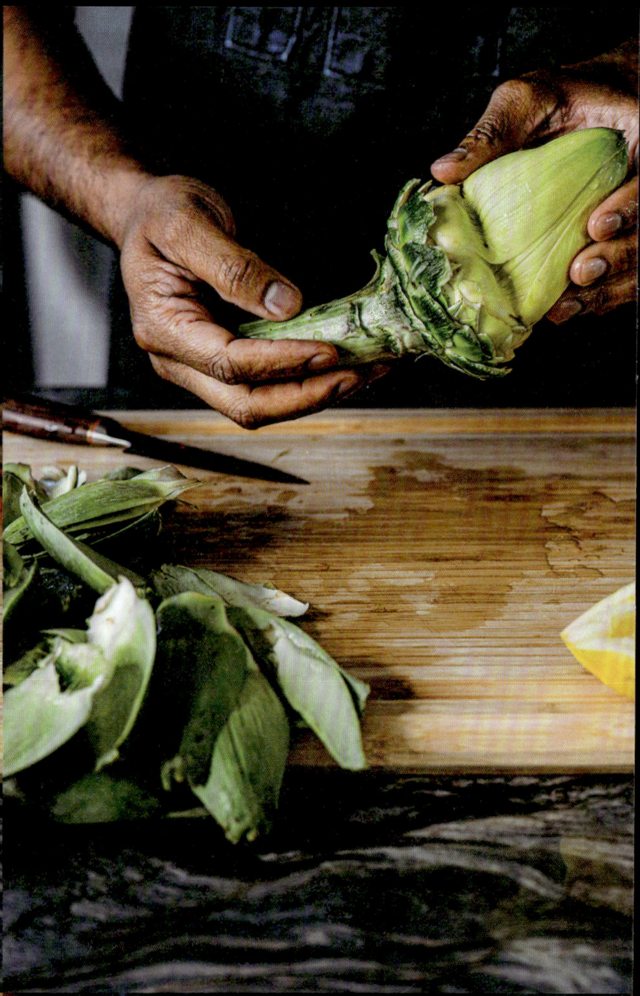
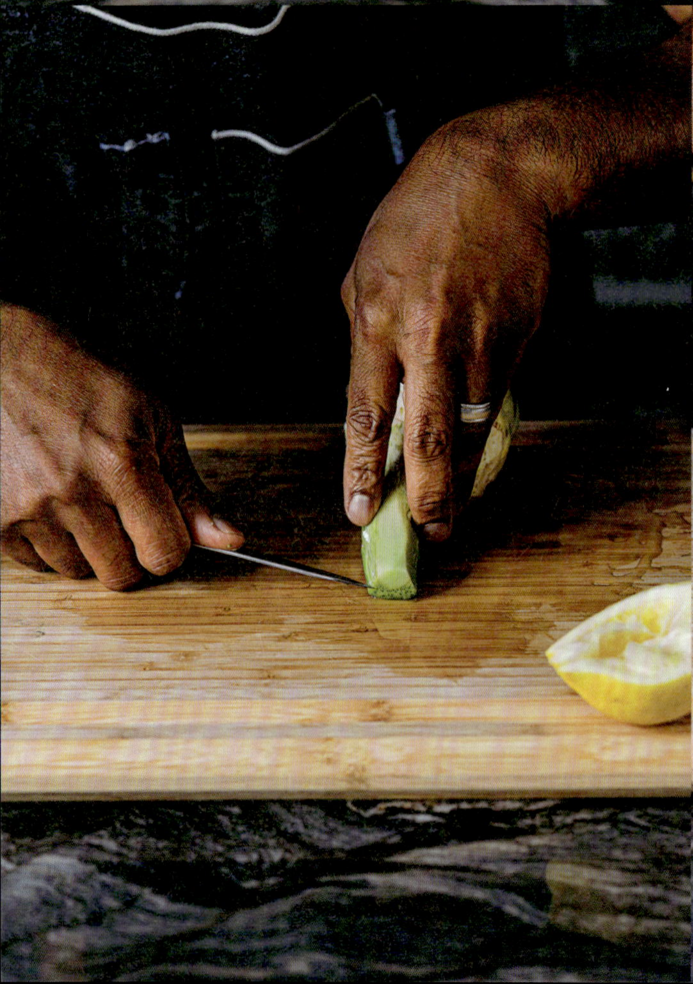
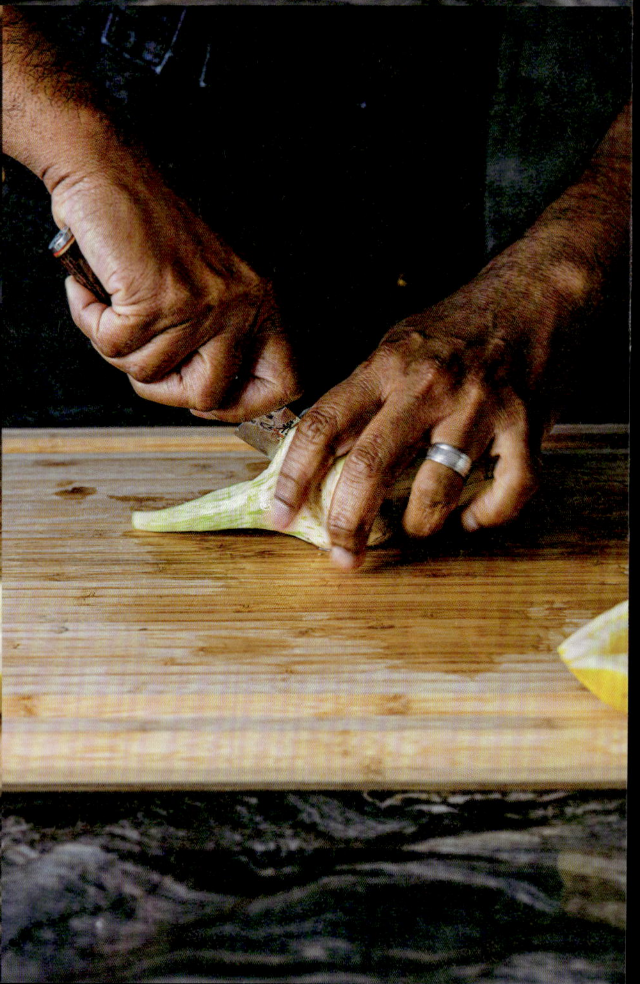

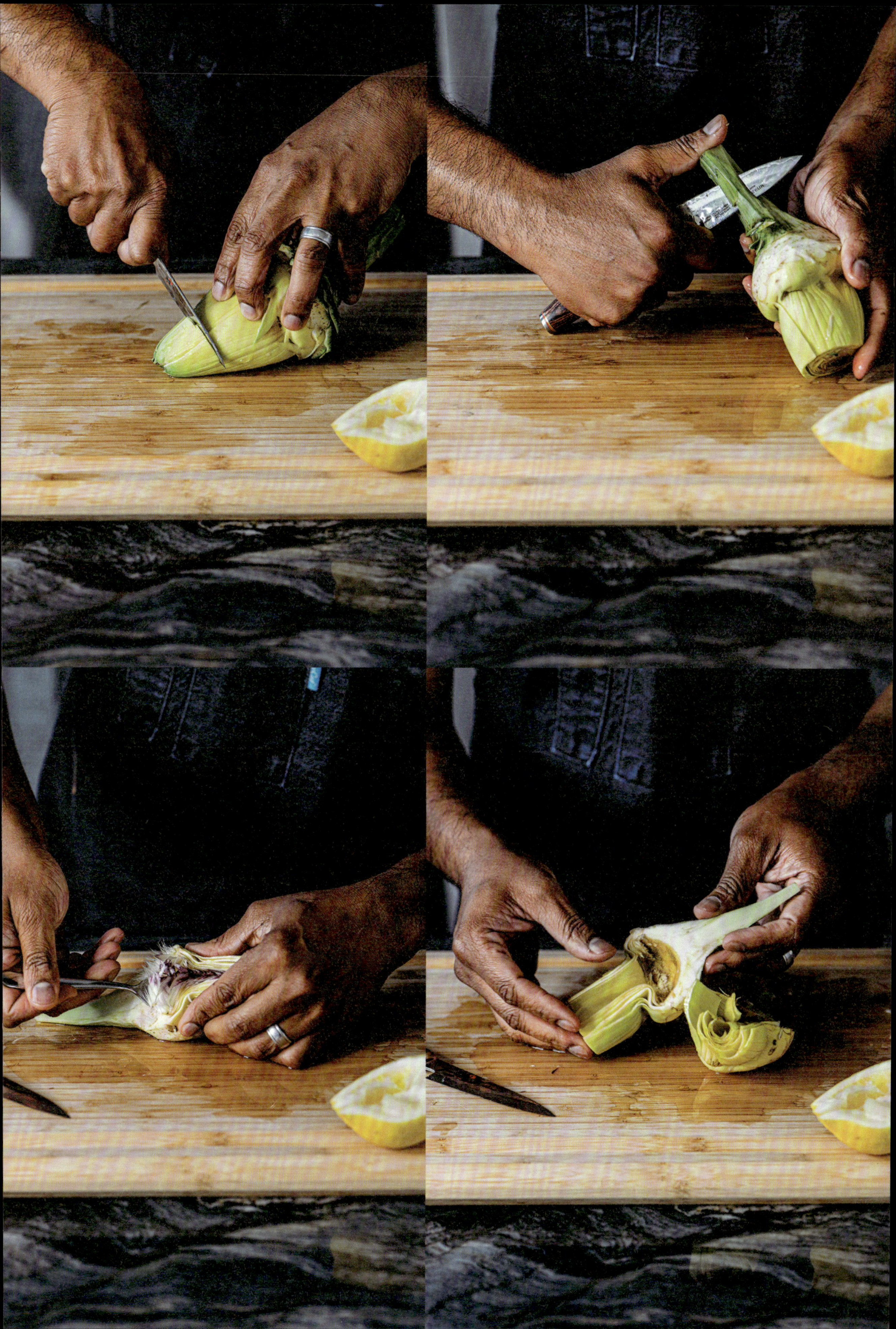

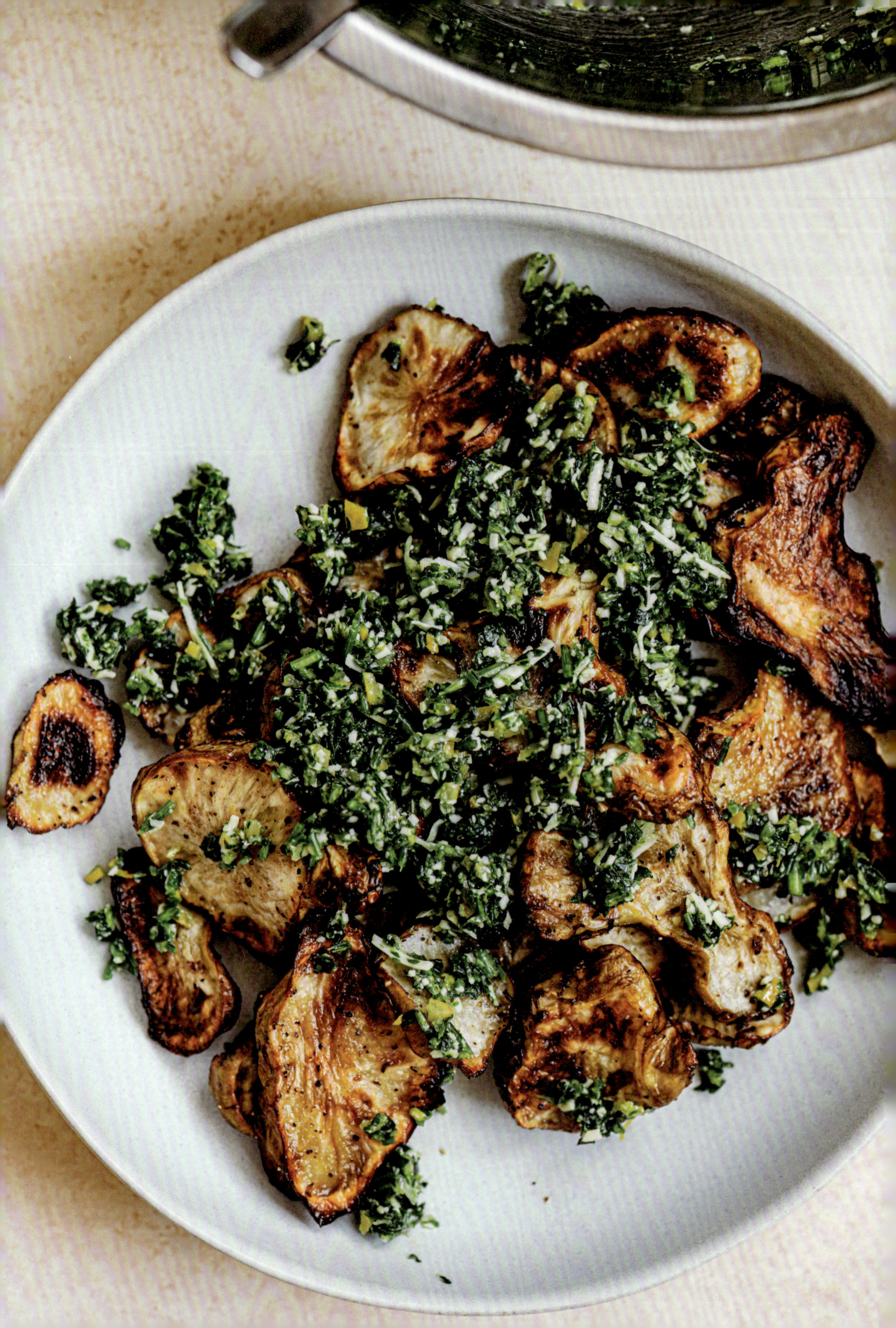

酥脆菊芋＋醃漬檸檬義式香草醬
Crispy Sunchokes + Preserved Lemon Gremolata

四人份

① 預熱烤箱至攝氏 220 度 [華氏 425 度]，在烤盤鋪上鋁箔紙。

② **醃漬檸檬義式香草醬** 製作義式香草醬，在砧板上放 **1 把 [130 克] 平葉香芹**，包含葉片及嫩莖、**3 瓣大蒜**、**1 顆醃漬的檸檬皮**、**2 茶匙新鮮奧勒岡**，全部用刀子切成細碎的混合物。把混合物移到小碗裡。攪拌加入 **2 湯匙磨碎的帕馬森起司**、**2 湯匙特級初榨橄欖油**、**1 顆檸檬的細絲皮**、**1 湯匙新鮮檸檬汁**，試味道後以**細海鹽**調味。蓋上靜置 30 分鐘。

③ 拿一個大碗，攪拌混合 **455 克 [1 磅] 菊芋**，刷洗後切片成 **6 公釐 [¼ 英吋] 厚**、**2 湯匙特級初榨橄欖油**、**½ 茶匙細海鹽**、**½ 茶匙黑胡椒粉**，均勻裹上。把菊芋片平鋪在準備好的烤盤上，不要重疊。烤到一半時翻面，直到呈現金黃褐色酥脆為止，約 25 到 30 分鐘。把烤好的菊芋移到餐碗裡，加上大量義式香草醬，立刻上菜。

烹飪漫談

這道食譜雖然標示為四人份，不過如果你像我一樣的話，與人分享之前請三思。酥脆的食物加上香草沾醬，是我最愛的放縱食物之一。調味過的菊芋片烤得酥脆，再加上大量義式香草醬，在大蒜和新鮮香草之外，又添加了醃漬檸檬，讓這個沾醬格外特別。

廚師筆記

- 帕馬森起司為義式香草醬增加了鹹鮮美味，如果不吃乳製品，可以改用 1 茶匙營養酵母、1 茶匙胺基酸醬油，營造出這樣的風味。也可以改用優良品牌的植物製帕馬森起司。
- 醃漬檸檬可以在網路上購買，在雜貨店裡的調味料區和國際食品區也能買到。因為檸檬用鹽醃過，使用前請先洗過，並去除軟糊漿狀的果肉，丟掉不用。

萵苣佐酪梨凱薩醬
Lettuce with Avocado Caesar Dressing

四人份

① 預熱烤箱至攝氏 180 度 [華氏 350 度]。

③ 在有邊框的烤盤上，攪拌混合 **½ 個法國長棍麵包（約 150 克 [5¼ 盎司]），切成 2.5 公分 [1 英吋] 大小，前一天的麵包最佳、3 湯匙特級初榨橄欖油、½ 茶匙大蒜粉、細海鹽**。單層平鋪，烤到呈現金黃褐色酥脆為止，約 12 到 15 分鐘。烤到一半時轉動烤盤，換個方向。從烤箱拿出來，放涼。烤麵包丁可以提前三天製作，不過必須存放在密封盒內，否則會變軟。

③ **酪梨凱薩醬**　在攪拌機內加入 **1 顆成熟的小酪梨，去籽削皮、1 條新鮮的綠辣椒，例如墨西哥辣椒或塞拉諾辣椒，去籽去辛辣、½ 杯 [120 毫升] 白脫牛奶或克菲爾優格或原味優格、¼ 杯 [5 克] 壓緊的香菜，菜葉和嫩莖都要、2 湯匙磨碎的帕馬森起司、1 茶匙洋蔥粉、1 茶匙新鮮萊姆汁、½ 茶匙孜然粉、½ 茶匙胡椒粉**。以高速攪拌，瞬速打至滑順濃郁，以**細海鹽**調味，嘗起來有香草味道，可能會讓人想到濃郁的綠莎莎醬（salsa verde）。這個調味醬最好現做，並且在一小時內食用最佳。

③ 拿一個大碗，攪拌混合 **4 棵蘿蔓萵苣心或 4 棵迷你寶石萵苣，葉片分開，約略撕成 2.5 公分 [1 英吋] 大小、烤麵包丁、一半的調味醬、½ 茶匙黑胡椒粉**。試味道後有需要的話，以更多的調味醬、**細海鹽**和**萊姆汁**調味。用 **¼ 杯 [15 克] 磨碎的帕馬森起司**，加以裝飾。立刻上菜，在餐桌上擺放剩餘的沾醬供取用。

後頁續

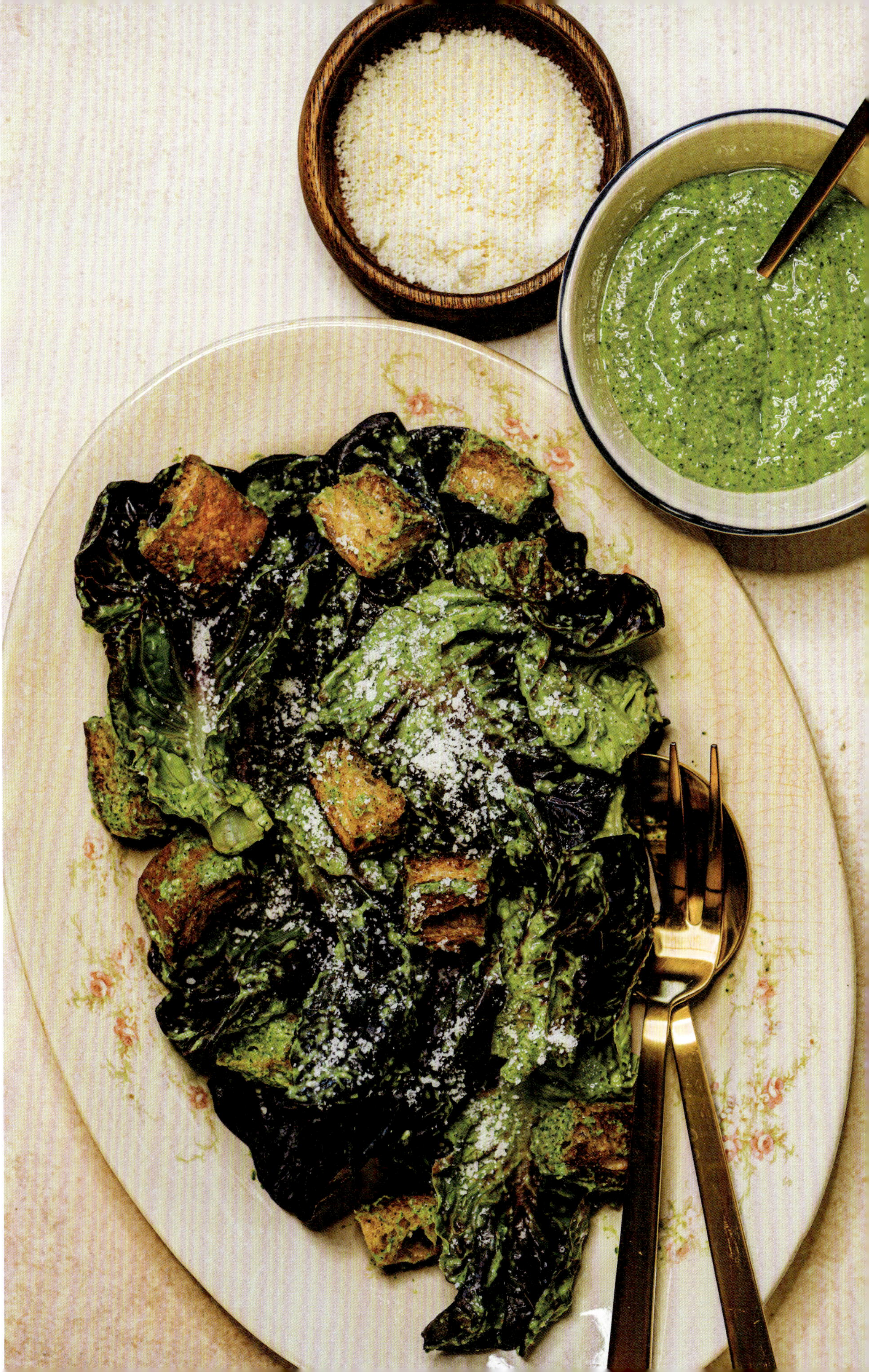

烹飪漫談

這不是那種經典的凱薩醬,也不是另一道無趣的萵苣沙拉。這道菜混合了印度和墨西哥風味,一直是我最愛的萵苣食用方式之一,大量抹上後一口吃掉。如果這樣還不夠有說服力,讓我分享一個祕密:我連早餐都會吃這道菜,搭配切片的全熟水煮蛋。

廚師筆記

- 如果不愛吃烤麵包丁,可以替換成酥脆香料鷹嘴豆(下冊頁83),兩種都喜歡的話,也可以都加進去。
- 這個調味醬雖然含有酸以避免酪梨褐化,但是分量不是太多,無法長時間維持酪梨不褐化。因此我建議要吃沙拉的同一天再製作調味醬。
- 要把調味醬改成純素的話,可以改用1茶匙白味噌或淡色味噌、1茶匙胺基酸醬油,也可以改用植物製帕馬森起司。
- 這裡使用的洋蔥粉和大蒜粉提供了更豐富的鹹香美味,讓蔥屬植物的強烈味道變得柔和。

蒸朝鮮薊佐腰果紅彩椒沾醬
Steamed Artichokes with Cashew Red Pepper Dip

四人份

① 腰果紅彩椒沾醬

用攪拌機或食物調理機，混合 ½ 杯 [70 克] 整粒的生腰果、½ 杯 [120 毫升] 沸水，浸泡 30 分鐘。

浸泡腰果時，直接在瓦斯爐的明火上烘烤 **1 顆中型的紅色彩椒**，約 1 到 2 分鐘。或者也可以把彩椒擺在鋪了鋁箔紙的烤盤上，以高溫燒烤，每幾分鐘就轉一次，直到全部都有焦黑的烤痕為止。移除莖梗、核心與籽，丟掉不用。把帶有烤痕外皮的彩椒放進食物調理機，加上 **2 湯匙去皮磨碎的生薑**，以高速攪拌，瞬速打至滑順。

加入 **2 湯匙切碎的香菜葉和嫩莖、2 湯匙新鮮萊姆汁或檸檬汁、1 湯匙楓糖漿、½ 茶匙煙燻紅椒粉**，混合至均勻。攪拌加入 **1 茶匙紅辣椒碎片**，例如阿勒頗、馬拉什或烏爾法辣椒。試味道後以**細海鹽**調味。調味醬嘗起來應該微微酸甜，帶有煙燻的薑味。這個沾醬可以提前一天製作，收在密封盒內冷藏，恢復到室溫後再上菜。

② 準備 **2 個大型或 4 個中型的朝鮮薊**：使用廚房剪刀，修掉每一瓣上的尖端，用剛切的**半個檸檬**擦過。去掉一顆朝鮮薊莖梗的尾端，用半個檸檬擦過。莖梗去皮。側放朝鮮薊，切掉頂部四分之一，丟掉不用，接著用檸檬擦過切口。重複操作，處理其餘的朝鮮薊。

③ 用大而深的平底燉鍋或荷蘭鍋，加入至少 5 公分 [2 英吋] 高的水，把剩下的檸檬汁擠進水裡。在鍋內擺一個蒸籠，以高溫加熱，把水煮沸。轉小火煨煮，朝鮮薊的切口朝下，放進蒸籠，蓋上蒸煮到多肉的朝鮮薊底部和葉片變軟，約 30 到 45 分鐘，或是煮到可以輕鬆拔下葉片，刀子能輕鬆穿進底部，約 45 分鐘到 1 小時。用料理夾或濾網勺小心移動朝鮮薊，放到餐盤上。灑上 **2 湯匙特級初榨橄欖油**和**細海鹽**。

後頁續

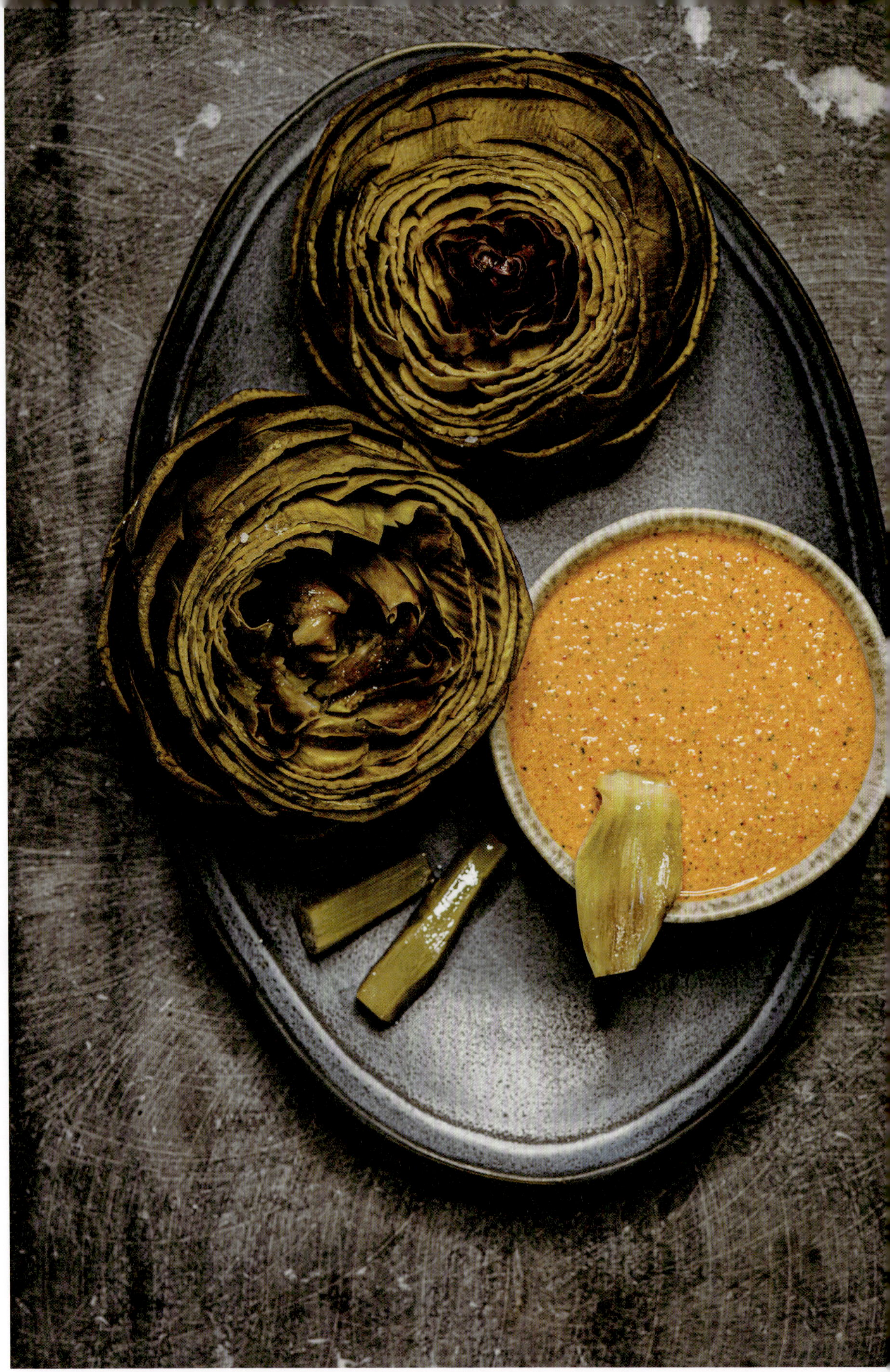

④朝鮮薊搭配腰果紅彩椒沾醬，上菜。拔下葉片，用莖部那端沾醬，食用多肉的部分，記得避開絨毛。多餘的沾醬收在密封盒內冷藏，最多可存放兩到三天。

烹飪漫談

這份食譜是關於蒸煮朝鮮薊，不過用來製作濃郁紅彩椒沾醬的腰果，也很值得推薦。沾醬有煙燻味，濃郁甜蜜，也很適合搭配蔬菜拼盤，當作電影之夜的零食（詳見拼盤＋小祕訣，頁206）。可以提前一天製作，需要準備好幾道菜的時候，這是一大福音。

回到蒸煮朝鮮薊。蒸煮朝鮮薊讓人大開眼界，單純的強大技巧就能讓某些食材充分表現本色。蒸煮讓朝鮮薊變成柔嫩多肉的葉片，非常適合浸入紅彩椒沾醬。順道一提，這個組合也很適合搭配吐司或三明治。

廚師筆記

- 如果沒有紅彩椒，請不要想改用綠彩椒，那只是尚未成熟的彩椒，在轉甜變色成紅黃橘之前就採收，有時候烤過之後會變苦。如果有的話，可以替換成黃色或橘色的彩椒。
- 如果手邊有罐裝烤彩椒，可以略過燒烤紅椒的步驟。記得使用罐裝的彩椒之前，要先瀝乾洗清。
- 用沸水泡腰果有助於軟化，混合後能做出更濃郁、更滑順的口感。
- 混合時，我喜歡保留一點彩椒帶有烤痕的外皮，能替沾醬增添美好的煙燻風味，甜煙燻紅椒有助於營造那股風味。

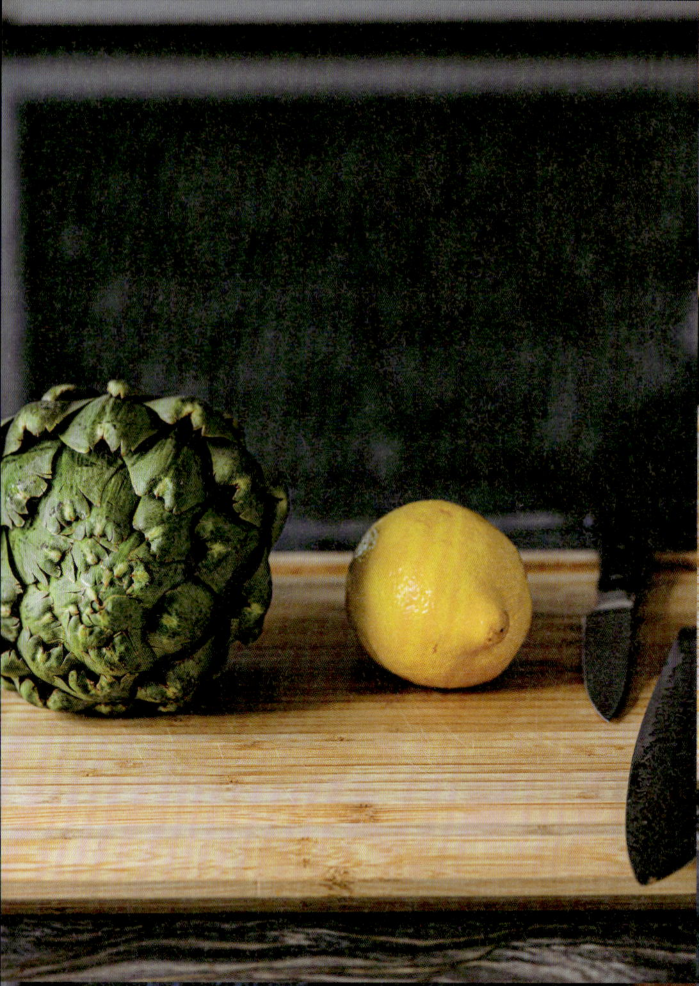

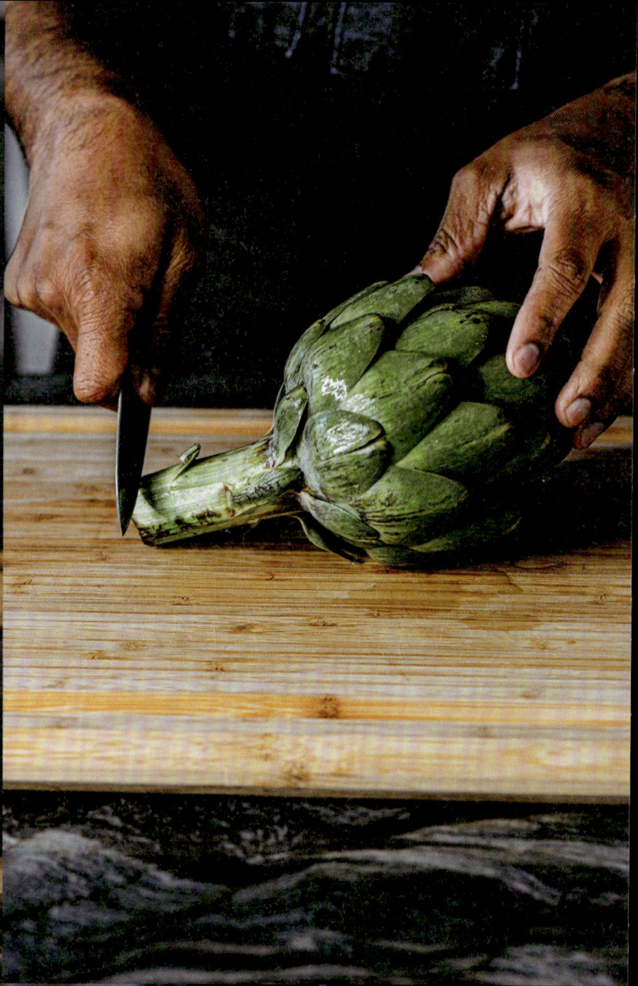

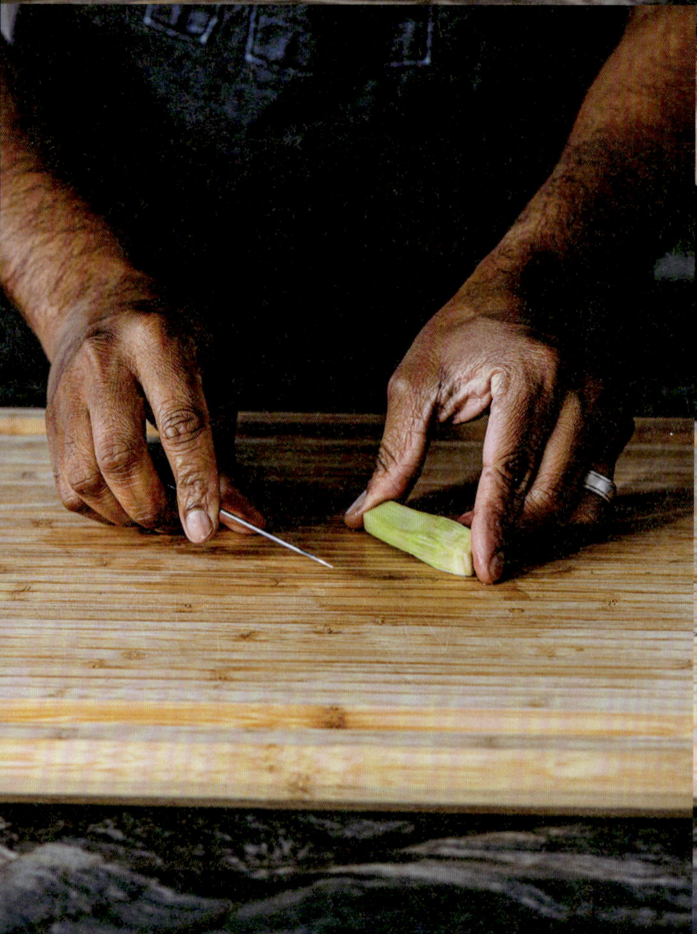

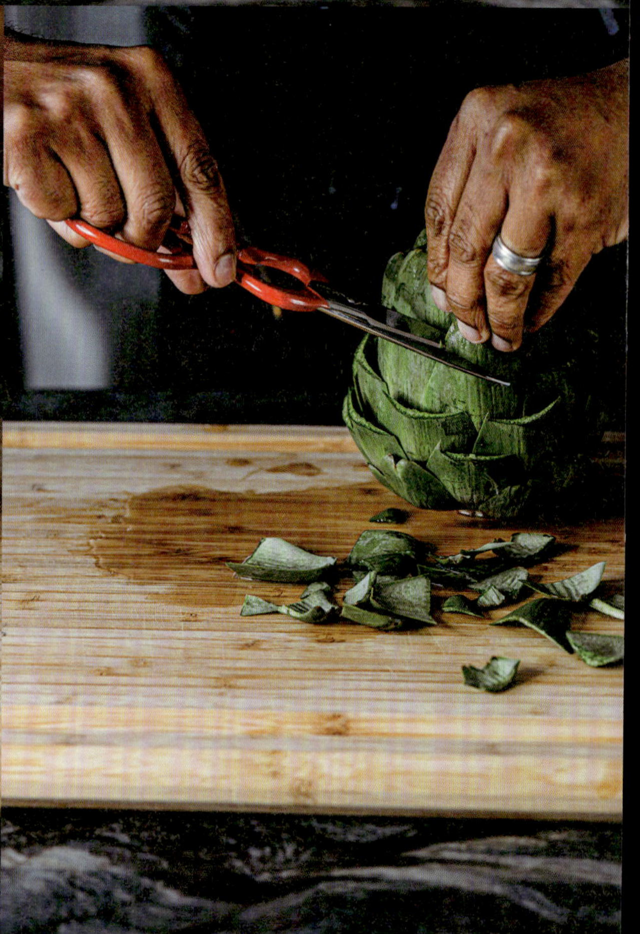

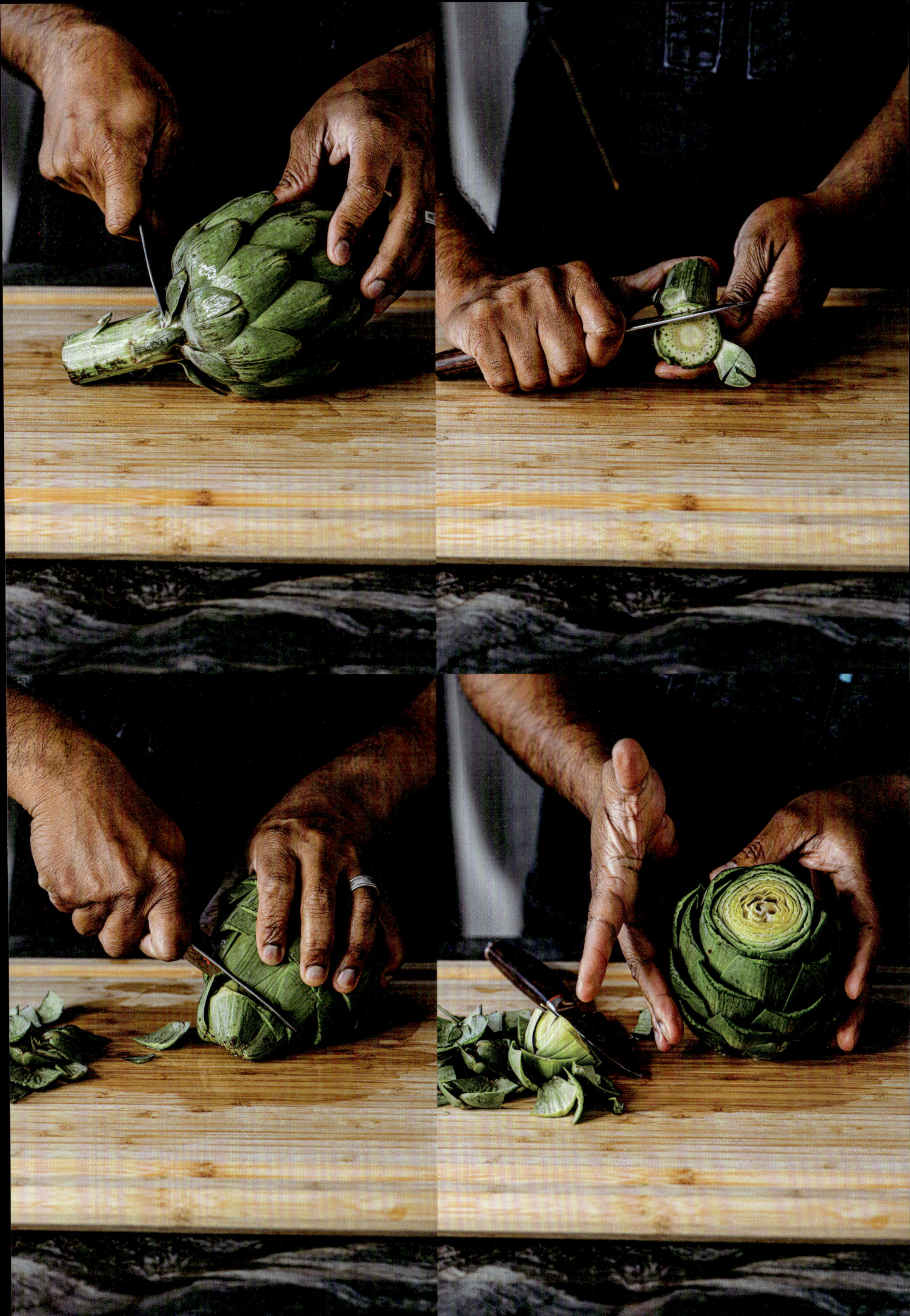

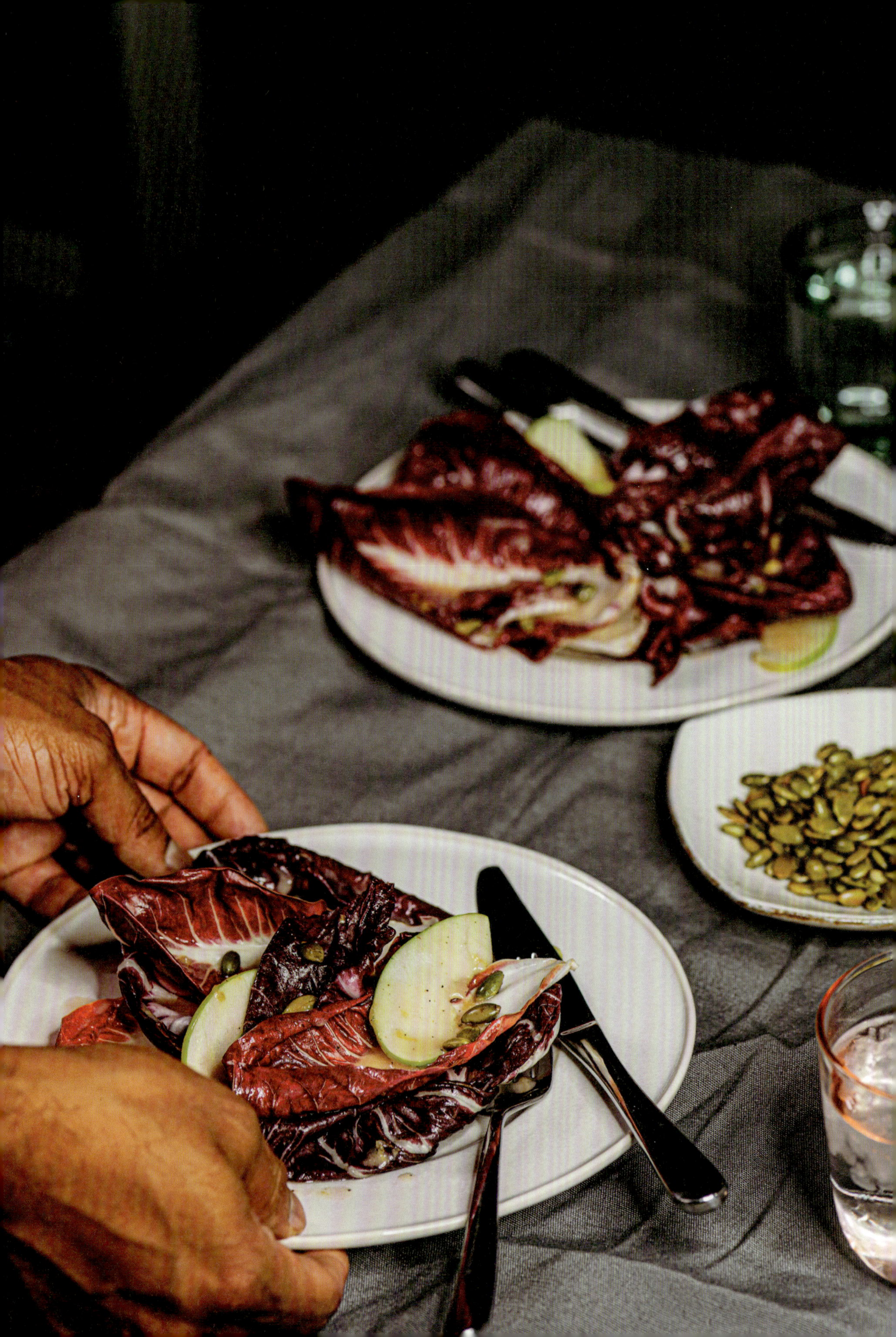

綜合苦味蔬菜沙拉
Mixed Bitter Greens Salad

四人份

① 在一個中調理碗裡，攪拌混合 **3 湯匙紅酒醋、1 湯匙新鮮檸檬汁、1 湯匙第戎芥末醬、1 湯匙蜂蜜、1 顆檸檬的細絲皮**，攪拌至滑順均勻。慢慢灑入 ¼ 杯〔60 毫升〕發煙點高的中性油，例如葡萄籽油，直到濃郁乳化為止。加入 ½ 茶匙黑胡椒粉、細海鹽。

② 在一個大調理碗裡，攪拌混合 **1 顆中型紫紅菊苣，葉片分開、1 顆中型比利時菊苣，葉片分開、1 顆大型（200 克〔7¾ 盎司〕）青蘋果（Granny Smith），去核對半，縱切成薄片、1 湯匙烘烤過的鹽味南瓜子**、一半的油醋醬。試味道後有需要的話，加入更多的調味醬。立刻上菜，在餐桌上擺放剩餘的沾醬供取用。

烹飪漫談

我與苦味食物的關係說來複雜，不過基於某些理由，我給苦味蔬菜開了特例，我想是因為苦味蔬菜跟酸味很搭。這道混合蔬菜沙拉使用了新鮮的紫紅菊苣和菊苣，拌入快速簡易的油醋醬，以醋、檸檬汁、芥末醬製作而成。這個沾醬也可以單用，清爽的口味很適合搭配茄子和南瓜等烤蔬菜。

廚師筆記

- 我很少使用特級初榨橄欖油來做類似油醋醬的乳化，因為這樣會讓調味醬的味道立刻變苦。如果想用橄欖油，請參考我前一本食譜《食物風味聖經》裡的訣竅。混合 ½ 杯〔120 毫升〕特級初榨橄欖油、½ 杯〔120 毫升〕沸水，靜置混合物，直到兩種液體分開為止。把水倒掉不要，使用橄欖油就好，這樣做出來的油醋醬就不會苦了。
- 可以自己烘烤南瓜子，不過想買現成的也無妨，我確定艾娜·賈騰一定會同意這個看法。
- 刨削成薄片的帕馬森起司加在這道沙拉上很棒。
- 糖漬核桃很適合用來替代南瓜子，不過也可以兩種都用。
- 夏日核果類水果當季時，我會加幾片成熟的甜桃或桃子，取代蘋果。

燜燒朝鮮薊＋韭蔥
Braised Artichokes + Leeks

四人份

① 用 30.5 公分 [12 英吋] 大而深的鑄鐵或不鏽鋼平底煎鍋，以中高溫加熱 **2 湯匙特級初榨橄欖油**。加入 **2 個大型或 4 個中型的朝鮮薊心，縱切對半**（詳見如何備料朝鮮薊，頁 133）、**4 棵大韭蔥，只用蔥白，去掉尾端後縱切對半**，直接放在熱平底鍋上，切口朝下，烹煮至略為焦黃，約 3 到 5 分鐘。如果鍋面空間太緊，分批把蔬菜煮到焦黃，再一起烹調。

② 加入 **1 杯 [240 毫升] 低鈉蔬菜或雞高湯、1 瓣壓碎的大蒜、1 茶匙低鈉醬油、½ 茶匙黑胡椒粉、一大撮（15 到 20 縷）番紅花**。煮沸，轉小火煨煮，蓋住，煮到蔬菜變軟為止，約 10 到 12 分鐘。烹煮中依需求加水，確保朝鮮薊一直都有一半保持在水面下。打開蓋子，轉到中高溫，收汁到液體變濃，剩下原來分量的四分之一。

③ 關火，灑上 **1 湯匙新鮮檸檬汁**。試味道後以**細海鹽**和更多的檸檬汁調味。用 **2 湯匙切碎的平葉香芹**加以裝飾，趁熱食用。沒吃完的可以收在密封盒內冷藏，最多可存放三天。

烹飪漫談

燜燒這種烹飪方法是先把食物煎封，利用焦糖化及梅納反應表現風味，再放進像高湯這樣有味道的汁液裡烹煮。朝鮮薊和韭蔥很適合燜燒，在這份食譜中，先用一點橄欖油煮到略微焦黃，再加進高湯裡烹煮，帶有大蒜、醬油、胡椒和番紅花的風味。怎麼吃呢？顯然我會說配飯吃，不過當作烤肉或宴會時的配菜也很棒（我不清楚原因，不過朝鮮薊和番紅花似乎總能讓人覺得很豪華）。

廚師筆記

- 醬油有助於表現這道菜的美味，番紅花則替這道菜添加了香味和一絲明亮的橙色。留意番紅花的用量，太多會令人招架不住。
- 如果沒時間備料朝鮮薊，也可以使用冷凍或罐裝的朝鮮薊（水煮包裝）。

149

7

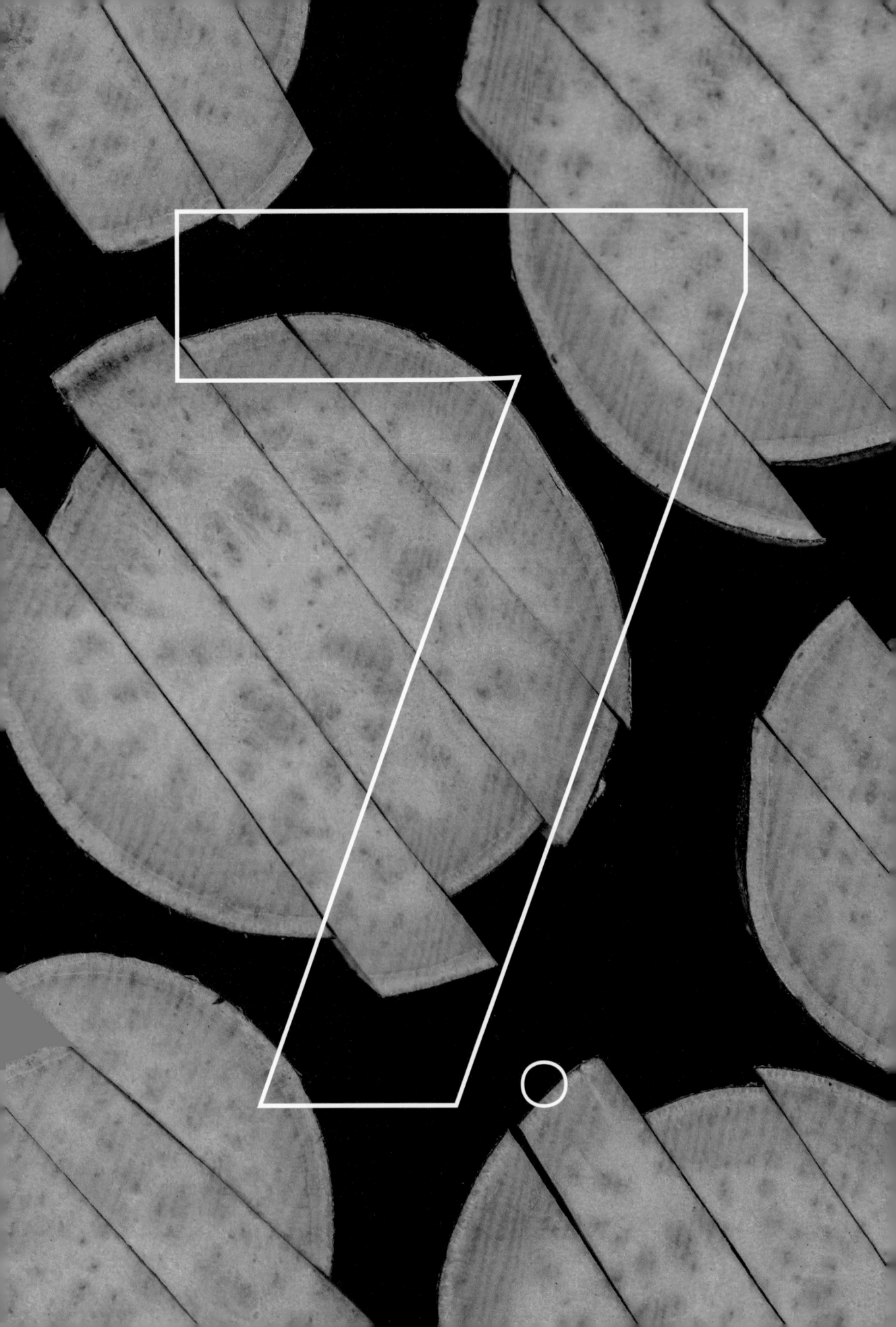

Sweet Potatoes

番薯

旋花科
Convolvulaceae

產地

番薯來自於中美洲和南美洲。

番薯

番薯有時候被稱作非洲山藥，但兩者並不相同（詳見非洲山藥，頁 64），是完全不同的植物。非洲山藥不像番薯這麼甜（我覺得口味比較像馬鈴薯），煮過的番薯口感比較滑順。根據經驗，我的大原則是避免替換食譜中的這兩種食材。食譜如果需要馬鈴薯或木薯，比較適合的替換食材是非洲山藥。不過非洲山藥適合用在番薯羽衣甘藍凱薩沙拉（頁 154）和芝麻番薯＋苦椒醬雞（頁 160）。

儲存

把番薯收納在廚房中陰暗、乾燥、涼爽的地方，有時候番薯會開始長出帶葉片的嫩芽，移除後再烹煮。

烹飪訣竅

- 番薯的顏色很多：有橘有白有紫，沖繩或夏威夷番薯的果肉是紫色的，往往會跟紫色的非洲山藥塊莖搞混（詳見非洲山藥，頁 64）。
- 有個錯誤觀念是番薯如果沒戳孔就放進烤箱，會在烘烤時爆炸，這個說法不是真的：番薯的表皮會呼吸，不像茄子的表皮緊繃而防水。用烤箱烘烤整顆沒戳孔的番薯，待開始降溫的時候，果肉就可輕鬆與表皮分開。大部分生長在地底的澱粉類蔬菜都是如此，像是非洲山藥、馬鈴薯和菊芋。
- 避免用水煮或微波烹調番薯，這兩種烹調方式無法充分表現這種絕妙的蔬菜。用烤箱烘烤番薯能產生至少 17 種不同的風味分子，是其他技法做不到的。

- 烘烤整顆或大塊（對半或四分之一）的番薯時，我偏好烤兩次。第一次先包在鋁箔紙裡烘烤，這麼做能讓蔬菜內的蒸氣軟化果肉，之後再打開鋁箔紙繼續烘烤，直到糖分開始冒泡焦糖化。這個方法能產生最美妙的口感和風味。
- 烘烤切丁的番薯時（詳見番薯羽衣甘藍凱薩沙拉，頁154），我會略過第一次烘烤的步驟。因為已經切成小塊，烤兩次的方法沒有助益，番薯煮起來也快多了。
- 番薯富含糖分，很容易燒焦，高溫烹煮時請小心看顧。
- 番薯的葉子可食用，適合煸炒，能應用在各種菜色中，在製作甜菜葉、薑黃+扁豆義式燉飯（頁121）時，可以替代甜菜葉或是同時也加一點。

番薯羽衣甘藍凱薩沙拉
Sweet Potato Kale Caesar Salad

四人份

① 預熱烤箱至攝氏 200 度［華氏 400 度］，在有邊框的烤盤鋪上鋁箔紙。

② 拿一個大碗，攪拌混合 **1 顆大型番薯，削皮後切成 6 公釐［¼ 英吋］的丁塊、1 湯匙特級初榨橄欖油、細海鹽**，均勻裹上。用鋁箔紙蓋住盤子，四周封緊，烘烤 20 分鐘。移除鋁箔蓋，烘烤到番薯呈現金黃褐色，略為焦糖化，約 15 到 20 分鐘。從烤箱拿出來，靜置放涼 5 分鐘。

③ 在一個大調理碗裡，徒手搓揉 **1 把恐龍羽衣甘藍（約 285 克［10 盎司］），移除主葉脈，丟掉不用，菜葉切成細碎狀、1 湯匙特級初榨橄欖油、¼ 茶匙細海鹽**，搓揉到菜葉開始變軟並稍微縮皺。加入烤好的番薯、**2 湯匙烘烤過的鹽味南瓜子、2 湯匙磨碎的帕馬森起司、1 杯［120 克］酥脆的鷹嘴豆**，自製（下冊頁 83）或買現成的皆可。

④ 製作凱薩醬，在一個小調理碗裡，弄碎 **2 條瀝乾的橄欖油漬鯷魚片**，或是用 **1 茶匙鯷魚醬、1 瓣磨碎的大蒜、¼ 茶匙黑胡椒粉**，混合到形成滑順的糊醬。拌入 **½ 杯［120 克］美乃滋、1 茶匙第戎芥末醬、1 茶匙伍斯特醬、½ 茶匙魚露、2 湯匙磨碎的帕馬森起司、1 顆檸檬的細絲皮**，試味道後以**細海鹽**調味。這個調味醬嘗起來應該有濃濃的鮮味但不會腥，主要的味道來自於起司。食用前至少靜置 10 分鐘，最多不超過 30 分鐘。

⑤ 在沙拉攪拌加入 2 到 3 湯匙的凱薩醬，其餘的附在旁邊。立刻上菜。沒吃完的可以收在密封盒內冷藏，最多可存放三天，但請記住鷹嘴豆接觸濕氣後就不會脆了。

烹飪漫談

看完這本食譜，可能會得到一個結論，就是作者真的超愛凱薩醬，各種花樣都愛，這是真的。這個版本是酪梨凱薩醬（頁138）依據的經典基礎，烤過的番薯、揉搓過的嫩羽衣甘藍、酥脆的鷹嘴豆，有鮮味有鹹味，並且混合了美味的濃郁滑順口感。

廚師筆記

- 烘烤切片的斑紋南瓜（delicata squash）和西洋南瓜也很適合替代這道沙拉裡的番薯。
- 因為使用大量的恐龍羽衣甘藍（又稱托斯卡納羽衣甘藍、黑甘藍），菜葉需要經過搓揉以分解細胞，使其軟化，比較好入口。如果是嫩甘藍就不必這麼做，因為菜葉已經很嫩了。
- 鯷魚可以替換成1茶匙白味噌或淡色味噌、1茶匙胺基酸醬油。

烤番薯佐瓜希柳辣椒莎莎醬
Roasted Sweet Potatoes with Guajillo Chilli Salsa

四人份

①預熱烤箱至攝氏 200 度 [華氏 400 度]，在烤盤鋪上鋁箔紙。

②拿一個大碗，攪拌混合 **2 顆大型番薯**，削皮後切成 **2.5 公分 [1 英吋] 厚**、**2 湯匙特級初榨橄欖油**、**細海鹽**，均勻裹上。單層平鋪在準備好的烤盤上，烘烤約 25 到 30 分鐘，烤到番薯呈現金黃褐色、內層變軟為止。烤到一半時轉動烤盤，換個方向。從烤箱拿出來，放到餐盤上。

③瓜希柳辣椒莎莎醬

烘烤番薯的同時，準備莎莎醬。用小平底燉鍋，煮滾沸 **1 杯 [240 毫升] 水**、**2 條瓜希柳辣椒乾，移除莖和籽，丟掉不用**、**1 湯匙新鮮奧勒岡**、**1 湯匙新鮮百里香**、**1 茶匙孜然籽**、**1 茶匙整粒的黑胡椒**。轉小火燜煮，收汁到剩 ½ 杯 [120 毫升] 的汁液。倒入攪拌機，洗清鍋子。

直接在瓦斯爐的明火上烘烤 **1 顆大的紅色彩椒**、**1 顆去皮紅蔥頭**，烤到外皮開始焦黑。沒有瓦斯爐的話，可以改用乾燥的平底煎鍋來煎封蔬菜，或是用烤箱以高溫燒烤，時常轉動，烤到表面開始出現焦泡，約 7 到 12 分鐘。彩椒去籽，莖梗與籽都丟掉不用。移除一部分焦黑的外皮，不要全部都弄掉。把彩椒和紅蔥頭放進攪拌機，以高速攪拌，把混合物瞬速打至滑順。移到洗清後的平底燉鍋裡，以小火煮到收汁，剩下約 ¾ 杯 [180 克] 的分量。關火，試味道後以 **1 茶匙萊姆汁**和**細海鹽**調味。

④在烤好的番薯加上 ⅓ 杯 [80 克] 的莎莎醬，接著再加上 **2 湯匙的法式酸奶油或酸奶油**，奶油應該會融化，變得滑順濃郁。用 **2 湯匙切碎的香菜**加以裝飾。

⑤立刻上菜，在旁邊附上剩餘的莎莎醬供取用。沒吃完的可以收在密封盒內冷藏，最多可存放三天。

烹飪漫談

烹煮番薯這種蔬菜最好的方式，要能夠帶出甜味，並且也能善用糖的焦糖化特性。這時就需要燒烤登場了，這個簡單卻很有效的技巧，能充分利用番薯天生蘊含的優勢，展現出美妙的風味。瓜希柳辣椒莎莎醬搭配大量法式酸奶油，會立刻融化，帶來濃郁滑順般的口感。這款莎莎醬也很適合用來搭配墨西哥起士玉米片、炸玉米片、塔可餅之類的──舉凡那一類的搭配都可以，我想你懂的，這絕對是值得常做的一道醬料。

廚師筆記

- 瓜希柳辣椒被視為一種溫和的辣椒，大型品種比較不辣，但是風味比小型品種濃郁很多，小型品種比較辣。這裡也可以使用奇波雷辣椒乾，不過會更辣，請小心！
- 番薯表皮可以削掉也可保留，看個人偏好，我自己喜歡把皮留著。
- 把瓜希柳辣椒乾跟其他香料一起水煮，有助於泡發並軟化辣椒果肉。

宮保番薯
Kung Pao Sweet Potatoes

四人份

①用炒鍋或大平底煎鍋，以高溫加熱 **2 湯匙發煙點高的中性油，例如葡萄籽油**。油開始閃爍微光時，加入 **680 克 [1½ 磅] 橘色果肉的番薯，削皮後切成 6 公釐 [¼ 英吋] 的丁塊**，翻炒到呈現金黃褐色變軟，約 7 到 9 分鐘。如果開始變得太焦黑，轉小火。以**細海鹽**和 **¼ 茶匙黑胡椒粉**調味，用漏勺把番薯移到大盤子上或碗裡。

②在小碗裡，攪拌混合 **¼ 杯 [60 毫升] 紹興酒或不甜的雪利酒、1 湯匙低鈉醬油、2 茶匙烘焙芝麻油、1 茶匙中式黑醋、1 茶匙玉米粉、1 茶匙四川花椒粉、½ 茶匙糖**，做成滑順的醬料。

③擦乾淨炒鍋或平底煎鍋，以高溫加熱 **2 湯匙發煙點高的中性油，例如葡萄籽油**。油開始閃爍微光時，加入 **10 到 12 條紅辣椒乾，例如阿波辣椒（chilli de árbol），移除莖和籽，丟掉不用，切成13 公釐 [½ 英吋] 大小**，翻炒 15 到 30 秒，直到出現香味，辣椒變成鮮紅色，伸展開來。加入 **2 瓣切成薄片的大蒜、5 公分 [2 英吋] 長的生薑，去皮縱切成薄片**，翻炒 30 秒到出現香味。

④把番薯倒回炒鍋中，醬料灑上番薯，翻炒到變稠為止，讓番薯完全裹上醬料，約 30 秒。加入 **½ 杯 [70 克] 烘烤過的整粒無鹽花生、4 支青蔥，蔥白和蔥綠都要，切成 13 公釐 [½ 英吋] 大小**，翻炒 1 分鐘。關火，試味道後以**細海鹽**調味。移到餐碗裡，立刻上菜。沒吃完的可以收在密封盒內冷藏，最多可存放三天。

烹飪漫談

我先生麥可熱愛兩種食物：宮保雞丁和番薯。我在這道來自中國四川的經典中菜裡，結合了他對兩者的愛。不像雞丁通常是裹粉炸過，這裡用翻炒帶出番薯的甜香焦糖風味，再拌入醬料。趁熱上菜，搭配白飯。

廚師筆記

- 這道菜用橘肉品種的番薯比較好看，不過用白肉的也可以。
- 番薯富含糖分，烹煮時請小心看顧，因為很快就會燒焦，變黑變苦。
- 紹興酒可以在網路上購買，或是亞洲雜貨店裡也有。不甜的雪利酒是很好的替代品。
- 中式黑醋用糯米和麥芽製作而成，可以在網路上或是亞洲超市裡購買，值得一試。相信我，一旦試過之後，就會成為家中食品儲藏室裡的必備品。
- 提高警覺，番薯和辣椒不要煮過頭了，這兩種食材都很容易燒焦，並且變苦。

芝麻番薯＋苦椒醬雞
Sesame Sweet Potatoes + Gochujang Chicken

四人份

①**4 到 6 塊雞腿肉，帶骨帶皮（總重量約 910 克〔2 磅〕）**，用刀子在雞皮那面劃出兩、三道切口，深達雞肉，但不必切透。

②拿一個大碗，混合 **¼ 杯〔60 毫升〕熱水、2 湯匙苦椒醬、2 湯匙磨碎的生薑、2 湯匙蘋果醋、1 湯匙蜂蜜、1 湯匙發煙點高的中性油，例如葡萄籽油、½ 茶匙細海鹽**，混合至滑順。加入雞腿肉，攪拌均勻裹上。至少冷藏 30 分鐘，最多不超過 1 小時，讓風味浸入雞肉。

③醃雞肉時，預熱烤箱至攝氏 200 度〔華氏 400 度〕。在兩個有邊框的烤盤鋪上鋁箔紙，一個烤雞肉，一個烤番薯。

④在準備好的烤盤上，擺放 **2 個中型番薯**，刷洗後縱切對半，切口朝上。淋上 **2 湯匙芝麻油**。灑上 **1 湯匙芝麻籽、½ 茶匙黑胡椒粉、細海鹽**，蓋上第二層鋁箔紙，折疊邊緣，密封固定。烘烤 30 分鐘，移除鋁箔紙蓋，轉動烤盤，換個方向，不加蓋繼續烘烤。

⑤這個時候把雞腿肉從醃漬滷汁裡拿出來，滴掉多餘的滷汁，再擺放到第二個烤盤裡，放進另一層烤架烘烤。

⑥繼續烘烤番薯到完全熟透變軟（能夠輕鬆用刀子戳過中心），大約再 10 到 20 分鐘。從烤箱中拿出番薯，放在旁邊備用。

⑦雞肉烘烤到表皮酥脆，以料理用溫度計測量的內部溫度達到攝氏 74 度〔華氏 165 度〕，約 30 到 45 分鐘，讓雞肉放置 5 分鐘。上菜前用 **2 湯匙切碎的蝦夷蔥或青蔥**加以裝飾。立刻上菜或是趁熱食用。

烹飪漫談

這道烤盤餐我很常做，不只在週間，週末或休假放鬆娛樂時也會煮。這道菜又甜又辣，用苦椒醬和芝麻就能達到效果。這份食譜是那種不太需要費工夫計畫的食譜，我歸類為「不費力但依舊華麗的菜色」（我的日常保養也是如此）。

廚師筆記

- 苦椒醬是韓式烹飪中的基本備品，這種美味的紅辣椒醬是由發酵的黃豆、糯米、甜味劑、鹽，製作而成。辣度和甜度因品牌而異。
- 這份食譜很適合戶外烤肉，能做出很棒的煙燻、炭燒風味。
- 因為苦椒醬含有糖分，烹煮時請小心看顧雞肉，不然可能會燒焦。如果開始看到顏色變深，把溫度降低到攝氏190度〔華氏375度〕，並且依需求調整烹煮時間。

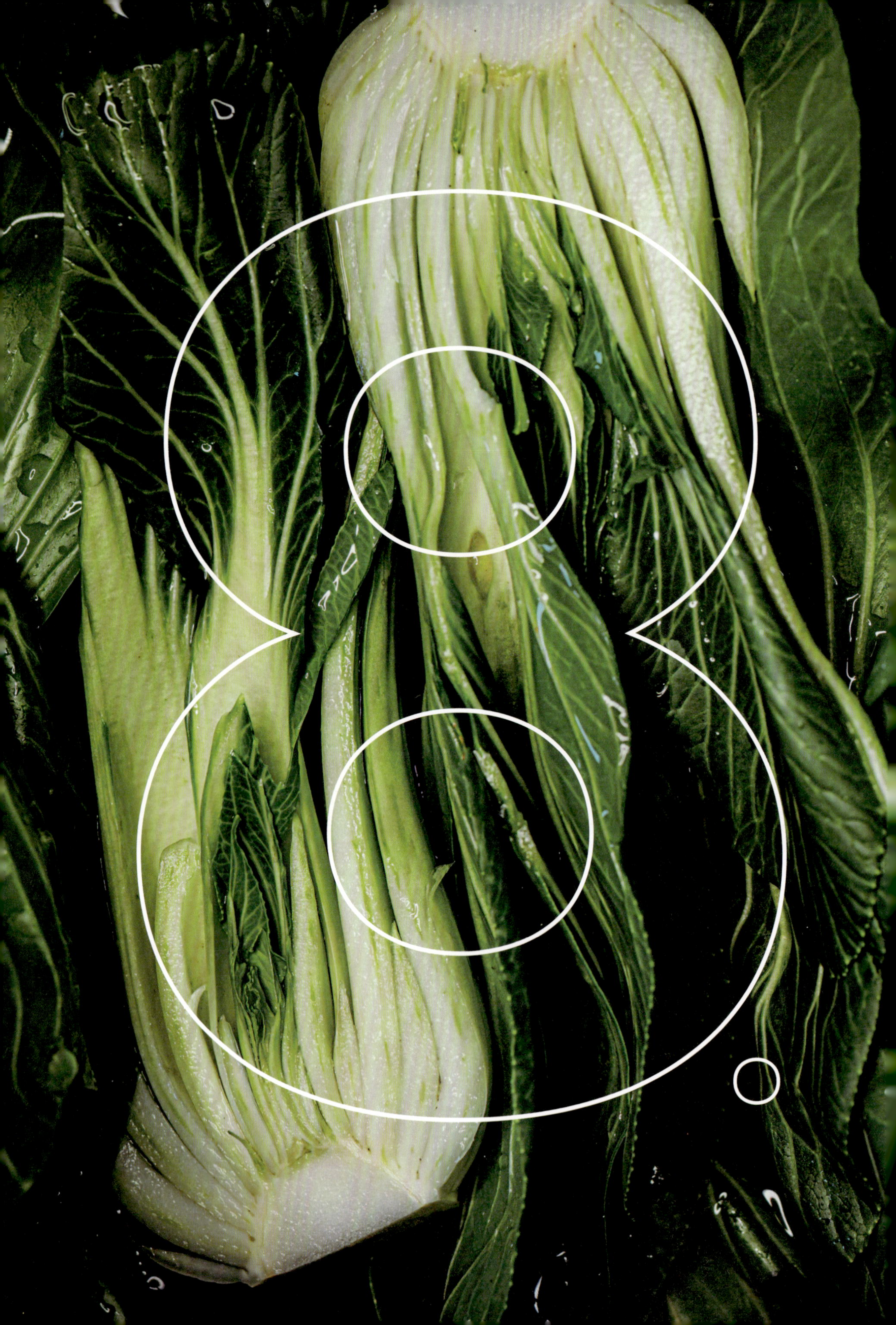
8.

Cabbage
高麗菜
Bok Choy
青江菜
Broccoli
青花菜
Brussels Sprouts
球芽甘藍
Collards
寬葉羽衣甘藍
Cauliflower
花椰菜
Romanesco
羅馬花椰菜
Radishes
蘿蔔
Arugula
芝麻菜
Kale
羽衣甘藍
Mustard Greens
芥菜
+水田芥
+ Watercress

十字花科
Brassicaceae

產地

　　高麗菜來自南歐和西歐，青江菜和蘿蔔起源於中國，青花菜和花椰菜來自地中海東部和小亞細亞。球芽甘藍來自地中海和北歐，寬葉羅衣甘藍來自希臘。白芥末和黃芥末來自地中海，棕芥末來自喜馬拉雅山脈。羽衣甘藍來自歐洲和小亞細亞，水田芥來自歐洲和亞洲，芝麻菜來自地中海和南歐。

高麗菜

　　這是小時候我少數真心期待想吃的蔬菜之一，高麗菜是球狀的愛，有各式各樣的尺寸、形狀和口感，有綠色也有紫紅色。不管用哪一種方式準備，高麗菜都很好吃。醃菜和辛奇裡的發酵高麗菜很美味（辛奇是用大白菜做的），是營造味道的美妙捷徑（詳見辛奇椰奶玉米，頁 87）。蒸餃子或蔬菜的時候，可以利用外層受損的高麗菜葉鋪在蒸籠裡（詳見寬葉羅衣甘藍菜卷，頁 168，或是青江菜佐酥豆腐，頁 186）。

青江菜

　　青江菜是白菜的一種，尺寸有大有小，菜葉和莖都可以吃。炒青江菜是我最愛的食用方式。如果莖太硬，可以先燙煮過再翻炒（詳見青江菜佐酥豆腐，頁 186）。

青花菜和青花筍

青花菜可食用的部位包括花球、花梗和小片的附生菜葉。偶爾花球在收成後會綻放黃色的小花，尤其是存放在靠近蘋果這類會產生乙烯的水果附近時，因為這是一種會促使植物成熟的激素。開花之後還是可以食用。

青花筍又叫青花菜苗，是青花菜和芥蘭菜的混種，由日本的阪田種子所研發。青花菜和青花筍都可以用同樣的方式烹煮，翻炒、蒸煮、水煮、燒烤、炙烤。西洋菜苔又稱球花甘藍（英文名稱 Rapini 或 broccoli rabe）不是青花菜的一種，而是一種蕪菁，是蕓薹屬的一員（本章節沒有講到蕪菁，因為那是少數我會避免的蔬菜之一，我不喜歡那個味道）。

球芽甘藍

球芽甘藍——我戲稱為「小高麗菜」——最好的料理方式是燒烤，或是弄成薄片後做生食沙拉。水煮球芽甘藍是個糟糕的主意，會破壞這種蔬菜。購買時，選擇比較小顆的球芽甘藍，吃起來比較甜而不會有硫磺味道。

寬葉羽衣甘藍

不同於某些其他的蕓薹屬成員，像高麗菜和青江菜，寬葉羽衣甘藍是散葉品種的植物。在喀什米爾，烹煮寬葉羽衣甘藍時會加入芥籽油、紅辣椒乾、阿魏（asafetida）[6]，做成一道叫做「哈克」（haak）的香噴噴料理。

花椰菜

花椰菜是緊密排列著原始微小花蕾的花球，由於基因突變的緣故，這些花蕾永遠不會開花。花椰菜的花球有時被稱作「curd」，對半切開時，總會讓我想到人類的大腦。花椰菜有白色、紫色、黃色、橘色和綠色，外層的菜葉很像寬葉羽衣甘藍。花椰菜可以整顆吃、切開吃、磨碎吃，磨碎後很適合填在拋餅（paratha）裡，也可當作無穀的「米飯」選擇。

---

6. 譯註：阿魏是一種印度香料，具有強烈的蔥蒜臭味。

羅馬花椰菜

這個蕓薹屬世界的幾何奇蹟,常被誤稱為花椰菜和青花菜的混種,但其實是花椰菜的一種,由基因突變而來,其中兩個與產花相關的基因,創造出獨特的重複螺旋幾何碎形(fractal)結構。有趣的冷知識:螺旋的數目與費氏數列(Fibonacci sequence)相關,也就是在一系列的數字中,每個數字都是前兩個數字的總和,例如 0、1、1、2、3、5 等等。羅馬花椰菜有各種不同的顏色,有白色、黃色、橘色、綠色、紫色。這種花球的名稱很多:羅馬青花菜、羅馬花椰菜、碎形青花菜等等。烹煮時我會當作花椰菜來處理,除了一點以外:我很少把羅馬花椰菜磨碎,因為這麼做就破壞了碎形之美。這種蔬菜適合用來替代皇家烤花椰菜佐杏仁醬(頁 189)裡的花椰菜。

櫻桃蘿蔔

蘿蔔很適合用來替沙拉或三明治增加鮮脆口感,還有各種繽紛的顏色,在沙拉裡看到櫻桃蘿蔔,總會讓我感到雀躍。依據生命週期,蘿蔔分為夏季品種和冬季品種。比較小的櫻桃形、橢圓、偏長的品種像「復活節彩蛋蘿蔔」(Easter Egg radishes)是夏季品種;比較大的圓形、長橢圓品種像白蘿蔔,則是冬季品種。黑蘿蔔是最辛辣的品種,可以生食或用攝氏 220 度[華氏 425 度]烘烤,味道會變得比較溫和。味道最溫和的是比較小型的櫻桃形狀品種,像是「法式早餐」(French Breakfast)。這些蘿蔔很適合沾奶油和鹽,也適合搭配花生穆哈瑪拉醬(Muhammara,下冊頁 135)或是南瓜子酸辣醬(下冊頁 46)。

芝麻菜、羽衣甘藍、芥菜和水田芥

依據一般的食用方式,我把這些綠色蔬菜歸為一類,都適合放在沙拉和三明治裡,或是作為裝飾及配料。芝麻菜、羽衣甘藍、芥菜可生食也可熟食(詳見甜菜、烘烤大麥+布拉塔起司沙拉,頁 119),但水田芥最適合的食用方式是生吃。

高麗菜是最耐放的蔬菜之一，好像永遠都不會壞掉。青花菜和青花筍適合存放在冰箱內打開的塑膠袋裡，否則很快就會熟過頭變黃。把還沒清洗過的芝麻菜、羽衣甘藍、芥菜、水田芥用廚房紙巾包起來，再放進冰箱。

烹飪訣竅

- 選購大部分的綠色蔬菜時，一般來說，請避免發黃或有黑斑點的蔬菜。發黃表示過熟，是鮮豔的葉綠素色素正在衰落的跡象，新鮮的綠色蔬菜正在走下坡。
- 十字花科的植物切開或剁碎後，遭到破壞的細胞會釋放出一種叫做芥子酶（myrosinase）的酵素，產生帶有硫磺味道的苦味物質。這種能力是一種防禦機制，能保護植物不受動物和昆蟲侵擾。至於人類，不是喜歡那股味道，就是討厭。
- 剛切開的十字花科植物帶有一股硫磺味，像是沙拉這類生食菜色裡的高麗菜、球芽甘藍、櫻桃蘿蔔，可以在切開後用冰水浸泡 15 到 30 分鐘，緩和那股味道，瀝乾水分後拍乾再使用。冷水能避免導致硫磺味道的酶發揮作用，並且沖洗掉切碎過程中產生的味道。備餐過程如果需要加熱，高溫就能摧毀這種酶，因此不需要事先浸泡蔬菜。
- 不同於一般的想像，檸檬汁無法避免芥子酶產生硫磺味道，檸檬和其他柑橘果汁中的維生素 C（抗壞血酸）其實是一種輔因子，有助於加速這種生物化學反應。我還注意到醋也沒什麼幫助──醃漬十字花科的味道也很重。
- 十字花科搭配酒有點難，因為硫磺味道會干擾到品嘗酒的微妙錯綜層次。一般而言，白酒的表現稍微好一點，紅酒和香檳不是最好的選擇。
- 購買結實而不乾的青花菜和青花筍，去掉硬底再烹煮。如果莖變軟，去掉底部後浸泡在一杯水裡，切口向下，放進冰箱幾個小時後就能恢復。
- 處理大菜葉的品種如恐龍羽衣甘藍時，剝除莖梗的中肋和粗硬末端不使用，如果是嫩甘藍就不用這麼做。
- 高麗菜葉很結實，非常適合包餡料做成菜捲。不過必須先稍微軟化一下才夠柔韌，才能摺疊而不撕裂，涮一下沸水，就像在高麗菜捲佐番茄醬（頁194）裡的作法一樣。
- 如果找不到水田芥，嫩芝麻菜是不錯的替代品。搓揉切碎或整片的羽衣甘藍菜葉，搭配橄欖油加鹽，利用機械作用分解頑強的細胞纖維，能夠改善口感（詳見番薯羽衣甘藍凱薩沙拉，頁 154）。搓揉適合比較粗硬品種的羽衣甘藍，例如恐龍羽衣甘藍。如果是嫩甘藍就不必搓揉，因為本來就已經很嫩了。

寬葉羽衣甘藍菜卷
Collards Patra

四人份的點心或配菜

① 洗淨後拍乾 **1 把大的寬葉羽衣甘藍葉（約 5 到 8 片，總重量約 260 克 [9 盎司]）**，切下主葉脈和莖梗最厚的地方，丟掉不用。

② 在中碗裡，混合 **1½ 杯 [180 克] 過篩的鷹嘴豆粉、1½ 茶匙細海鹽、1 茶匙芫荽粉、½ 茶匙煙燻紅椒粉、½ 茶匙薑黃粉、¼ 茶匙卡宴辣椒粉**。

③ 準備優格塗料。在另一個中碗裡，混合 **½ 杯 [120 克] 原味無糖優格、½ 杯 [120 毫升] 水、2 湯匙特級初榨橄欖油、1 湯匙羅望子醬、1 湯匙去皮磨碎的生薑**，攪拌至滑順。把優格混合物拌入鷹嘴豆粉混合物裡，做成滑順濃郁的醬，不要有結塊。

④ 平鋪一片菜葉，光滑面向上，尖端向外。使用糕點刷或曲柄抹刀，塗抹一層薄薄的鷹嘴豆優格混合物——大約 1½ 湯匙，或是剛好足夠覆蓋整片菜葉表面。蓋上第二片菜葉，這一次尖端向內，塗上鷹嘴豆優格混合物。重複操作其餘的菜葉，以同樣的方式交替。

⑤ 準備把整疊的菜葉像墨西哥捲餅那樣捲起來。從左右兩側比較長的地方，輕輕向內壓扁約 2.5 公分 [1 英吋] 的寬度，一邊從上方往下，盡可能緊緊捲起整疊菜葉。用力向內，捲成圓條狀，同時在摺邊的表面加上塗料。把圓條切成兩等份，做成菜卷，使用鋒利的鋸齒刀加以鋸切。圓條不會散開，不過要是擔心的話，可以用牙籤穿過菜捲，加以固定。

⑥ 在鍋內擺一個蒸籠，底下加入約 2.5 公分 [1 英吋] 高的水。無論如何，蒸籠的底部都不要碰到水。在竹蒸籠底部鋪上烘焙紙或萵苣葉，如果是用金屬製的蒸籠，在裡面塗一點植物油。以中高溫加熱，把水煮沸，接著轉小火悶煮。把菜卷放進蒸籠裡，蓋上後蒸煮到菜葉變成深綠色，鷹嘴豆優格混合物凝固，約 9 到 10 分鐘。從蒸籠中取出，放到盤子上。把每個菜卷切成四等份，呈現螺旋狀（總共會有 8 個）。

⑦用 30.5 公分［12 英吋］大的鑄鐵或不鏽鋼平底煎鍋，以中火加熱 **2 湯匙發煙點高的中性油，例如葡萄籽油**。加入蒸好的菜卷，兩面都煎一下，直到呈現金黃褐色酥脆為止，每面各約 2 到 3 分鐘。關火，放到盤子上。

⑧擦乾平底煎鍋，以中高溫加熱 **2 湯匙發煙點高的中性油，例如葡萄籽油**。油熱後，加入 **1 湯匙整粒的黑色或褐色芥末籽、12 到 15 片新鮮的咖哩葉**。把酥脆的菜卷放在熱油裡的香料上，輕壓 30 秒。接著翻面再煎 30 秒，直到香料有香味，咖哩葉變脆，呈半透明。

⑨把菜卷和咖哩葉移到餐盤上。用 **2 湯匙切碎的香菜、1 湯匙磨碎的新鮮椰子（可不加）、1 條切碎的新鮮綠辣椒或紅辣椒，例如塞拉諾辣椒或墨西哥辣椒或鳥眼辣椒**，加以裝飾。

⑩趁熱或放涼至室溫後食用。菜卷最好在製作當天食用，不過也可以用攝氏 150 度［華氏 300 度］重新加熱。沒吃完的可以收在密封盒內冷藏，最多可存放兩天。

烹飪漫談

菜卷（patra 或 alu vadi）來自印度北方的古吉拉特邦（Gujarat）。這道菜通常會使用大如象耳般的芋頭葉，不過既然芋頭葉不好找，我就開始改用寬葉羽衣甘藍的菜葉來製作。葉片雖然比芋頭葉小，不過質感類似，也容易折疊。製作螺旋菜捲的過程很簡單，平鋪一片菜葉，塗上鷹嘴豆優格混合物，再鋪上另一片菜葉，反覆操作，接著再把整疊菜葉捲成像墨西哥捲餅那樣的圓條狀，用平底鍋煎到酥脆為止。趁熱上菜，可以當作點心或是正餐的配菜。

廚師筆記

- 製作這道菜需要蒸籠，竹製蒸籠或金屬製蒸籠都可以，只要能放進炒鍋或大鍋子裡就沒問題。
- 挑選大片的菜葉時，盡量避免孔洞和裂縫。輕微的裂縫可以在捲起來的時候遮蓋住，不過最好還是盡量減少優格混合物漏出來的可能性。
- 不要用希臘優格，太濃稠了。其實有必要的話，還可以用一點冷水稀釋優格。
- 組合的過程會讓人想到製作墨西哥捲餅或是瑞士卷，如果無法成形，請用兩段烹飪用棉線綁起來固定，蒸好之後再把線拆掉。

後頁續

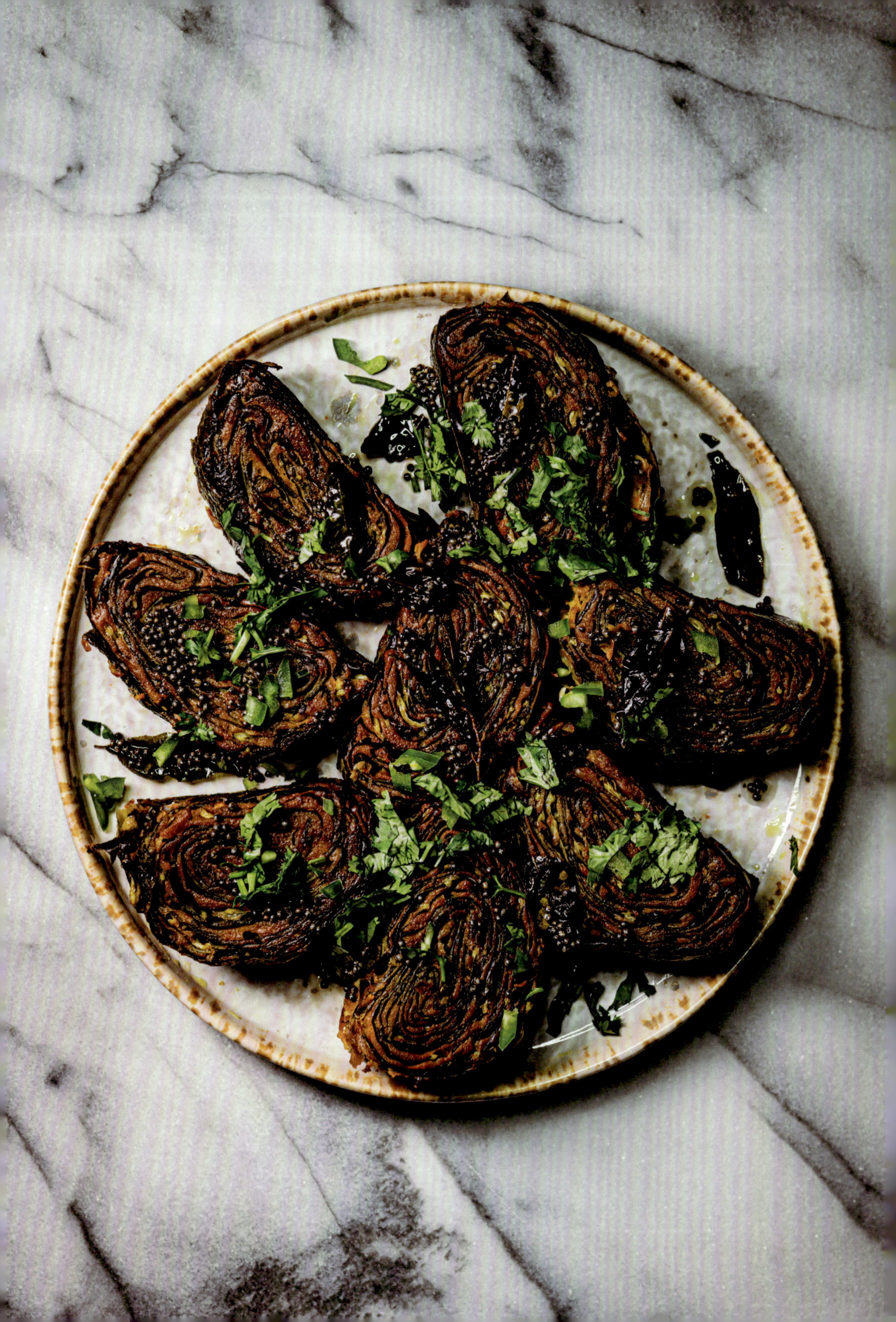

廚師筆記（續）

- 羅望子醬（或泥）在雜貨店裡的亞洲或印度食品區有賣，國際超市也會有。罐裝羅望子醬的黏稠度應該像糖漿一樣。
- 為了保險起見，食譜裡列出來的優格混合物分量有稍微多一點，因為菜葉的尺寸可能不同。不太可能把混合物全部用完，請不要為了全部用掉而塗太厚，讓每一層維持薄薄的就好。優格塗太厚會變成塊狀口感，菜卷就不脆了。
- 菜卷要烹煮兩次，先蒸煮讓鷹嘴豆粉中的澱粉變成糊狀，密合菜葉之間的縫隙，接著再把蒸好的菜卷稍微煎到酥脆。
- 香料通常會在油煎的步驟加入，不過我比較喜歡分次加入。這麼做可以避免香料燒焦變苦，因為菜卷和芥末籽所需的烹煮時間有顯著的差異。

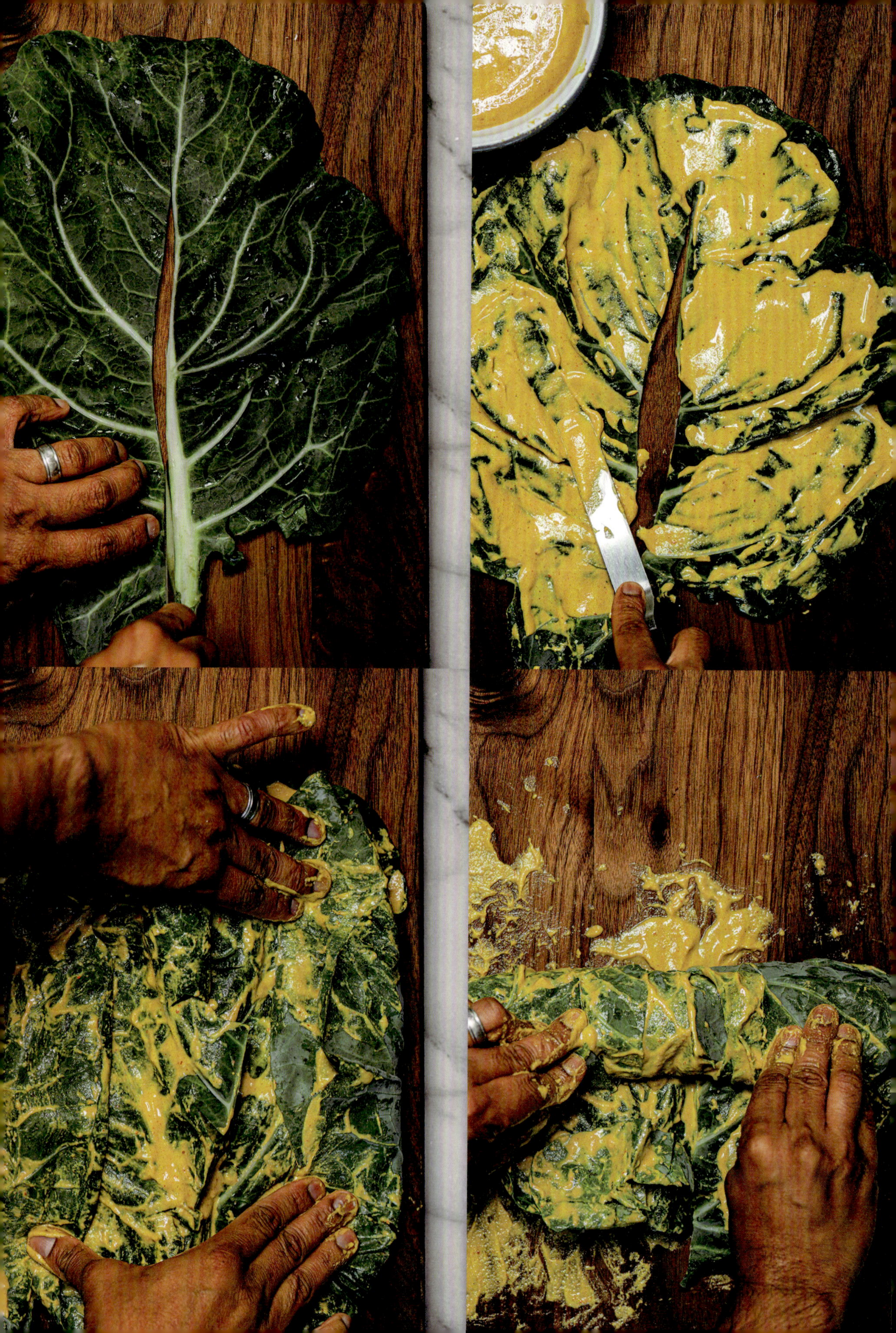

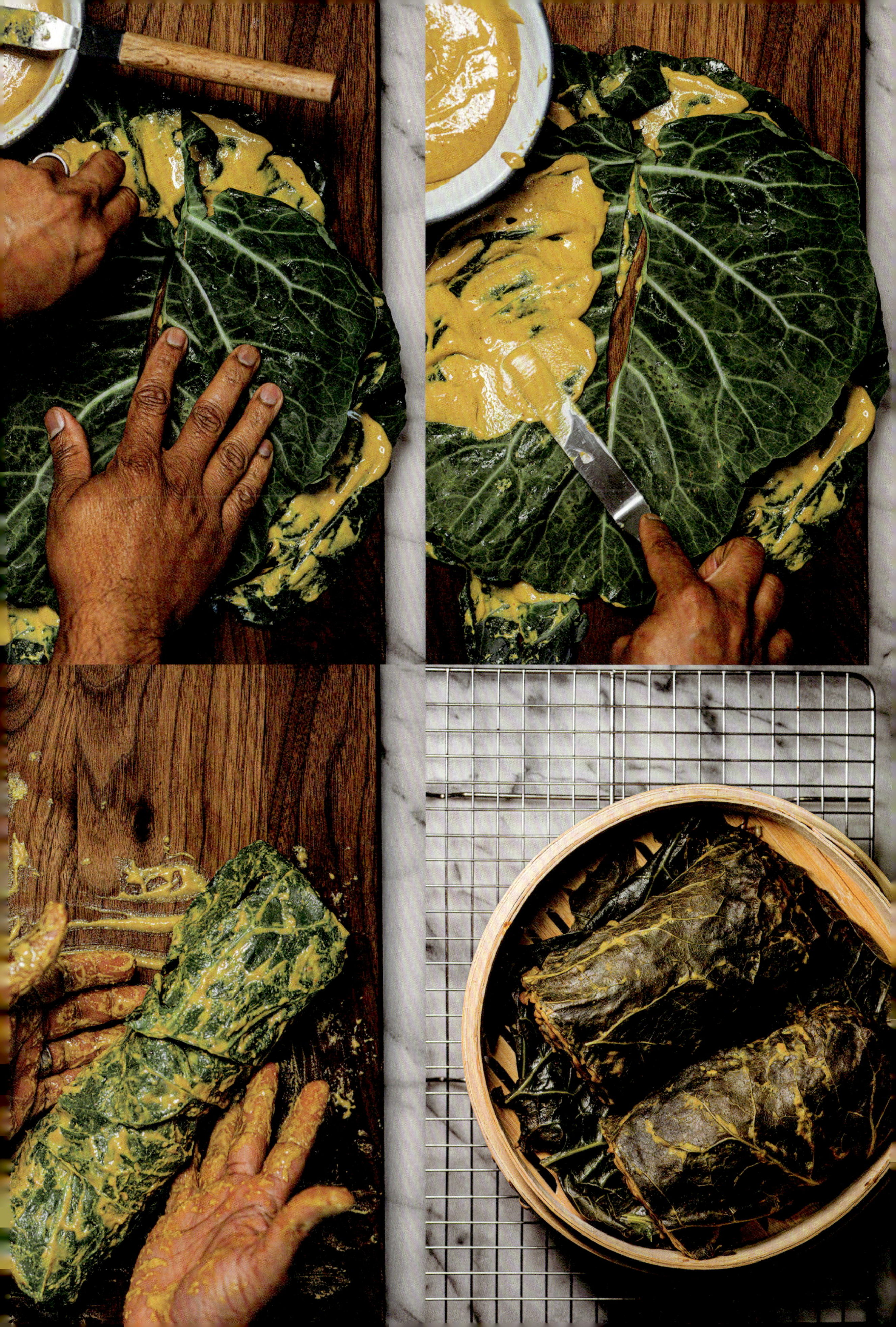

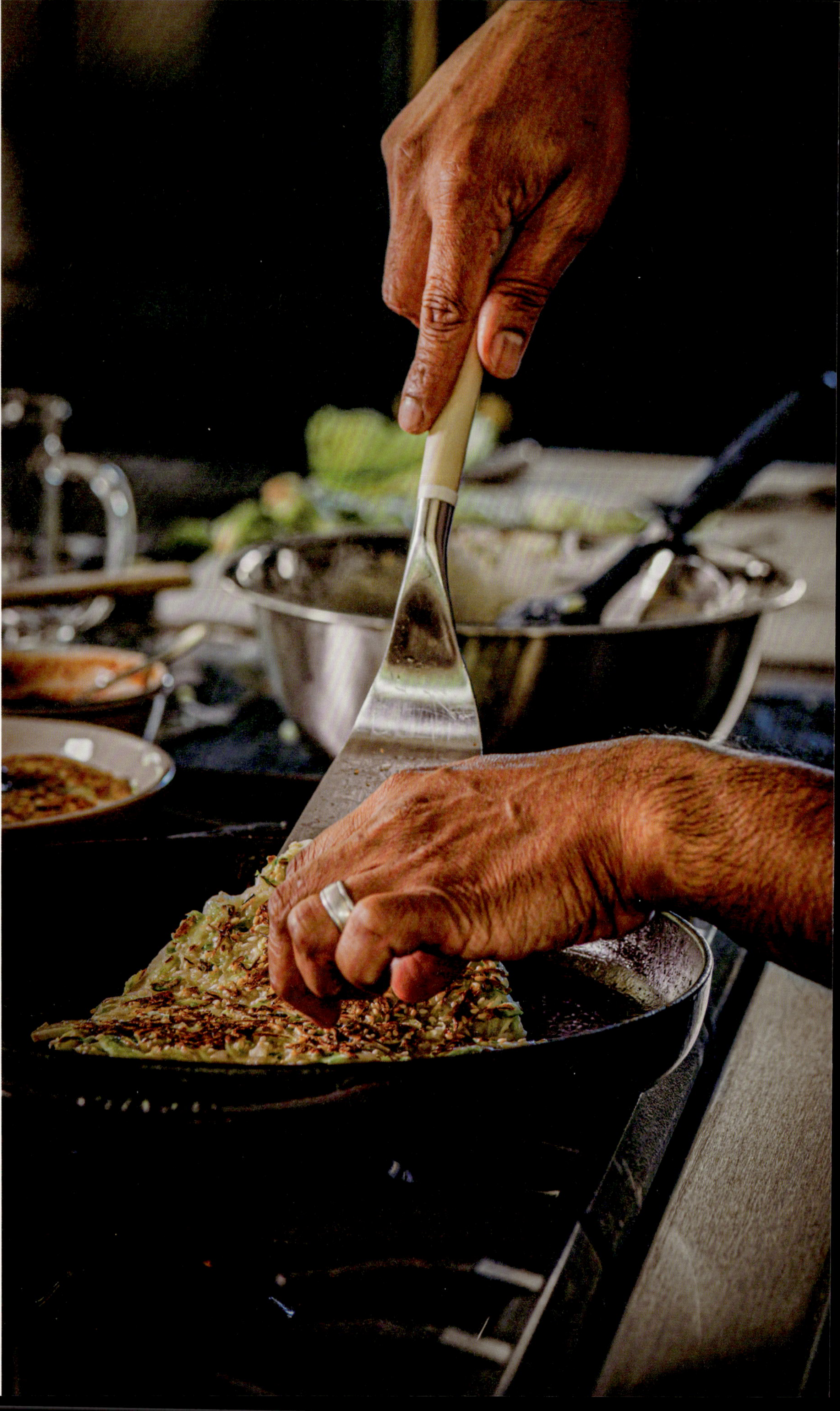

大阪燒風十字花科蔬菜餅
Brassica Fritters, Okonomiyaki Style

四片份

① 預熱烤箱至攝氏 150 度 [華氏 300 度]，在盤子鋪上廚房紙巾。

② 準備沾醬。在一個小調理碗裡，混合 **¼ 杯 [65 克] 番茄醬、¼ 杯 [60 毫升] 伍斯特醬、1 茶匙低鈉醬油**，攪拌至滑順。

③ 在一個大調理碗裡，攪拌混合 **1 杯 [120 克] 市售的天婦羅麵糊混料、1 茶匙日式高湯粉、¼ 杯 [35 克] 米穀粉、¼ 杯 [35 克] 芝麻籽、1 茶匙泡打粉、¼ 到 ½ 茶匙細海鹽**。攪拌加入 **1 杯 [240 毫升] 冰水**，攪拌至滑順沒有結塊或乾燥的麵粉屑。拌入 **1 杯壓緊的綠高麗菜細絲（約 200 克 [7 盎司]）、6 顆切成薄片的球芽甘藍（約 120 克 [4¼ 盎司]）、4 支青蔥，蔥白和蔥綠都要，切成薄片、一張海苔，切成 10 公分 [4 英吋] 的薄長條**。

④ 用小的鑄鐵平底煎鍋或油炸鍋，以中高溫加熱 **1 湯匙發煙點高的中性油，例如葡萄籽油**。倒入 ½ 杯的麵糊，用量杯底部攤平，或者是轉動平底煎鍋，做出大約 15 公分 [6 英吋] 大小的圓餅。烹煮到兩面都呈現金黃褐色，每面各約 3 分鐘，接著移到準備好的盤子上瀝乾。分批烹煮剩下的餅糊，依需求加入更多的油。操作時，保溫已經煎好的餅，蓋上鋁箔紙放進烤箱。趁熱上菜，在旁邊附上沾醬。這道菜最好趁新鮮剛起鍋的時候食用，沒吃完的可以收在密封盒內冷藏，最多可存放兩天。

烹飪漫談

這道菜並非經典的大阪燒，不是那種來自日本的受歡迎鹹口味煎餅。在我的詮釋之下，這道菜比較像是油炸餅而非薄煎餅。這份食譜出現在 Covid-19 疫情初期的時候，當時雜貨店裡像雞蛋這類必需品很快就缺貨了，我們也沒辦法出門上館子。如今這道菜是我家早餐和午餐的基本菜色。

廚師筆記

- 我喜歡龜甲萬這個牌子的天婦羅麵糊混料，請找尋「特級酥脆」那一種。
- 請使用一般米穀粉，不要用糯米粉。
- 冰水是達成更酥脆口感的關鍵，能夠避免澱粉糊化，進而讓麵糊中的水分在烹煮時更快蒸發，產生更酥脆的口感。
- 薄切蔬菜是讓每樣食材都能均勻烹煮的關鍵，切片器（請戴上凱夫拉防割手套）或 Y 字型的削皮器是好幫手。

高麗菜佐椰棗＋羅望子酸辣醬
Cabbage with Date + Tamarind Chutney

四人份

① 用炒鍋、大平底燉鍋或荷蘭鍋，以中高溫加熱 **2 湯匙特級初榨橄欖油**。油熱後，加入 **1 茶匙黑色或褐色芥末籽**、**12 到 15 片新鮮的咖哩葉**，烹煮到有香味，芥末籽開始劈啪砰作響，咖哩葉變脆，呈半透明，約 30 到 45 秒。

② 轉小火，拌入 **1 顆大型綠高麗菜，去芯弄碎**、**¼ 杯 [50 克] 紅扁豆，洗淨瀝乾**、**¼ 杯 [60 毫升] 的水**、**1 茶匙黑胡椒粉**、**細海鹽**，蓋上煮到高麗菜和扁豆完全變軟，約 25 到 30 分鐘。偶爾翻炒，避免燒焦。

③ 關火，移到餐碗裡，用 **2 湯匙切碎的香菜**、**1 顆新鮮辣椒切成薄片，例如墨西哥辣椒或塞拉諾辣椒或鳥眼辣椒**，加以裝飾。

④ 烹煮高麗菜的同時，準備羅望子酸辣醬。用小平底燉鍋以中溫加熱，攪拌混合 **2 湯匙水**、**2 湯匙椰棗糖漿**、**1 湯匙羅望子醬**、**1 湯匙去皮磨碎的生薑**、**½ 茶匙紅辣椒碎片，例如阿勒頗、馬拉什或烏爾法辣椒**、**½ 茶匙孜然粉**。煮沸，關火。試味道後以**細海鹽**調味。

⑤ 立刻上菜高麗菜和扁豆混合物，灑上 2 湯匙椰棗羅望子酸辣醬，其餘的附在旁邊。沒吃完的可以收在密封盒內冷藏，最多可存放三天。

烹飪漫談

小時候，我最愛的高麗菜吃法是我阿嬤露西煮的一道菜，跟扁豆一起煮，每次去阿嬤家我都很期待能吃到。這份食譜受到阿嬤的啟發，另外還加了椰棗羅望子酸辣醬，增添一點酸甜美味。

廚師筆記

- 因為高麗菜會經過烹煮，所以我建議用主廚刀切寬一點。如果切太碎的話，會釋放出過多汁液，影響口感。
- 新鮮的咖哩葉可以在印度和亞洲雜貨店買到。
- 羅望子醬有時候也稱作羅望子濃縮醬或羅望子漿，視品牌而定，總之是一種濃稠的液體，用水和羅望子的果肉製成。

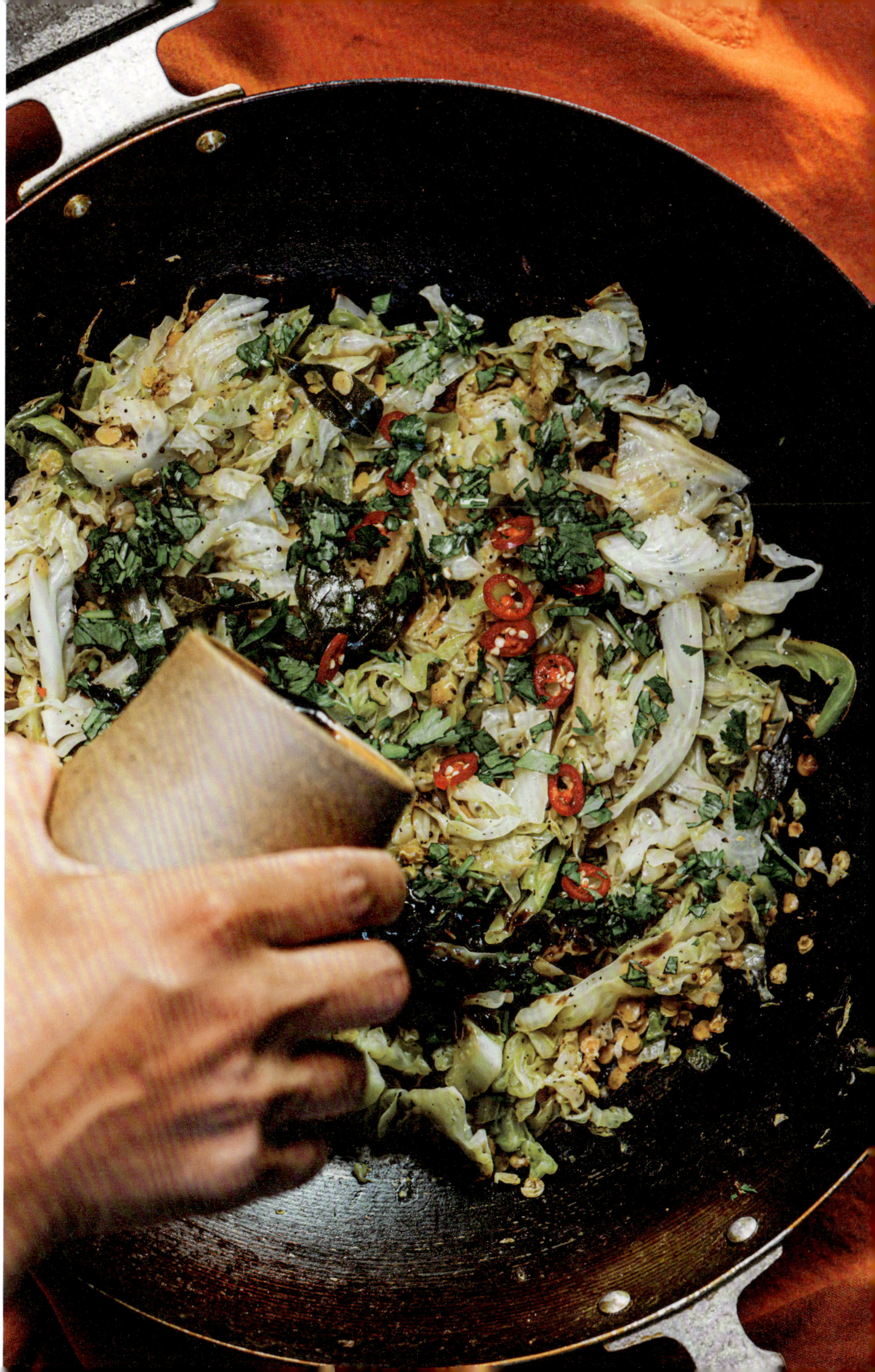

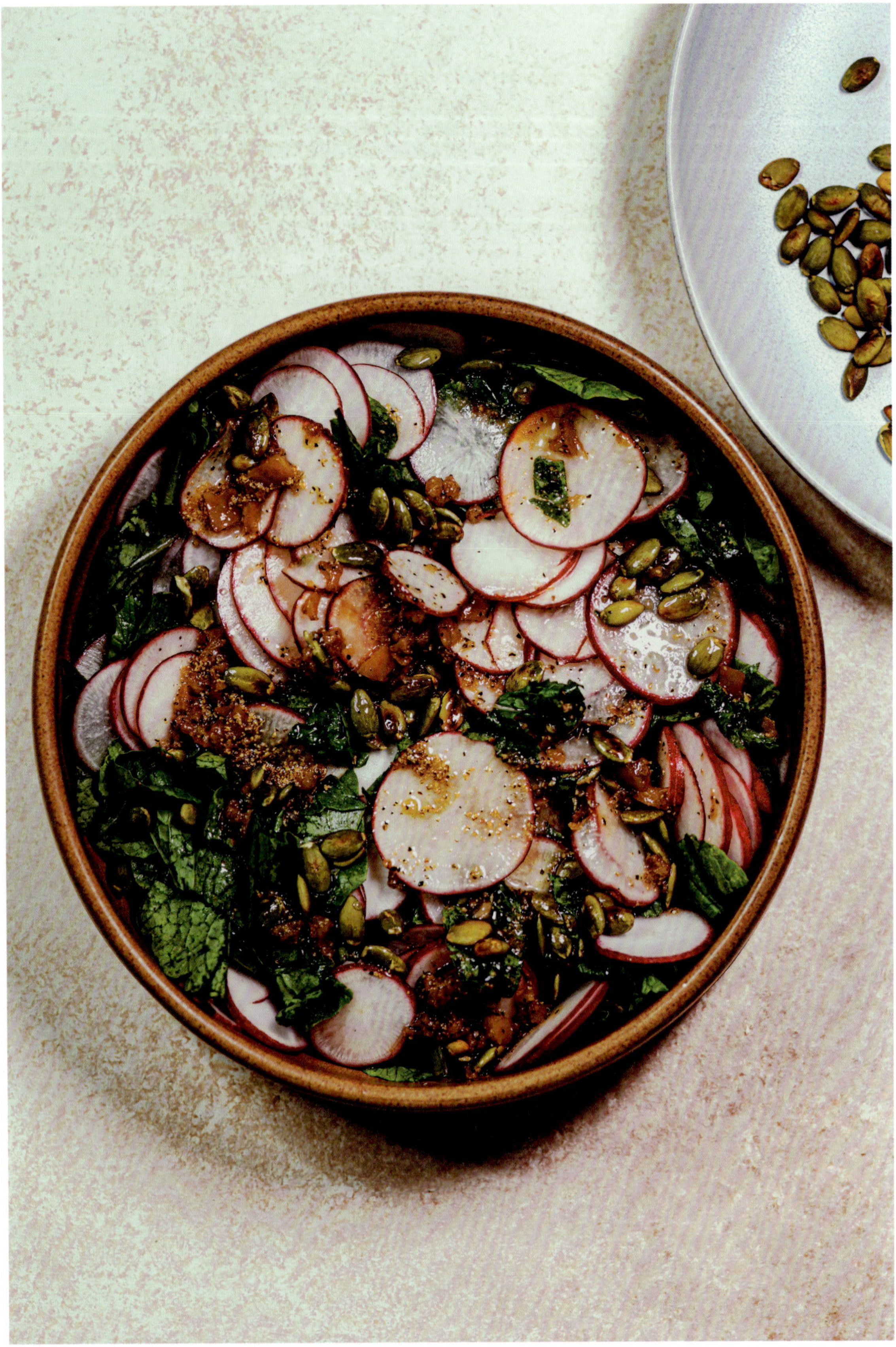

櫻桃蘿蔔沙拉佐黑醋
Radish Salad with Black Vinegar

四人份

① 在一個小碗或廣口瓶裡，攪拌或搖動混合 **¼ 杯[60 毫升]芝麻油或特級初榨橄欖油、3 湯匙中式黑醋、2 湯匙切碎的醃漬檸檬皮、½ 茶匙黑胡椒粉、¼ 茶匙芫荽粉**，試味道後以**細海鹽**調味。油醋醬可以至少提前兩天製作。

② **1 把櫻桃蘿蔔（290 克[10¼ 盎司]）**，分開葉片和根部，莖梗丟掉不用。把櫻桃蘿蔔切成圓薄片，放在中碗裡。仔細洗清葉片，然後切碎加進碗裡。

③ 用不鏽鋼平底煎鍋，以中高溫加熱，烘烤 **2 湯匙無鹽生南瓜子**，烤到南瓜子開始變成淺金黃褐色，約 1 分半到 2 分鐘。

④ 倒一些油醋醬在櫻桃蘿蔔上，加入南瓜子，攪拌均勻裹上，再加入更多的油醋醬，試味道後，按照口味以**細海鹽**調味。混合之後，在 2 小時內上菜，不然醋會影響到櫻桃蘿蔔的脆度，變得軟化。

烹飪漫談

這道清爽的冷沙拉同時使用了櫻桃蘿蔔的葉子和根部。爽脆的櫻桃蘿蔔薄片加上黑醋做成的油醋醬和醃漬檸檬，前者是中菜和台菜裡常見的基本調味料，後者則是中東食品儲藏室裡的重要食材。

廚師筆記

- 在這份食譜中，只用醃漬檸檬的皮（詳見如何使用醃漬檸檬，頁 108）。
- 想要更強烈的芝麻風味，油醋醬裡可以改用烘焙芝麻油。
- 黑醋非常香，是由米、高粱或小麥等蒸熟的穀物發酵製成。我使用的品牌是工研，網路上和亞洲雜貨店都能買到。麥芽醋是很類似的替代品。
- 加進油醋醬之前，芫荽籽可以先烘烤過，要少量製作的話，用乾燥的不鏽鋼平底煎鍋，以中火烘烤 2 湯匙整粒的芫荽籽，直到有香味並略為焦黃。把芫荽籽移到盤子上，放涼後磨成細粉，儲存在密封盒內，視需求使用，在室溫下最多可保存一個月。

青花菜薩塔香料沙拉
Broccoli Za'atar Salad

四到六人份

① 準備調味醬。在一個小碗裡，混合 ¼ 杯 [60 毫升] 特級初榨橄欖油、¼ 杯 [60 毫升] 椰棗糖漿、3 湯匙石榴糖蜜、1½ 湯匙自製或市售的薩塔香料（下冊頁 341）、1 茶匙紅辣椒碎片，例如阿勒頗、馬拉什或烏爾法辣椒、1 茶匙細海鹽。

② 在一個大調理碗裡，混合 910 克 [2 磅] 青花菜，分開弄成一口大小、1 個切碎的小紅洋蔥、¼ 杯 [35 克] 白葡萄乾、¼ 杯 [35 克] 加糖的蔓越莓乾或酸甜櫻桃乾、¼ 杯 [30 克] 烘烤杏仁片、2 湯匙烘烤無鹽南瓜子或葵瓜子、2 湯匙切碎的香菜或平葉香芹。

③ 把調味醬灑進碗裡的青花菜，攪拌均勻裹上，試味道後以**細海鹽**調味。立刻上菜。沒吃完的可以收在密封盒內冷藏，最多可存放三天。

烹飪漫談

這道菜是雜貨店裡熟食區常見青花菜沙拉的演繹版本，更有水果風味、更辣一點，也沒有美乃滋。阿勒頗辣椒、薩塔香料、椰棗糖漿、石榴糖蜜，全都促成了這道沙拉盛宴。

廚師筆記

- 如果青花菜的莖梗太硬，不要加進沙拉，改用在其他地方或做成高湯。比較嫩的莖梗可以切成薄片，加進沙拉。
- 烤過的青花菜和青花筍也很適合用在這道菜。

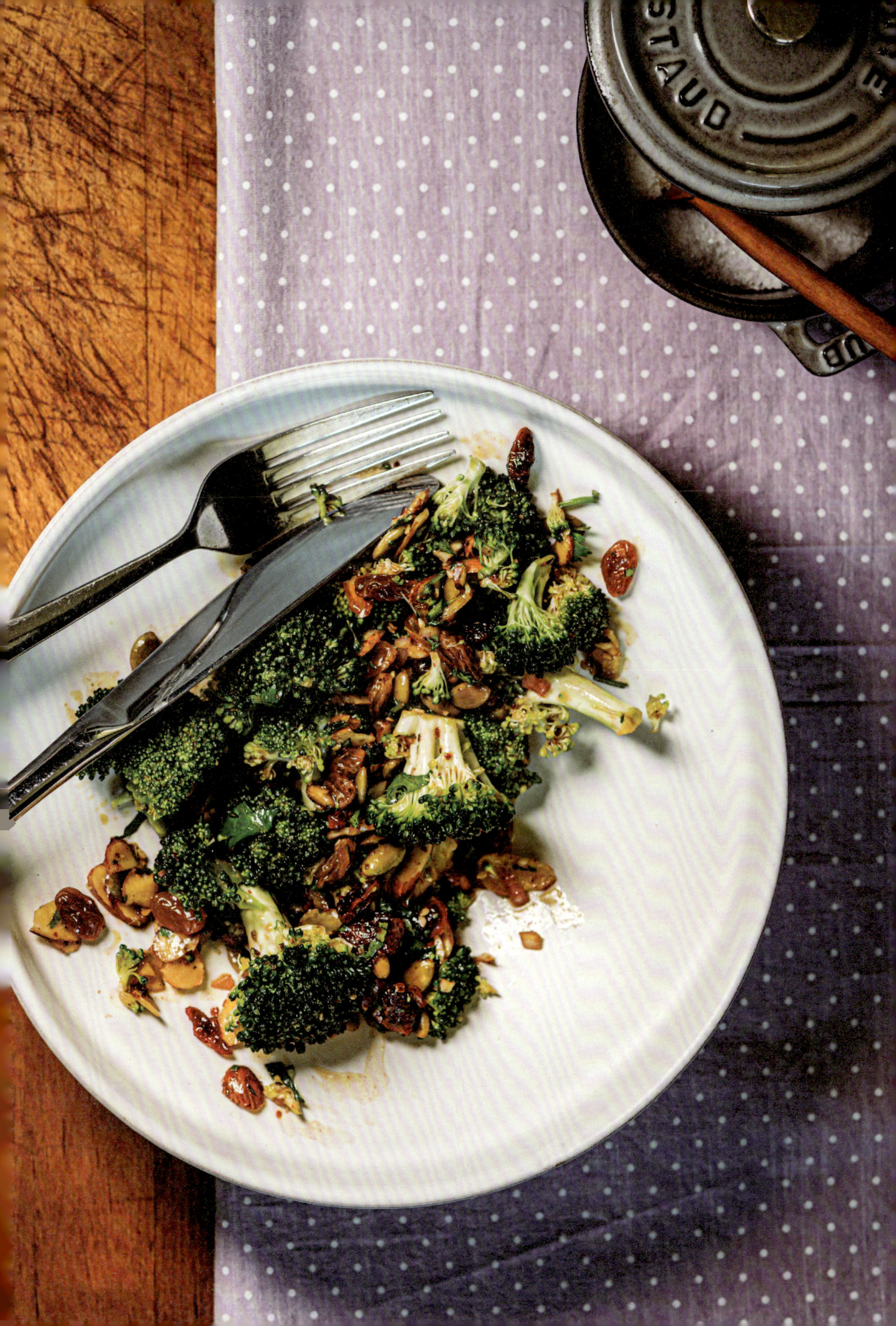

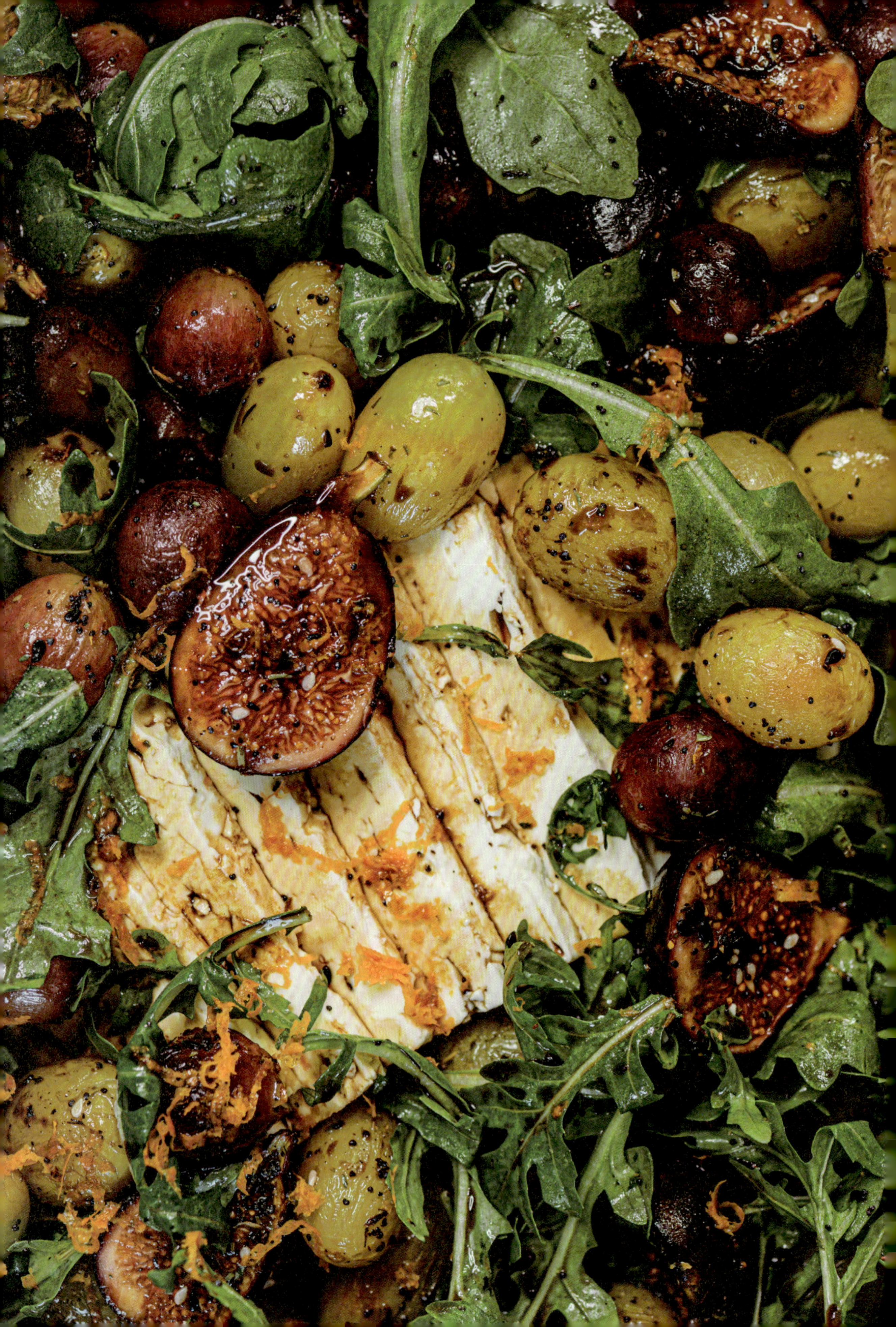

烤水果＋芝麻菜沙拉
Roasted Fruit + Arugula Salad

四人份

① 預熱烤架。

② 拿一個大碗，攪拌混合 **455 克［1 磅］去掉梗的葡萄**（任何品種皆可——五彩繽紛混搭在盤子上總是賞心悅目）、**8 顆大的成熟無花果（約 200 克［7 盎司］）縱切對半**、**2 湯匙特級初榨橄欖油**、**1 湯匙混合黑白芝麻籽**、**1 湯匙罌粟籽**、**½ 茶匙黑胡椒粉**、**½ 茶匙細海鹽**。

③ 把混合物平鋪在耐熱的 23 × 33 公分［9 × 13 英吋］大小長方形烤盤上，不要重疊，確保無花果的切口向上。移進烤箱以高溫燒烤，距離熱源約 15 公分［6 英吋］，烤到水果開始變成金黃褐色，葡萄皮迸裂開來，約 5 到 6 分鐘。從烤箱拿出來，靜置 5 分鐘。

④ 拌入 **2 杯［40 克］壓緊的嫩芝麻菜或水田芥**、**1 茶匙乾燥的奧勒岡粉**，最好使用墨西哥奧勒岡、**½ 茶匙乾燥的百里香粉**。**230 克［8 盎司］菲達起司一塊**，切成 8 片，每片約 6 公釐［¼ 英吋］厚，塞在水果和芝麻菜下方。灑上 **2 湯匙巴薩米克醋**，再加上 **1 顆柑橘的細絲皮**。

⑤ 趁熱食用。沒吃完的不適合存放，所以請在製作當天食用，最好在一小時內吃完。

烹飪漫談

我內心的新鮮水果魂非常喜歡這道沙拉，醋栗和核果類的桃子、杏桃、甜桃，也是很好的選擇，不過說實在的，任何禁得起烘烤的水果都可以，請使用當季、手邊容易取得的水果即可。罌粟籽和芝麻籽合在一起，增添令人了愉快的口感，最後加上柑橘細絲皮隱約的香味，帶來甜蜜的一吻。

廚師筆記

- 挑選美觀的容器來烘烤水果，如此一來，從烤箱取出後就能直接端上餐桌。
- 燒烤水果時，要特別留意避免燒焦。水果富含糖分，容易烤焦。
- 有墨西哥奧勒岡的話可以用在這道菜，比其他品種的味道重，能夠凸顯風味。
- 切片烤過的凱法洛蒂里起司（kefalotyri），也適合用來替代菲達起司。

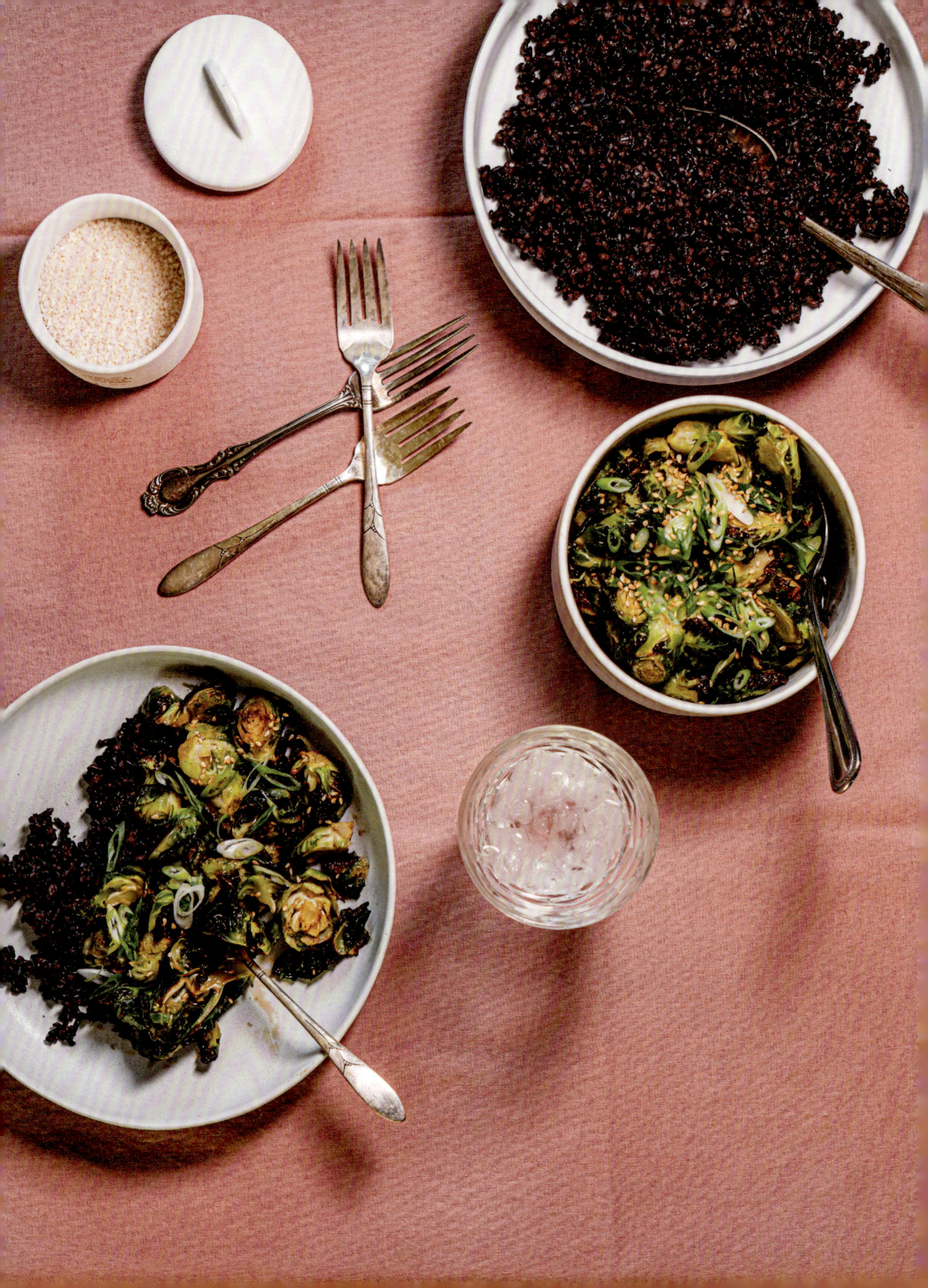

甜糯球芽甘藍
Sweet + Sticky Brussels Sprouts

四人份

① 預熱烤箱至攝氏 200 度［華氏 400 度］。

② 用中平底燉鍋，混合 **2½ 杯［600 毫升］的水、1 杯［200 克］洗淨瀝乾的黑米或紫米、細海鹽**，以中高溫煮沸，接著轉小火蓋上燜煮，煮到水分完全吸收，米粒變軟，約 40 到 50 分鐘。關火，蓋著靜置 15 分鐘。

③ 米飯烹煮約 30 分鐘後，在烤盤擺上 **680 克［1½ 磅］的球芽甘藍，縱切對半、2 湯匙芝麻油、細海鹽**。把球芽甘藍單層平鋪，烤到呈現金黃褐色，略為焦黑為止，約 22 到 30 分鐘，烤到一半時翻攪一下。烤好後移到大調理碗裡。

④ 烘烤球芽甘藍的同時，準備沾醬。用小平底燉鍋，攪拌混合 **¼ 杯［60 毫升］味醂、3 湯匙蜂蜜或楓糖漿、2 湯匙白味噌或淡色味噌、1 湯匙米醋、1 湯匙芝麻油、2 茶匙低鈉醬油、½ 茶匙黑胡椒粉**。以中高溫煮沸，轉小火蓋上燜煮，煮到醬汁開始變稠，約 30 到 60 分鐘。關火，試味道後以**細海鹽**調味。

⑤ 把醬汁倒進碗裡的熱球芽甘藍，攪拌均勻裹上。搭配熱飯，立刻上菜，用 **2 支青蔥，蔥白和蔥綠都要，切成薄片、2 湯匙整片的香菜葉、1 湯匙烘烤過的芝麻籽**，加以裝飾。

烹飪漫談

有個大家普遍公認的原則，處理球芽甘藍最好的方式是用烤的，別水煮。我嚴格遵守這道法則，燒烤能讓球芽甘藍焦糖化，菜葉變得酥脆美妙。最後添加的修飾是又甜又稠的味噌基底醬汁，把醬汁倒在熱的球芽甘藍上很重要，醬汁比較能夠吸附住，還能聽到蔬菜滋滋作響。這道菜可以搭配櫻桃蘿蔔沙拉佐黑醋（頁 179）。

廚師筆記

- 烘烤過的芝麻籽在大部分的雜貨店都有販售，也可以自製。用乾燥的小平底煎鍋，以中低溫加熱白芝麻籽，偶爾轉動鍋子，直到有香味，變成淺金黃褐色。
- 我不會用烘焙芝麻油來烹煮球芽甘藍，因為發煙點比一般的芝麻油低很多。如果想要有更強烈的芝麻風味，上菜前再灑 1 到 2 湯匙的烘焙芝麻油即可。

青江菜佐酥豆腐
Bok Choy with Crispy Tofu

四人份

① 用中平底燉鍋，以中高溫煮沸 **2½ 杯 [600 毫升] 的水、1 杯 [200 克] 的黑米或紫米，洗淨瀝乾、細海鹽**。轉小火，蓋上煨煮，煮到水分完全吸收，米粒變軟，約 40 到 50 分鐘。關火，蓋著靜置 15 分鐘。

② 在一個大調理碗裡，攪拌混合 **¼ 杯 [30 克] 日式麵包粉、½ 杯 [70 克] 芝麻籽（黑白混和）、½ 茶匙黑胡椒粉、細海鹽**。

③ 在中碗裡，攪拌混合 **2 顆大蛋**。

④ 使用乾淨的廚房紙巾或沒有棉絮的廚房擦巾，拍乾 **1 包 340 克 [12 盎司] 板豆腐，切成 8 塊長型**。用料理夾或叉子，一次夾一片豆腐沾取打好的蛋液。在側邊輕拍，瀝掉多餘的汁液，接著放進日式麵包粉那碗，攪拌均勻裹上，放在盤子上。重複操作，處理其餘的豆腐切片。

⑤ 在盤子鋪上廚房紙巾。用鑄鐵或不鏽鋼平底煎鍋，以中火加熱 **¼ 杯 [60 毫升] 發煙點高的中性油，例如葡萄籽油**。分批操作，避免太擠，用熱油煎裹好麵包粉的豆腐切片，煎到兩面都呈現酥脆金黃褐色為止，每面各約 1 分半到 2 分鐘。重複操作，烹煮其餘的豆腐切片，依需求加入更多的油或是擦一下平底煎鍋。把煎好的豆腐切片擺在廚房紙巾上，吸掉多餘的油。

⑥ 在蒸籠底下加入約 2.5 公分 [1 英吋] 高的水，以高溫煮沸。在蒸籠裡放入 **455 克 [1 磅] 的嫩青江菜（4 或 5 株），莖梗修掉，菜葉分開**。蒸煮 1 分鐘，從蒸籠取出，用冷水沖洗，中止烹煮熱度，同時洗去菜葉之間的泥沙。瀝乾後用乾淨的廚房紙巾或沒有棉絮的廚房擦巾拍乾。

⑦ 擦乾淨平底煎鍋，以高溫加熱 **2 湯匙發煙點高的中性油，例如葡萄籽油**。油開始閃爍微光時，加入 **1 顆大洋蔥，對半切成薄片**。翻炒到開始變成半透明，約 4 到 5 分鐘。加入 **2 瓣大蒜，切成薄片**，翻炒至有香味，約 30 到 45 秒。

後頁續

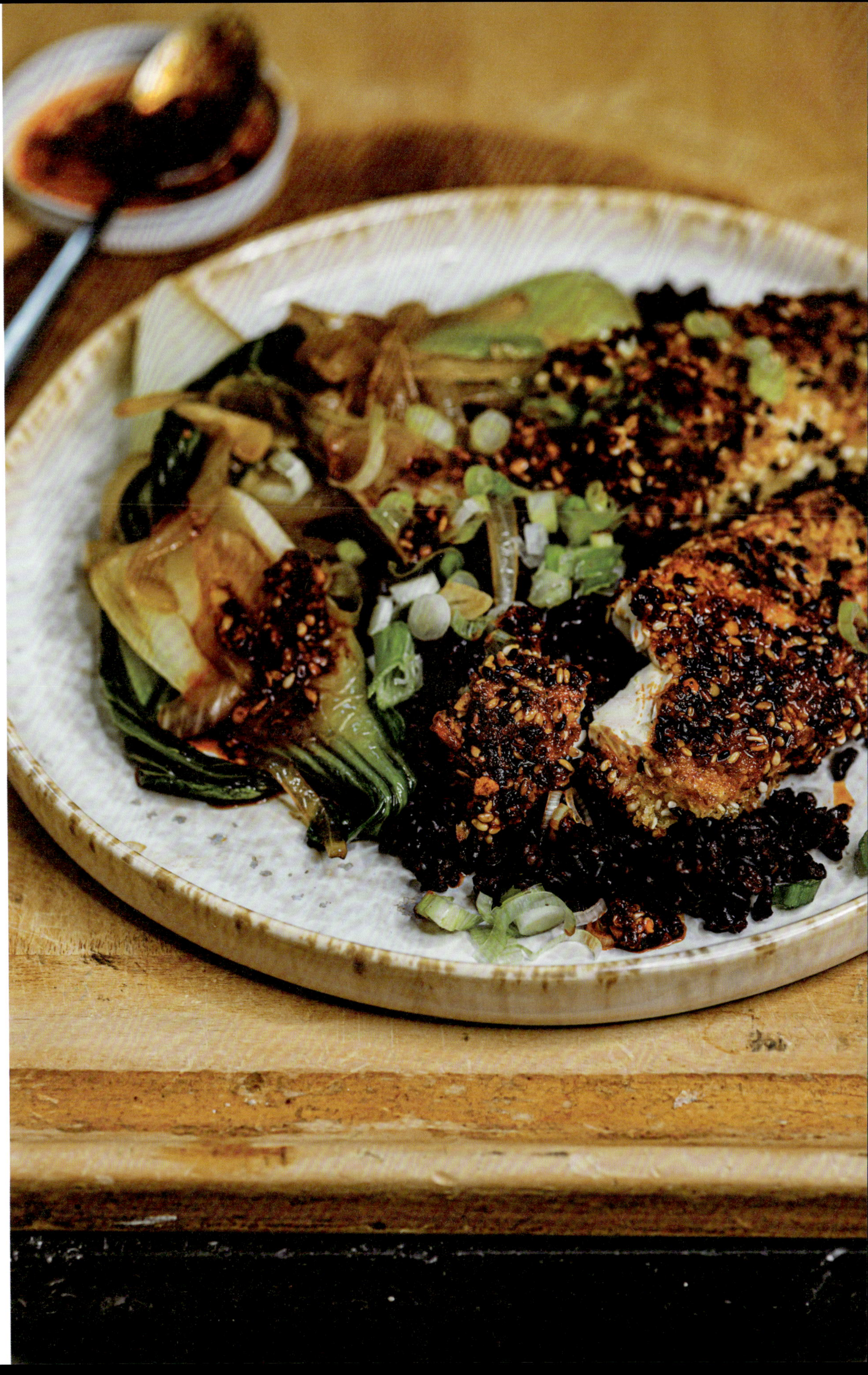

⑧加入蒸好的青江菜，翻炒至莖梗開始變成褐色，約1分半到2分鐘。關火，靜置放涼1到2分鐘（這麼做可以確保接下來加進去的醋，不會因鍋子的高溫被蒸發掉）。

⑨灑上 **2 湯匙米醋或中式黑醋、1 湯匙低鈉醬油**。試味道後以**細海鹽**調味。

⑩上菜時，把米飯裝到餐碗裡，加上煮好的青江菜和煎好的豆腐。

⑪用 **2 支青蔥，蔥白和蔥綠都要，切成薄片**，加以裝飾。加上 **2 大湯匙香辣脆油辣椒**（分量可以隨心所欲），立刻上菜。沒吃完的可以收在密封盒內冷藏，最多可存放三天。

烹飪漫談

這份食譜的依據是我在《紐約時報》烹飪版面最受歡迎的食譜之一，這是其中一種我最愛的豆腐烹煮方式，外脆內軟。根據我得到的評語，這道菜讓很多不吃豆腐的人變成豆腐愛好人士。青江菜嫩葉加上大量香辣脆油辣椒，讓酥脆豆腐的口感洋溢著大膽的風味。

廚師筆記

- 烹煮時請小心留意豆腐，如果芝麻籽開始燒焦，就會變苦。
- 仔細清洗青江菜葉，去除葉之間可能卡住的泥沙。
- 這個步驟看似多餘，不過青江菜先蒸過再炒，可以確保葉葉翠綠，莖梗最厚的地方均勻烹煮，蔬菜也不會變糊。

皇家烤花椰菜佐杏仁醬
Royal Cauliflower Roast with Almond Cream

四人份

①在耐熱的中碗裡，加入 **1 杯[140 克]整粒的生杏仁**和足夠的水，要完全蓋住杏仁。蓋上靜置 30 分鐘，瀝乾後，水倒掉不要。搓揉剝掉杏仁膜皮，丟掉不要，把杏仁放進攪拌機。

②加入 **1 杯[240 毫升]低鈉蔬菜高湯或大師菇類蔬菜高湯（下冊頁 199）、2 湯匙檸檬汁、1 湯匙楓糖漿、1 茶匙罌粟籽**。以高速攪拌 30 到 60 秒，瞬速打至滑順濃郁。試味道後以**細海鹽**調味，把混合物移到小碗裡。醬料可以在前一天先製作，收在密封盒內冷藏。

③預熱烤箱至攝氏 220 度[華氏 425 度]。在大烤盤鋪上鋁箔紙或烤網。

④用大湯鍋加入足夠的水，蓋住 **1 顆大花椰菜**，攪拌加入**細海鹽**（詳見廚師筆記），蓋上鍋蓋，以高溫煮沸。

⑤去掉花椰菜大部分的外層葉片，丟掉不用，修整莖梗基底，讓花椰菜可以輕鬆站立。倒轉花椰菜浸在沸水裡，花球向下，燙煮 5 到 6 分鐘，直到花椰菜開始變軟，稍微變成半透明，可以輕鬆用刀子或串肉叉穿透花椰菜中心。用料理夾和漏勺，小心地從湯鍋取出花椰菜。讓花椰菜站立在砧板上，花球向上，瀝掉多餘的水分，接著再放進烤盤裡。

⑥加熱烤箱和水的同時，準備混合調味料。在一個小碗裡，混合 **3 湯匙特級初榨橄欖油，融化的無鹽奶油或酥油、1 茶匙孜然籽、1 茶匙茴香籽、1 茶匙罌粟籽、1 茶匙奇亞籽、1 茶匙黑胡椒粉、1 茶匙薑黃粉、1 茶匙喀什米爾辣椒粉（或 ¾ 茶匙煙燻紅椒粉 + ¼ 茶匙卡宴辣椒粉）**。把混合物刷在整顆花椰菜上，以**細海鹽**調味。烘烤花椰菜到表層變成金黃褐色，約 15 到 20 分鐘，烤到一半時轉動烤盤，換個方向。

後頁續

⑦從烤箱取出花椰菜，不加蓋靜置5分鐘，之後再移到上菜盤。用**2湯匙**切碎的香菜、**1條**切碎的新鮮綠辣椒或紅辣椒，例如鳥眼辣椒或墨西哥辣椒或塞拉諾辣椒，加以裝飾。搭配杏仁醬和切肉刀，立刻上菜。沒吃完的收在密封盒內冷藏，最多可存放三天。

烹飪漫談

這是一道優雅的前菜，依據的是蒙兀兒（Moghul）帝國的濃郁皇家料理（shahi dishes，shahi 是皇家的意思）。這道菜能在時髦的晚宴桌上吸引所有人的目光，等所有的賓客入座後再端出來，使用最好的上菜盤，盡量戲劇化地呈現這道菜。

廚師筆記

- 可以自己燙煮杏仁，也可以買煮好的，無論如何，皮都要剝掉，不然醬汁就不會好吃。
- 在熱水裡處理花椰菜要小心，別太粗魯，否則可能會毀掉花的部分。
- 如果手邊有旋轉蛋糕台，可以拿出來用，把花椰菜放上去，邊轉邊刷醬料。
- 水煮蔬菜或義大利麵時，每個人加鹽的分量都不同。每 4½ 杯〔1升〕的水，我會加 1 茶匙細海鹽，請依據使用的水量來調整鹽的分量。鹽有助於蔬菜軟化，也能滲入花椰菜的小角落和縫隙裡，幫助調味。
- 羅馬花椰菜很適合用來替代這道菜裡的花椰菜，好看又顯眼。

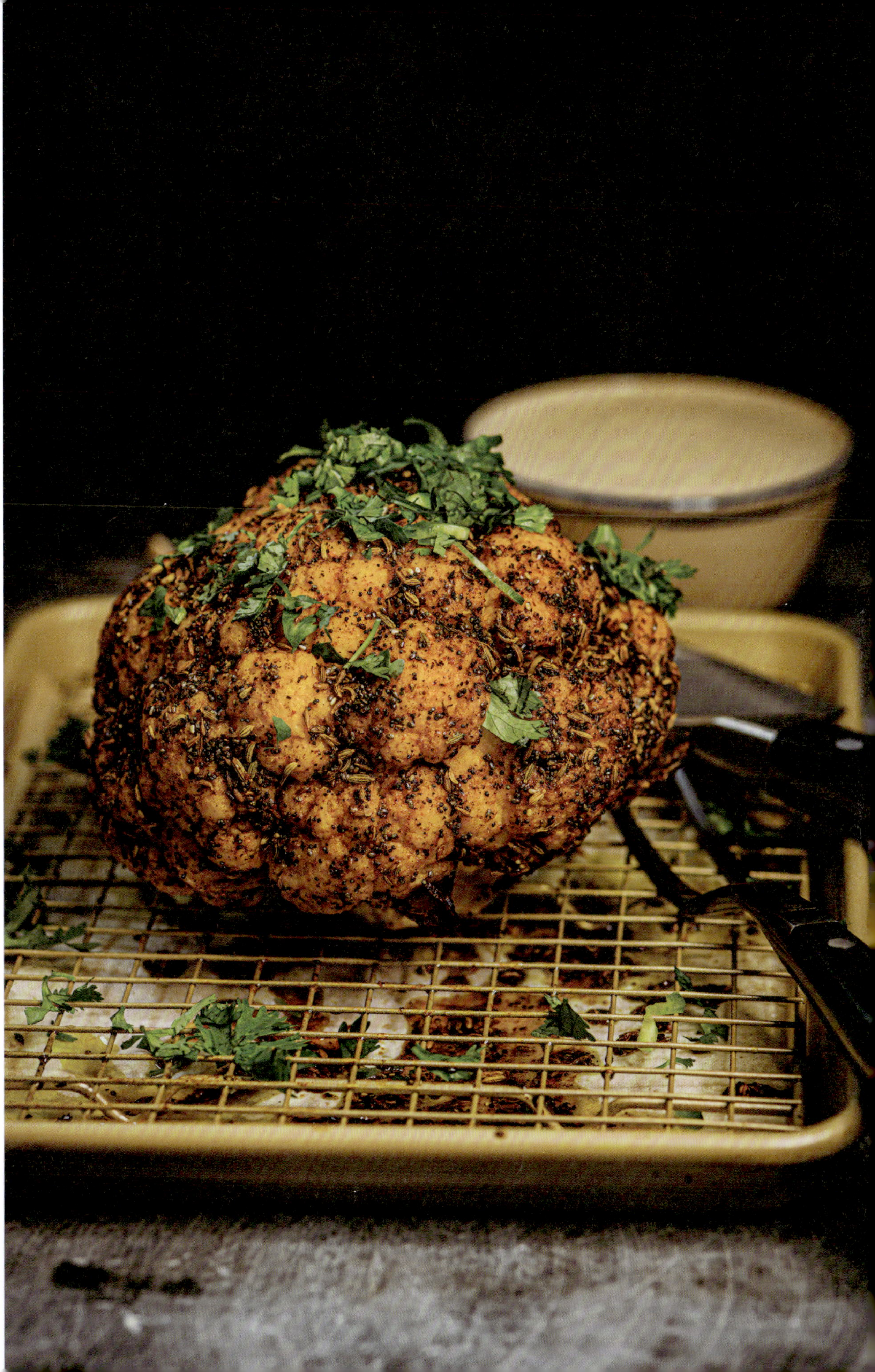

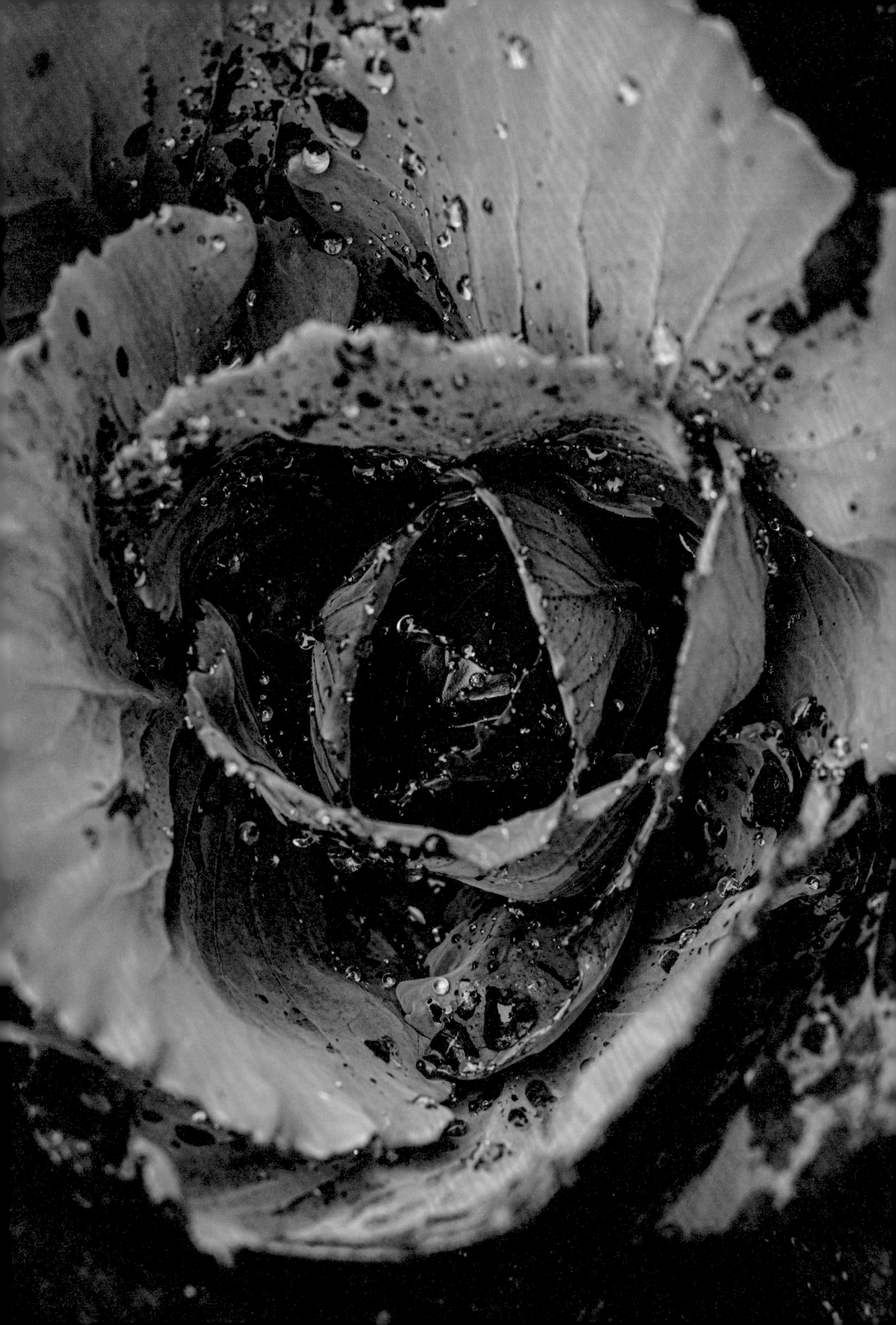

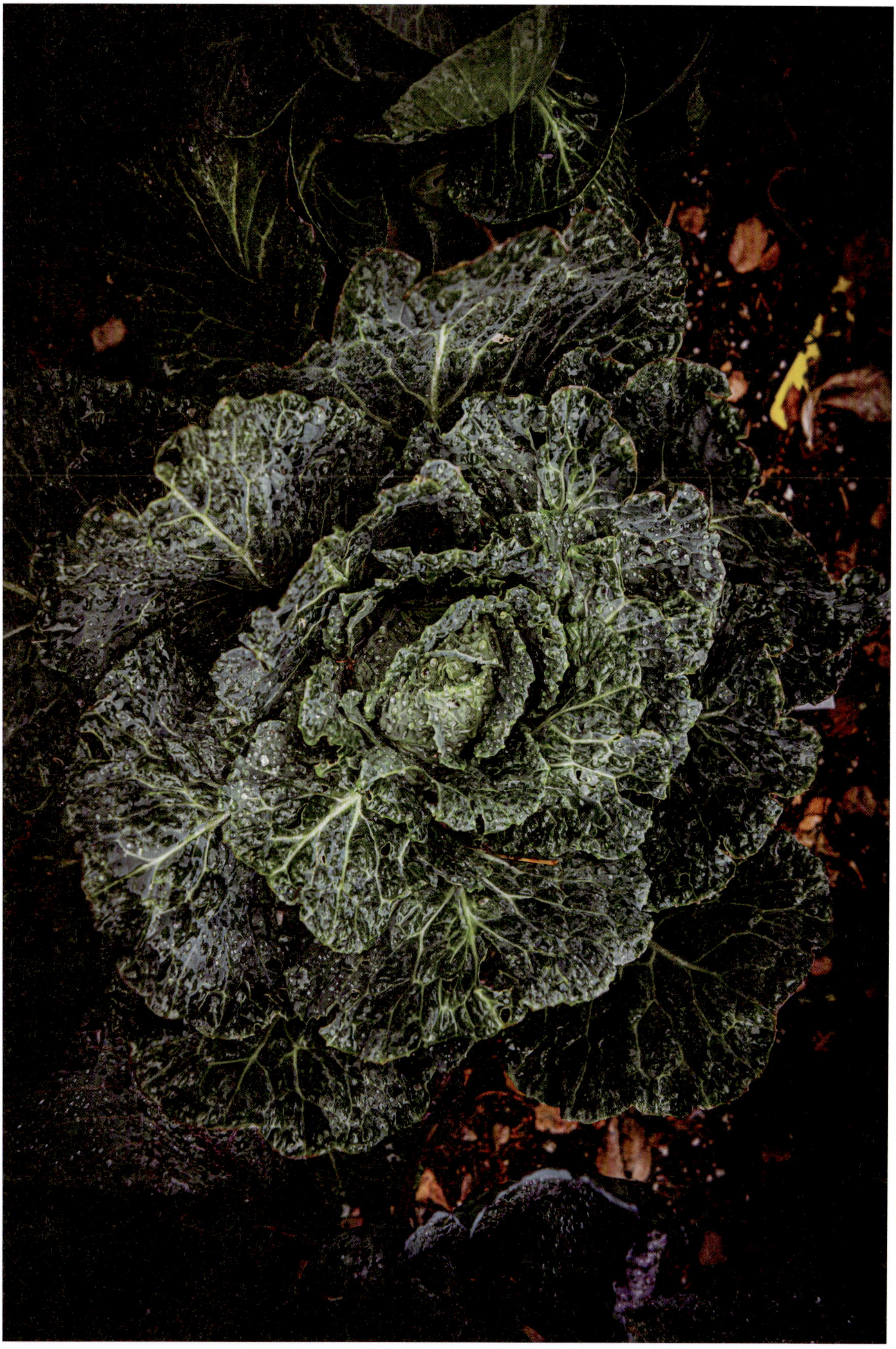

高麗菜捲佐番茄醬
Stuffed Cabbage Rolls in Tomato Sauce

十四到十六卷份

①準備兩個平底燉鍋,一大一中。在大平底燉鍋內,加入 **570 克 [1 ¼ 磅] 的褐皮馬鈴薯,切成 5 公分 [2 英吋] 丁狀**,加入足夠的水完全蓋住馬鈴薯。攪拌加入**細海鹽**(詳見廚師筆記),蓋上鍋蓋,以高溫煮沸,接著轉小火煨煮,煮到馬鈴薯變軟,可以輕鬆用刀子或串肉叉穿透中心為止,約 20 到 30 分鐘。用漏勺把馬鈴薯移到大調理碗裡放涼,一旦放涼到可以繼續操作,去掉外皮,把皮丟掉不要。用大叉子或搗碎器壓碎馬鈴薯。

②在中平底燉鍋內,加入 **½ 杯 [100 克] 黑扁豆(beluga lentils),挑過洗淨、2 杯 [480 毫升] 水、1 茶匙細海鹽**。以高溫煮沸,接著轉小火煨煮,煮到扁豆變軟但尚未分解,約 25 到 30 分鐘。用細孔篩網在水槽上瀝乾扁豆,加進馬鈴薯泥裡。

③拌入 **1 條新鮮的綠辣椒,例如墨西哥辣椒或塞拉諾辣椒,去籽去辛辣、2 湯匙切碎的香菜、2 茶匙葛拉姆馬薩拉綜合香料,自製(頁 208)或市售的均可、1 茶匙喀什米爾辣椒粉(或 ¾ 茶匙煙燻紅椒粉 + ¼ 茶匙卡宴辣椒粉)、½ 茶匙黑胡椒粉**。試味道後以**細海鹽**調味。

④在烤盤鋪上烘焙紙或蠟紙,避免沾黏。把混合物分成 14 到 16 等分,1 份大約 3 湯匙,塑形成 10 公分 [4 英吋] 長的雪茄圓條狀,排在準備好的烤盤上。

⑤從 **1 顆高麗菜上分出 14 到 16 片大菜葉,最好使用皺葉高麗菜(Savoy cabbage),可能需要 2 顆**。一次用一片菜葉,在砧板上鋪平菜葉,捲曲面朝上,使用削皮刀,在菜葉底端切出窄小的 V 字型切口,去除粗硬的白色莖梗。這麼做有助於捲起菜葉,並且能在捲好後固定形狀。重複操作,處理其餘的菜葉。

⑥在大平底燉鍋內裝入足夠的鹽水,能一次蓋住好幾片菜葉,以高溫煮沸。一次浸入 4 片高麗菜葉,燙煮 1 分鐘,直到變軟變透明。用漏勺把菜葉移到砧板上。重複操作,處理其餘的菜葉。一旦菜葉放涼到溫而不熱,可以繼續操作,就把葉片平鋪在砧板上,有切口的寬邊朝向自己。在切口的尖端擺上一份圓條狀的餡料,把菜葉從邊緣往內折,接著從菜葉底邊開始向上捲,包住餡料,一邊捲一邊把菜葉往底下塞緊。移到烤盤上,折合邊向下,繼續準備其餘的高麗菜捲。

⑦用大而深的平底燉鍋，以中高溫加熱 **2 湯匙特級初榨橄欖油**。油熱後，加入 **1 個大型黃洋蔥或白洋蔥，切丁**，煸炒到變成半透明，開始變成褐色，約 4 到 5 分鐘。加入 **2 瓣磨碎的大蒜、1 湯匙去皮磨碎的薑、1 茶匙喀什米爾辣椒粉（或 ¾ 茶匙煙燻紅椒粉 + ¼ 茶匙卡宴辣椒粉）、½ 茶匙薑黃粉**。煸炒到有香味，約 30 到 45 秒。刮一下鍋底，攪拌加入 **1 罐 794 克 [28 盎司] 的番茄丁**，最好使用聖馬札諾番茄（San Marzano）。煮沸後轉小火煨煮，試味道後有需要的話，以**細海鹽**和**一撮糖**調味。

⑧小心輕輕地把準備好的高麗菜捲擺進鍋子，大約一半浸在醬料裡。因為平底燉鍋是圓的，請善用鍋子的形狀來擺放，擺得很緊密也沒關係。蓋上鍋蓋煨煮，直到高麗菜變得非常軟嫩，約 25 到 30 分鐘，關火。

⑨準備爆香。用小平底燉鍋，以中高溫加熱 **1 湯匙特級初榨橄欖油**。油熱後，加入 **1 茶匙整粒的孜然籽、1 茶匙整粒的黑種草籽**。翻炒到出現香味且略為焦黃，約 30 到 45 秒。關火，快速加入 **½ 茶匙紅辣椒碎片**，例如阿勒頗、馬拉什或烏爾法辣椒，讓平底燉鍋裡的油打轉一下，直到油變得略呈紅色，約 15 到 20 秒。快速把熱油倒在高麗菜捲上，熱食或溫溫吃皆可。沒吃完的收在密封盒內冷藏，最多可存放四天。

烹飪漫談

我喜歡跟熱愛烹飪的親友一起製作這種食物，由我安排填餡料、捲高麗菜捲的流水線工作檯，接著放在大鍋裡一起烹煮。就算是我獨自操作，這也還是最能讓人放鬆的活動之一，能讓思緒暫時脫離日常瑣事和忙碌的生活。

如果到最後剩下太多餡料（或許是不想再捲了，我也遇過這種情況），那就弄成雪茄圓條狀之後裹粉，利用黃金薩塔香料洋蔥圈（頁46）食譜中相同的技巧和粉料，當作素食炸丸子端給晚餐賓客。

廚師筆記

- 水煮食物時，每個人的用鹽比例都不同。每 4½ 杯〔1 升〕的水，我會加 1 茶匙細海鹽。
- 菜葉的尺寸會隨著接近菜心，開始變得越來越小，因此最後完成的菜捲數目可能會略有不同，這份食譜提供了足夠的餘裕。
- 在高麗菜葉底端切出窄小的 2.5 公分〔1 英吋〕V 字型切口很重要，我在這裡提供了尺寸，方便製作時，對切口應該有的大小有個概念。粗硬的白色莖梗就像是很硬的橡皮筋，如果沒弄掉，菜捲就會一直散開，捲不起來。

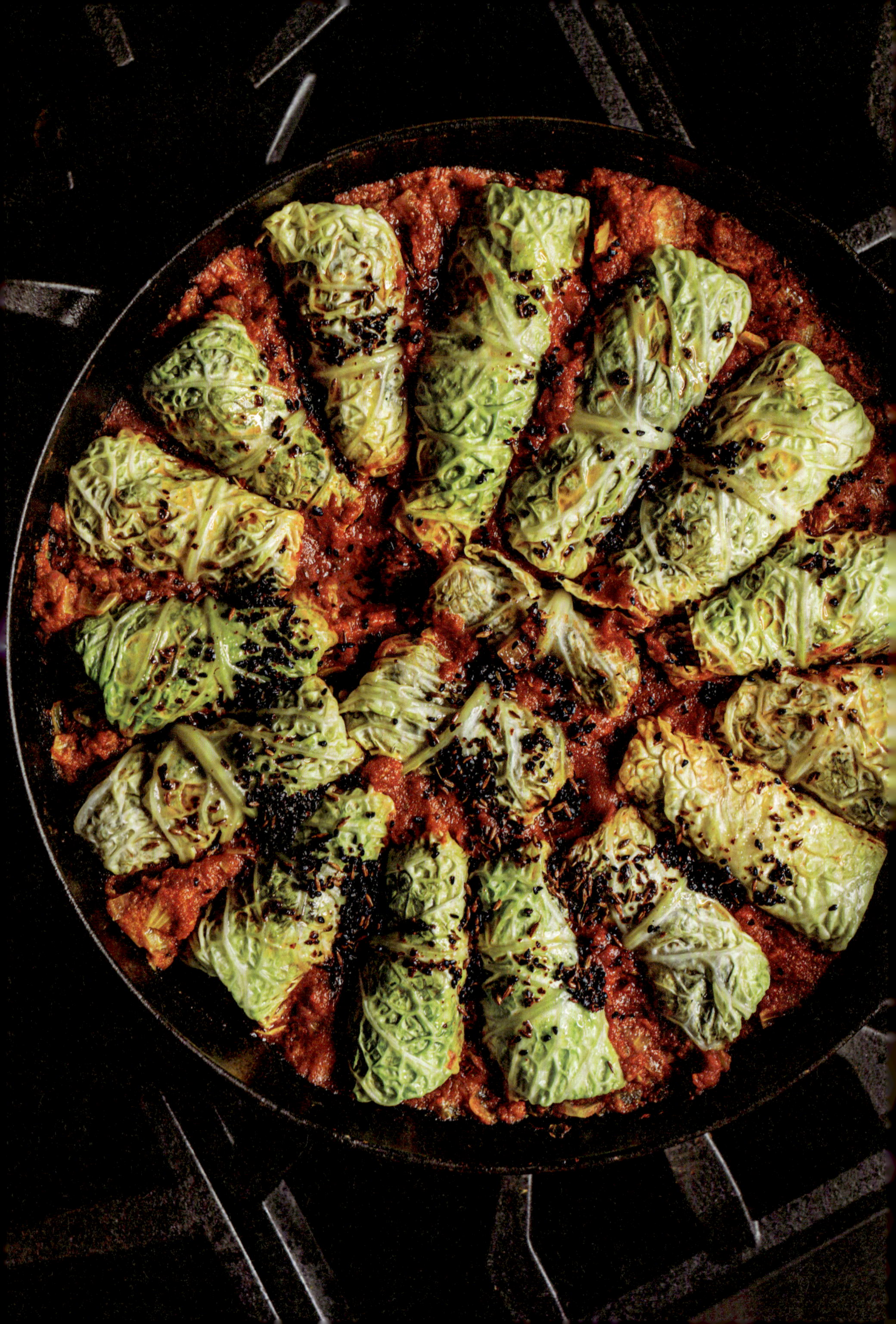

197

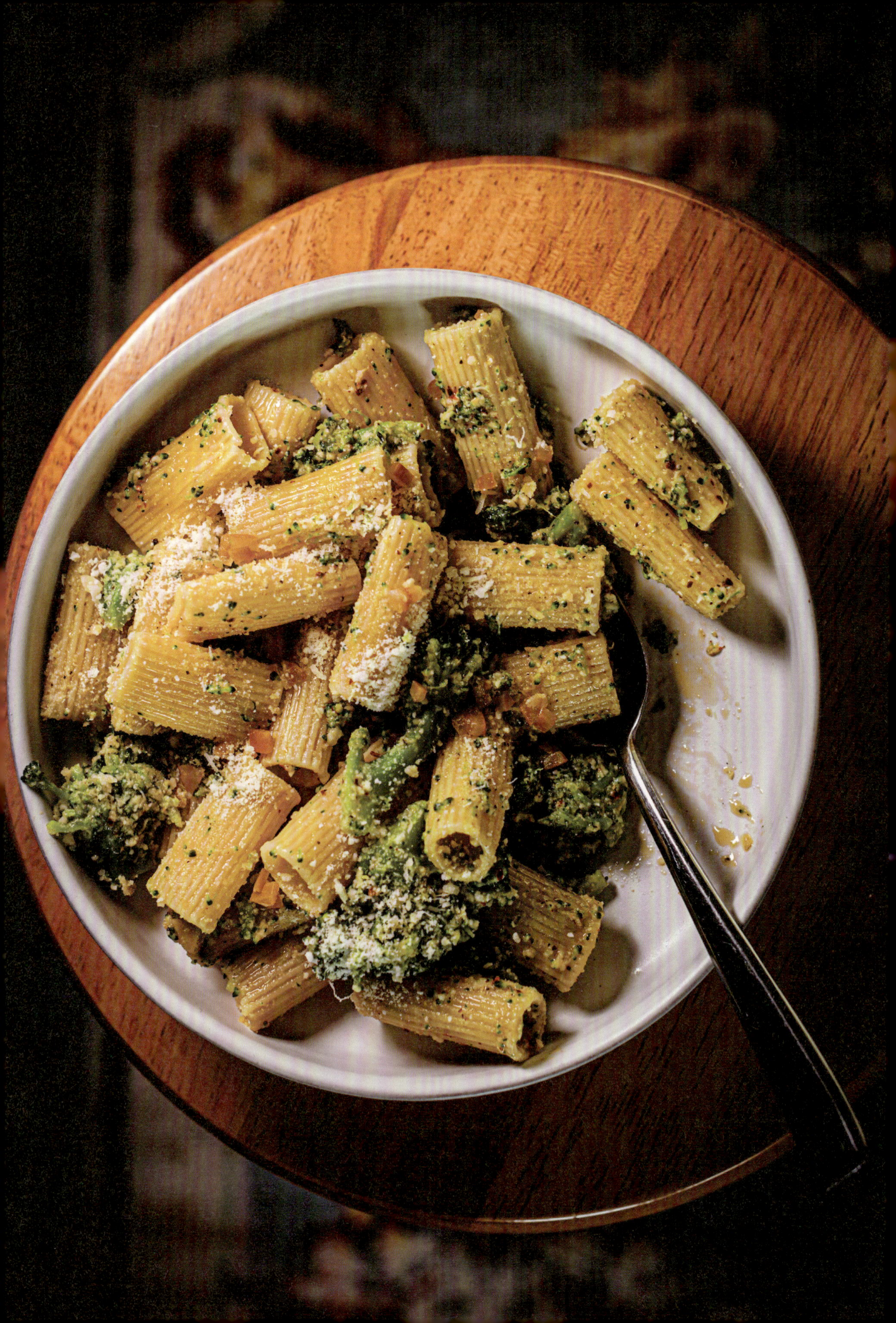

青花菜味噌義大利麵
Pasta with Broccoli Miso Sauce

四人份

①以高溫燒滾一大鍋加鹽的水,煮 **455 克 [1 磅] 波紋貝殼狀通心粉或義大利細麵條**,按照包裝說明,煮到有嚼勁為止。保留 1 杯 [240 毫升] 煮麵水,瀝乾煮好的義大利麵。

②同時用大平底燉鍋或荷蘭鍋裝加鹽的水,以高溫煮沸。加入 **455 克 [1 磅] 青花菜的花部分,切成一口大小**,水煮到變軟,約 3 到 5 分鐘。用漏勺移到中碗裡,煮菜的水丟掉不要。

③用烹煮青花菜的同一個平底燉鍋,以中火加熱 **¼ 杯 [60 毫升] 特級初榨橄欖油**。油熱後,加入 **2 湯匙白味噌或淡色味噌、2 瓣磨碎的大蒜、1 湯匙研磨黑胡椒、1 茶匙紅辣椒碎片,例如阿勒頗、馬拉什或烏爾法辣椒**。煸炒到出現香味,約 30 到 45 秒。拌入煮熟的青花菜。試味道後以**細海鹽**調味。

④快速拌入煮熟的熱波紋貝殼狀通心粉,以及 **1 杯 [60 克] 磨碎的帕馬森起司**。加入 ¼ 杯 [60 毫升] 保留的煮麵水,依需求再分次加入 1 湯匙煮麵水,攪拌做出有光澤的塗料。大部分的青花菜都會碎掉,變成醬汁。用 **2 湯匙切碎的醃漬檸檬皮,洗淨瀝乾**,加以裝飾。立刻上菜。沒吃完的可以收在密封盒內冷藏,最多可存放三天。

烹飪漫談

說到製作義大利麵醬的蔬菜,番茄是絕對的王者,不過青花菜也同樣令人讚賞。青花菜的花部分先用水煮軟化,接著用味噌、大蒜、帕馬森起司一起,煮成濃郁包覆麵體的義大利麵醬。這款濃郁鹹香的醬汁靈感來自於傳奇義大利美食作家瑪塞拉・哈贊(Marcella Hazan)的青花菜鯷魚番茄醬(sugo di broccoli e acciughe),出自她的食譜書《經典義大利食譜》(*The Classic Italian Cookbook*)。

廚師筆記

- 味噌的作用和鯷魚一樣,能讓醬汁傳達有深度的鮮味。

花椰菜波隆那義大利麵
Cauliflower Bolognese

四人份

① 用大平底燉鍋，以高溫加熱 **2 湯匙特級初榨橄欖油**。油熱後，加入 **455 克 [1 磅] 約略弄碎的花椰菜**，煸炒到略為焦黃，約 4 到 5 分鐘。關火，放到碗裡。

② 擦乾淨平底燉鍋，以中火加熱 **2 湯匙特級初榨橄欖油**。加入 **¼ 杯 [35 克] 白洋蔥或黃洋蔥，切成細丁、1 小條胡蘿蔔，切成細丁、1 支中型芹菜莖梗 [30 克]，切成細丁**，煸炒到變軟，約 5 到 6 分鐘。不斷翻炒，避免燒焦。攪拌加入 **2 湯匙白味噌、1 湯匙低鈉醬油、⅛ 茶匙肉豆蔻粉**。烹煮到完全融合，沒有結塊，約 45 秒到 1 分鐘。攪拌加入 **1 罐 794 克 [28 盎司] 的碎番茄，例如聖馬札諾番茄、½ 杯 [120 毫升] 牛奶，乳製品或植物製的燕麥奶皆可**、煮好的花椰菜。轉小火燜煮 1 小時，偶爾翻攪，避免燒焦。試味道後以**細海鹽**調味。

③ 醬汁完全煮好之前約 20 分鐘，開始準備義大利麵。用大平底燉鍋加入足夠的水，烹煮義大利麵。攪拌加入 **1 茶匙細海鹽**，以高溫煮沸。加入 **455 克 [1 磅] 新鮮的義大利細扁麵或寬扁麵**，按照包裝說明，煮到有嚼勁為止。

④ 用料理夾把義大利麵移到波隆那醬汁中，保留 1 杯 [240 毫升] 煮麵水。加入 **½ 杯 [30 克] 磨碎的帕馬森起司**（使用刨絲刀），攪拌均勻裹上。依需求攪拌加入 ¼ 杯 [60 毫升] 保留的煮麵水，稀釋醬汁。

⑤ 移到大餐盤上，用 **2 到 3 湯匙磨碎的帕馬森起司**（使用刨絲刀），加以裝飾。趁熱食用。沒吃完的可以收在密封盒內冷藏，最多可存放四天。

烹飪漫談

很難不愛上義大利波隆那肉醬麵，經典的迷人肉醬，由慢燉番茄及牛奶製作而成，佐以義大利麵。這裡的版本偏離了經典，不過是往好的方向，弄碎的花椰菜取代了肉類，味噌和醬油是新生力軍，加強了醬汁的鮮味。

廚師筆記

- 在經典的肉醬基底醬汁中，肉類先用牛奶煮過，再加入番茄。因為這裡使用花椰菜，所以這兩個步驟可以合併。

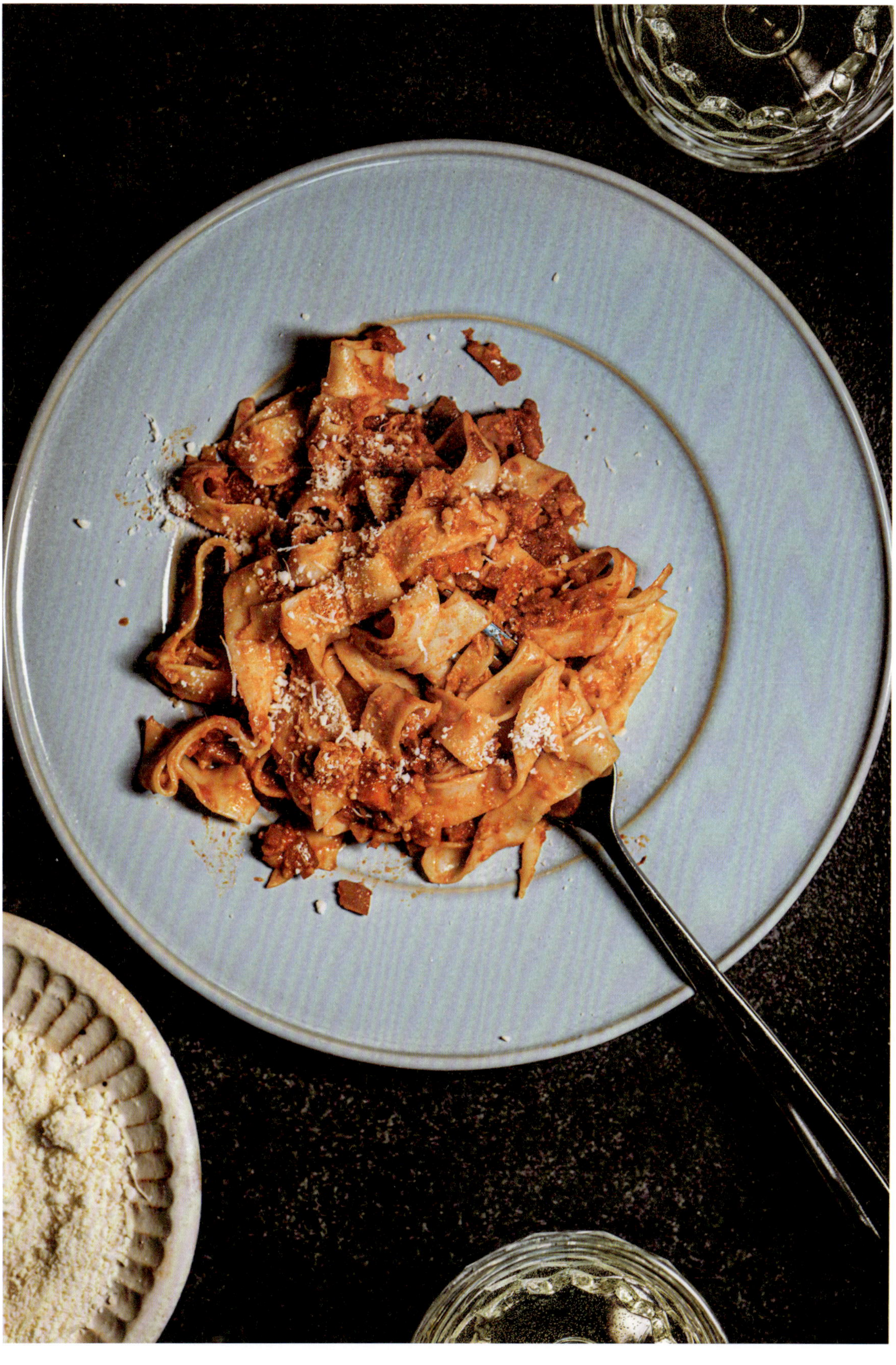

日式炸雞佐罌粟籽涼拌菜絲
Chicken Katsu with Poppy Seed Coleslaw

四人份

①準備涼拌菜絲。拿一個大碗，混合 **455 克 [1 磅]** 綠高麗菜細絲、**1 顆**中型紅色彩椒，去籽縱切成細條、**1 顆**大型（約 **220 克 [7¾ 盎司]**）青蘋果，削皮去核，磨碎擠掉多餘的汁液、**6 支**青蔥，蔥白和蔥綠都要，切成薄片、**¼ 杯 [3 克]** 鬆鬆承裝的切碎香菜。

②在一個小碗裡，攪拌混合 **½ 杯 [120 毫升]** 米醋、**2 湯匙**蜂蜜或楓糖漿、**1 茶匙**黑罌粟籽、**½ 茶匙**紅辣椒碎片，例如阿勒頗、馬拉什或烏爾法辣椒、**½ 茶匙**黑胡椒粉。把混合物倒進碗裡的蔬菜，攪拌均勻裹上。試味道後以**細海鹽**調味。蓋上蓋子，涼拌菜絲至少冷藏 30 分鐘後再上菜。

③備料日式炸雞，在寬口的淺碗，攪拌混合 **2 顆**大蛋、**½ 茶匙**細海鹽。

④在大的寬口碗裡，攪拌混合 **2 杯 [120 克]** 日式麵包粉、**1 湯匙**洋蔥粉、**½ 湯匙**大蒜粉、**1 茶匙**細海鹽、**1 茶匙**薑黃粉、**½ 茶匙**黑胡椒粉、**½ 茶匙**卡宴辣椒粉。

⑤使用乾淨的廚房紙巾，拍乾 **4 塊**（總重量約 **680 克 [1½ 磅]**）去骨去皮的雞胸肉。把雞肉擺在砧板上，用保鮮膜蓋住。用擀麵棍或木槌輕敲雞肉，直到厚度變成約 13 公釐 [½ 英吋]。移除保鮮膜，丟掉不要。用**細海鹽**在雞胸肉兩面稍微調味。

⑥用料理夾或兩支叉子，夾起敲打好的雞肉沾取蛋液。在碗緣輕拍雞肉，抖掉多餘的汁液，接著把雞肉放進日式麵包粉那碗，翻動均勻裹上。輕拍雞肉，抖掉多餘的麵包粉後，擺在盤子上。

⑦在烤盤上放一片烤網，或是在大盤子鋪一層吸水紙巾。

⑧用大的乾燥鑄鐵或不鏽鋼平底煎鍋，以中高溫加熱 **¼ 杯 [60 毫升]** 發煙點高的中性油，例如葡萄籽油。在熱油中油炸裹上日式麵包粉的雞肉塊，依需求分批油炸，直到變成金黃褐色為止，每面各約 3 到 4 分鐘，內部溫度達到攝氏 74 度 [華氏 165 度]。必要時轉小火，避免燒焦，並且依需求加入更多的油。把炸好的雞肉擺在烤網上，瀝乾多餘的油。雞肉可以放進烤箱裡，以攝氏 95 度 [華氏 200 度] 保溫。

⑨搭配涼拌菜絲，炸雞熱食或溫溫吃皆可。沒吃完的炸雞和涼拌菜絲很適合用來製作三明治、捲餅、沙拉，也可以加上全熟的水煮蛋當作早餐。

烹飪漫談

這道菜快速又能帶來滿足感，裹上酥脆超凡日式麵包粉屑的雞排，輕盈爽口的涼拌菜絲，點綴上明顯的蘋果酸甜，還有薑黃為雞肉增添一抹陽光般的明亮色彩。

廚師筆記

- 可以用食物調理機來磨碎蘋果，不過記得要先削皮，否則比較粗的果皮會結塊，把食物調理機弄得一團亂。
- 如果蘋果開始變成褐色，加入 1 到 2 湯匙的米醋。

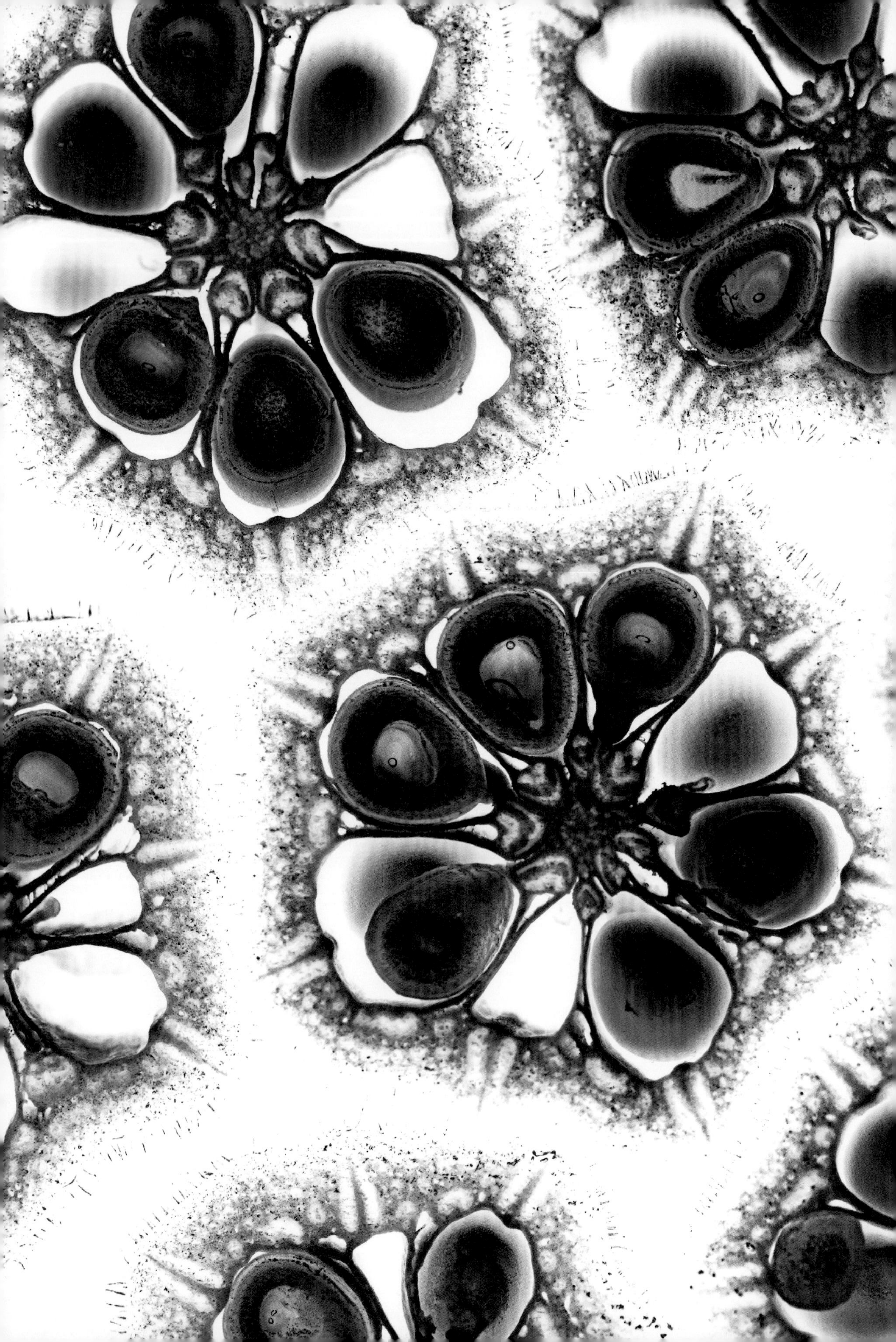

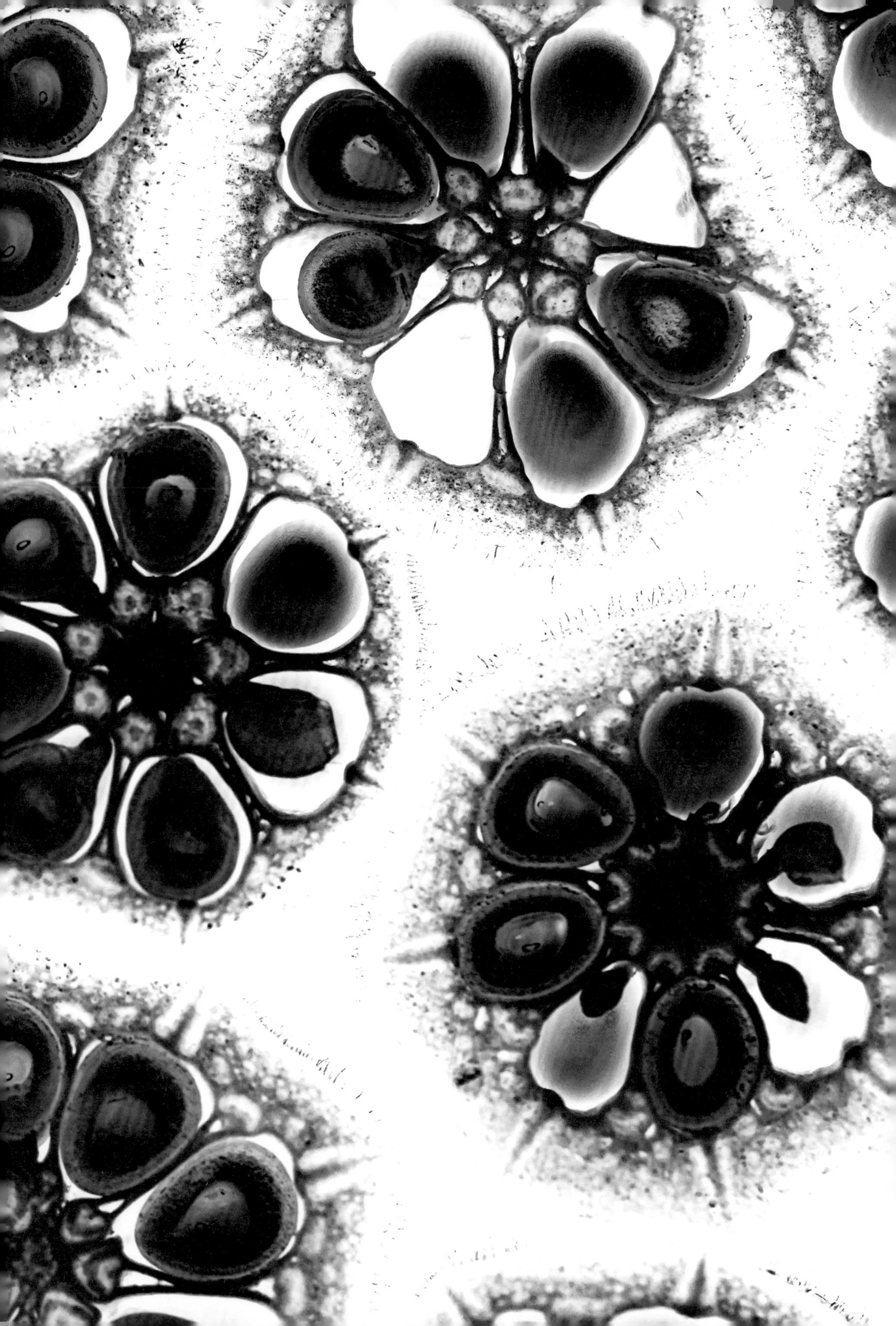

拼盤＋小祕訣

其實本書中幾乎任何一道食譜裡的沾醬或醬汁，都可以用來搭配蔬菜拼盤。這裡該是讓人放手嘗試許多不同想法的地方。

拼盤備料訣竅

- 為拼盤選擇一個主題，可以是印度、中東、彩虹色調、《星際大戰》之類的，有無限的可能。
- 挑選最新鮮的蔬菜：要清脆、鮮豔、充滿生機，而不是已經一隻腳踏進棺材。
- 大膽去做吧！別怕五顏六色，拿起紫色的胡蘿蔔，擺出漂亮的復活節彩蛋蘿蔔和基奧佳甜菜。農夫市集是大家的好朋友，攤商種植和販售的蔬菜總是很特別。
- 確保把同類的蔬菜切成同樣的大小，否則看起來會有點雜亂。
- 最好使用當天現切的蔬菜，才能獲得最佳口感。為了避免切好的蔬菜變乾，請用保鮮膜緊緊包住拼盤。
- 要保持沾醬新鮮，可以用蓋子或保鮮膜蓋緊後存放。如果是含有橄欖油的沾醬，像是花生穆哈瑪拉醬（下冊頁 136），可以攪拌加入 1、2 湯匙的橄欖油，上面再多灑一點，就能煥然一新。
- 除了小碗的片狀鹽和粗碎顆粒狀的黑胡椒之外，如果符合拼盤整體主題的一部分，我也喜歡端上像杜卡（dukka）這樣的混合香料。
- 如果提供的是起司，請確保能夠完美搭配拼盤裡的蔬菜和沾醬。菲達起司、烤過的凱法洛蒂里起司、查納基烤乳酪（chanakh），都是我喜歡用來搭配地中海主題和中東主題拼盤的幾種起司。
- 需要準備一些方便客人食用的工具，例如木籤、標示說明少見的起司和沾醬、小夾子、起司刀叉、彩色餐巾和餐盤。

本書中食譜裡的幾款沾醬、醬汁、抹醬

- 酪梨凱薩醬（上冊頁 138）
- 奶油「雞汁」醬（下冊頁 113）
- 白脫乳葛縷子沾醬（上冊頁 46）
- 腰果綠酸辣醬（上冊頁 107）
- 腰果紅彩椒沾醬（上冊頁 141）
- 花生穆哈瑪拉醬（下冊頁 136）
- 開心果青醬（下冊頁 172）
- 南瓜子酸辣醬（下冊頁 46）
- 南瓜子醬（下冊頁 116）
- 烤彩椒醬（下冊頁 159）

- 法式香草蛋黃醬（上冊頁 101）
- 甜茴香奶油（上冊頁 84）
- 番茄酸辣醬（下冊頁 111）

適合製作拼盤的幾份食譜

- 孟買炸馬鈴薯丸（下冊頁 126）
- 番紅花檸檬油封蔥屬蔬菜＋番茄（上冊頁 48）
- 蒸朝鮮薊佐腰果紅彩椒沾醬（上冊頁 141）

　　搭配拼盤時，我喜歡用小碗盛裝香料無花果醬，或者是提供辣甜椒醬、曼徹格起司（Manchego）或高達起司切片、調味堅果、長棍麵包切片或薄脆餅乾。

混合香料

　　可以從店裡購買現成的香料混合物，不過如果想要自製，以下是我的版本。混合好再裝罐吧！

甜酸瑪薩拉綜合香料

約 ¼ 杯 [25 克] 份

這是印度街頭小吃中很受歡迎的混合香料明星，使用時，每 1 茶匙的甜酸瑪薩拉綜合香料請加入 ¼ 茶匙的印度黑岩鹽粉。

　　以中高溫加熱小的乾燥鑄鐵或不鏽鋼平底煎鍋，轉中低溫，加入 **2 茶匙印度藏茴香籽（carom）或阿加旺籽（ajwain）、2 茶匙孜然籽、2 茶匙芫荽籽、4 個喀什米爾辣椒乾**（詳見廚師筆記）**、4 個整粒的丁香、1 茶匙芒果粉（amchur，曬乾的生芒果粉）、1 茶匙整粒的黑胡椒、1 小撮阿魏**。轉動平底煎鍋，烘烤香料，直到有香味，孜然籽和芫荽籽開始變成淺褐色。關火，移到盤子裡，放涼至室溫。如果香料有燒焦，丟掉不要，重弄一次。

　　把烤過放涼的香料放入香料研磨罐或咖啡豆研磨機，再加上 **1 茶匙乾燥薄荷、1**

茶匙磨碎的乾薑。以高速混合至滑順均勻。把混合好的香料收在密封盒內,在室溫下最多可存放兩個月。

> **廚師筆記**
> 可以用一整個喀什米爾辣椒,或是一湯匙喀什米爾辣椒粉。另一個選擇是 1 茶匙的喀什米爾辣椒粉替代品 = ¾ 茶匙煙燻紅椒粉 + ¼ 茶匙卡宴辣椒粉。把香料和混合香料存放在儲藏室裡陰暗的地方,避免光照。

葛拉姆馬薩拉綜合香料

約 ¼ 杯 [25 克] 份

這是印度和許多南亞美食中必不可少的香料混合物,可以用來調味肉類和蔬菜。

　　以中高溫加熱小的乾燥鑄鐵或不鏽鋼平底煎鍋,轉中小火,加入 **2 湯匙整粒的孜然籽**、**2 湯匙整粒的芫荽籽**、**1 湯匙整粒的黑胡椒**、**1 支 5 公分 [2 英吋] 的肉桂棒**、**12 個整粒的丁香**、**1 個黑豆蔻莢**、**3 或 4 個綠豆蔻莢**、**1 茶匙現磨肉豆蔻粉**,轉動平底煎鍋,烘烤香料,直到有香味,孜然籽和芫荽籽開始變成淺褐色。關火,移到盤子裡,放涼到室溫。如果香料有燒焦,丟掉不要,重弄一次。

　　把烤過放涼的香料放入香料研磨罐或咖啡豆研磨機,以高速混合至滑順均勻。把混合好的香料收在密封盒內,在室溫下最多可存放六個月。

薩塔香料

約 ¼ 杯 [50 克] 份

這是我最愛的中東混合香料,以下是我的版本,要用的時候再加鹽。

　　在一個小碗裡,混合 **2 湯匙烘烤過的白芝麻籽**、**1 湯匙乾燥的奧勒岡**、**1 湯匙乾燥的百里香**、**1 湯匙孜然粉**、**1 湯匙紅辣椒碎片,例如阿勒頗、馬拉什或烏爾法辣椒**、**1 茶匙黑胡椒粉**。把混合好的香料收在密封盒內,在室溫下最多可存放四個月。

致謝

食譜書不只是一本書,過程漫漫,花費數年才有成果。設計食譜、攝影、插圖和版面設計,需要許多人的投入和支持,在幕後孜孜不倦地工作,才能讓一本書誕生。

您手中的這本書,是幾位特別的人共同努力的結果。

感謝我的編輯 Sarah Billingsley、在 Chronicle Books 出版社的圖書設計師 Lizzie Vaughan 及其團隊,全力以赴,助我突破限制。感謝 Matteo Riva,超有才華,把我凌亂的草圖轉化成華麗的藝術品,讓科學看起來很酷!謝謝提供寫作的園地給怪咖廚師。

感謝我的文學經紀人、無與倫比的 Maria Ribas,還有 Stonesong 代理公司的全體團隊,感謝大家在創作本書的每個階段都支持我。Maria,沒有妳就沒有我的書。

感謝我的食譜測試員 Lisa Nicklin,努力不懈地與我合作,完成了所有食譜。感謝與我分享經驗和知識,讓我成為一個更有自覺、更明智的廚師和作家。

感謝 Daniel Gritzer、Sho Spaeth 和 Emma Laperruque,提出的問題很有幫助,是我在所有蔬菜相關主題上的測試員。感謝我的朋友和作家同儕,與我分享知識,其中有些人還參與了很多次的口味測試:Reem Kassis、Jacki Glick 和 Akshay Mehta。

感謝我的部落格《棕色餐桌/尼克・夏瑪來煮飯》(A Brown Table/Nik Sharma Cooks) 的讀者、電子報《風味檔案》和我專欄的讀者。感謝你們支持我的作品,看到大家按照我的食譜烹煮並分享,我感到既榮幸又開心。各位多年來的回饋,協助塑造了本書中的想法和食譜風格。

最後要特別感謝我先生麥可,他全部都得試吃,而且他明白只能抱怨口感和味道,不能抱怨在食譜測試階段,同一道菜還要吃多少次。

參考資料＋推薦閱讀

蔬菜相關書籍

Vegetable Production and Practices by Gregory E. Welbaum (CABI, 2015)

Food Chemistry, 3rd edition, by H.-D. Belitz, W. Grosch, and P. Schieberle (Springer, 2009)

Plant Evolution under Domestication by Gideon Ladizinsky (Kluwer Academic Publishers, 1998)

食譜書

The Professional Chef by the Culinary Institute of America (Wiley, 2011)

The Flavor Equation by Nik Sharma (Chronicle Books, 2020)

The Food of Sichuan by Fuchsia Dunlop (Norton, 2019)

Cool Beans by Joe Yonan (Ten Speed Press, 2020)

The Classic Italian Cookbook by Marcella Hazan (Knopf, 1976)

Jane Grigson's Vegetable Book (Bison Books, 2007)

Japan: The Cookbook by Nancy Singleton Hachisu (Phaidon Press, 2018)

The Complete Vegetarian Cookbook by America's Test Kitchen (America's Test Kitchen, 2015)

Roots: The Definitive Compendium by Diane Morgan (Chronicle Books, 2012)

Vegetable Kingdom: The Abundant World of Vegan Recipes by Bryant Terry (Ten Speed Press, 2020)

Vegetable Literacy by Deborah Madison (Ten Speed Press, 2013)

Wine Folly: The Essential Guide to Wine by Madeline Puckette and Justin Hammack (Avery, 2015)

網站

The Flavor Files
https://niksharma.substack.com

USDA/U.S. Department of Agriculture Food Data Central
https://fdc.nal.usda.gov/fdc-app.html

Post Harvest Center, University of California, Davis
https://postharvest.ucdavis.edu/Commodity_Resources/

The Kitchen Scientist at Food 52
https://food52.com/tags/the-kitchen-scientist

蘆筍

"We Unravel the Science Mysteries of Asparagus Pee," Angus Chen, *Food for Thought*, NPR, December 14, 2016, https://www.npr.org/sections/thesalt/2016/12/14/505420193/we-unravel-the-science-mysteries-of-asparagus-pee.

"Genetics of Asparagus Smell in Urine," Afsaneh Khetrapal, BSc, *News Medical Life Sciences*, March 2, 2021, https://www.news-medical.net/health/Genetics-of-Asparagus-Smell-in-Urine.aspx.

甜菜

"Beeturia: The Myth," *Myths of Human Genetics*, John McDonald, University of Delaware (n.d.), https://udel.edu/~mcdonald/mythbeeturia.html.

朝鮮薊

"Pairing Flavours and the Temporal Order of Tasting," Charles Spence, Qian Janice Wang, and Jozef Youssef, *Flavour* (2017) 6:4, DOI 10.1186/s13411-017-0053,https://flavourjournal.biomedcentral.com/track/pdf/10.1186/s13411-017-0053-0.pdf.

菊芋

"Heat-Induced Degradation of Inulin," A. Böhm, I. Kaiser, A. Trebstein, and T. Henle, *Proc. Chemical Reaction in Food V*, Prague, September 29 to October 1, 2004, https://www.agriculturejournals.cz/publicFiles/236264.pdf.

非洲山藥

"Yam" in World Vegetables, M. Yamaguchi, (Springer, 1983). https://doi.org/10.1007/978-94-011-7907-2_12.

"Yam Genomics Supports West Africa as a Major Cradle of Crop Domestication." N. Scarcelli, P. Cubry, R. Akakpo et al., *Science Advances* 5 (2019), DOI: 10.1126/sciadv.aaw1947.

"The Difference between Yams and Sweet Potatoes Is Structural Racism," Margaret Eby, Food and Wine, October 14, 2022. https://www.foodandwine.com/vegetables/the-difference-between-yams-and-sweet-potatoes-is-structural-racism.

豆類

"The Effect of Slow-Cooking on the Trypsin Inhibitor and Hemagglutinating Activities and in vitro Digestibility of Brown Beans (*Phaseolus vulgaris*, var. *Stella*) and kidney beans (*Phaseolus vulgaris*, var.*Montcalm*)," Monika Lowgren and Irvin E. Liene, *Plant Foods for Human Nutrition* 36 (1986): 147–154, https://link.springer.com/article/10.1007/BF01092141.

"The Degradation of Lectins, Phaseolin and Trypsin Inhibitors during Germination of White Kidney Beans, Phaseolus vulgaris L," F. H. Savelkoul, S. Tamminga, P. P. Leenaars, J. Schering, D. W. Ter Maat, Plant Foods for Human Nutrition 45(1994): 213–22. DOI: 10.1007/BF01094091.

花椰菜

"Flower Development: Origin of the Cauliflower," David R. Smyth, *Current Biology* 5 (4) (April 1995): 361–363, https://www.sciencedirect.com/science/article/pii/S0960982295000728.

Serious Eats美食網站

豆類與鷹嘴豆蛋白霜

"The Science Behind Vegan Meringues," Nik Sharma, *Serious Eats*, May 19, 2021, https://www.seriouseats.com/science-of-aquafaba-meringues-5185233.

Kenji的烤馬鈴薯

"The Best Crispy Roast Potatoes Ever Recipe," J. Kenji López-Alt, *Serious Eats*, March 07, 2022, https://www.seriouseats.com/the-best-roast-potatoes-ever-recipe.

索引

三劃

大豆
　青江菜佐酥豆腐 186-188

大麥
　玉米、高麗菜＋蝦子沙拉 80
　甜菜、烘烤大麥＋布拉塔起司沙拉 119-120

大蒜
　關於大蒜 42
　番紅花檸檬油封蔥屬蔬菜＋番茄 48-49
　烤大蒜＋鷹嘴豆湯 60
　香菜大蒜奶油 84
　味噌大蒜抹醬 84

四劃

水田芥
　蘆筍沙拉佐腰果綠酸辣醬 107
　關於水田芥 166
　烤水果＋芝麻菜沙拉 183

玉米
　玉米餅佐蝦夷蔥奶油 59
　關於玉米 76
　燒烤玉米外殼高湯 78
　玉米、高麗菜＋蝦子沙拉 80
　烤玉米大餐 83-84
　辛奇椰奶玉米 87
　玉米濃湯佐墨西哥辣椒油 91-92
　甜玉米香料抓飯 93-94

六劃

奶油
　蝦夷蔥奶油 59
　香菜大蒜奶油 84
　甜茴香奶油 84

竹筍
　關於竹筍 76
　竹筍芝麻沙拉 85
　燜燒竹筍＋蘑菇 88

羽衣甘藍
　番薯羽衣甘藍凱薩沙拉 154-155
　關於羽衣甘藍 166

米飯
　甜玉米香料抓飯 93-94
　蘆筍、蝦子＋義式培根炒飯 103-104
　甜菜葉、薑黃＋扁豆義式燉飯 121-122
　甜糯球芽甘藍 185
　青江菜佐酥豆腐 186-188

七劃

杏仁
　青花菜薩塔香料沙拉 180
　皇家烤花椰菜佐杏仁醬 189-190

沙拉
　玉米、高麗菜＋蝦子沙拉 80
　竹筍芝麻沙拉 85
　蘆筍沙拉佐腰果綠酸辣醬 107
　甜菜、烘烤大麥＋布拉塔起司沙拉 119-120
　酥脆鮭魚佐綠咖哩菠菜 123-124
　辣味甜菜＋皇帝豆佐小黃瓜橄欖沙拉 127
　萵苣佐酪梨凱薩醬 138-140
　綜合苦味蔬菜沙拉 147
　番薯羽衣甘藍凱薩沙拉 154-155
　櫻桃蘿蔔沙拉佐黑醋 179
　青花菜薩塔香料沙拉 180
　烤水果＋芝麻菜沙拉 183
　罌粟籽涼拌菜絲 202-203

豆類
　烘焙蛋佐爆香蔬菜 117
　辣味甜菜＋皇帝豆佐小黃瓜橄欖沙拉 127

八劃

花生
　宮保番薯 158-159

青江菜
　關於青江菜 164
　青江菜佐酥豆腐 186-188

青花菜 / 青花筍
　　關於青花菜 164
　　青花菜薩塔香料沙拉 180
　　青花菜味噌義大利麵 199
非洲山藥
　　關於非洲山藥 64
　　非洲山藥泥佐番茄醬 69
　　檸檬＋朝鮮薊非洲山藥 71
　　糖醋非洲山藥 72
芝麻葉
　　甜菜、烘烤大麥＋布拉塔起司沙拉 119-120
　　關於芝麻葉 166
　　烤水果＋芝麻菜沙拉 183
花椰菜
　　關於花椰菜 165
　　皇家烤花椰菜佐杏仁醬 189-190
　　花椰菜波隆那義大利麵 200
味噌
　　味噌大蒜抹醬 84
　　青花菜味噌義大利麵 199
沾醬
　　白脫牛奶葛縷子沾醬 46
　　腰果綠酸辣醬 107
　　腰果紅彩椒沾醬 141-143

九劃

扁豆
　　甜菜葉、薑黃＋扁豆義式燉飯 121-122
　　高麗菜捲佐番茄醬 194-195
香菜
　　香菜大蒜奶油 84
洋蔥
　　關於洋蔥 40
　　速成醃漬紅洋蔥 42
　　黃金薩塔香料洋蔥圈佐白脫牛奶葛縷子沾醬 46-47
　　紅洋蔥＋番茄優格 51
韭蔥
　　關於韭蔥 41
　　番紅花檸檬油封蔥屬蔬菜＋番茄 48-49
　　韭蔥＋蘑菇吐司 52-53
　　燜燒朝鮮薊與韭蔥 148
紅蔥頭
　　關於紅蔥頭 41
　　速成醃漬紅蔥頭 44
　　番紅花檸檬油封蔥屬蔬菜＋番茄 48-49
　　紅蔥頭＋辣蘑菇義大利麵 55-56

十劃

起士
　　紅蔥頭＋辣蘑菇義大利麵 55-56
　　檸檬＋朝鮮薊非洲山藥 71
　　蘆筍貓耳朵麵＋菲達起司 108
　　甜菜、烘烤大麥＋布拉塔起司沙拉 119-120
　　醃漬檸檬義式香草醬 137
　　烤水果＋芝麻菜沙拉 183
　　青花菜味噌義大利麵 199
　　花椰菜波隆那義大利麵 200
茴香
　　甜茴香奶油 84
馬鈴薯
　　蘆筍、新馬鈴薯＋法式香草蛋黃醬 101-102
　　高麗菜捲佐番茄醬 194-195
高麗菜
　　玉米、高麗菜＋蝦子沙拉 80
　　關於高麗菜 164
　　大阪燒風十字花科蔬菜餅 175
　　高麗菜佐椰棗＋羅望子酸辣醬 176
　　高麗菜捲佐番茄醬 194-195
　　罌粟籽涼拌菜絲 202-203

十一劃

黃瓜
　　竹筍芝麻沙拉 85
　　蘆筍沙拉佐腰果綠酸辣醬 107
　　辣味甜菜＋皇帝豆佐小黃瓜橄欖沙拉 127
球芽甘藍
　　關於球芽甘藍 165
　　大阪燒風十字花科蔬菜餅 175
　　甜糯球芽甘藍 185
甜菜
　　關於甜菜 112
　　甜菜、烘烤大麥＋布拉塔起司沙拉 119-120
　　甜菜葉、薑黃＋扁豆義式燉飯 121-122

辣味甜菜＋皇帝豆佐小黃瓜橄欖沙拉 127
彩椒
　　竹筍芝麻沙拉 85
　　甜玉米香料抓飯 93-94
　　腰果紅彩椒沾醬 141-143
　　瓜希柳辣椒莎莎醬 156-157
　　罌粟籽涼拌菜絲 202-203
莙蓬菜
　　關於莙蓬菜 112
　　烘培蛋佐爆香蔬菜 117
魚類
　　酥脆鮭魚佐綠咖哩菠菜 123-124

十二劃

湯
　　烤大蒜＋鷹嘴豆湯 60
　　玉米濃湯佐墨西哥辣椒油 91-92
菊芋
　　關於菊芋 130
　　酥脆菊芋＋醃漬檸檬義式香草醬 137
無花果
　　烤水果＋芝麻菜沙拉 183
番茄
　　番紅花檸檬油封蔥屬蔬菜＋番茄 48-49
　　紅洋蔥＋番茄優格 51
　　非洲山藥泥佐番茄醬 69
　　蘆筍貓耳朵麵＋菲達起司 108
　　高麗菜捲佐番茄醬 194-195
　　花椰菜波隆那義大利麵 200
菊苣
　　關於菊苣 114
　　綜合苦味蔬菜沙拉 147
菠菜
　　關於菠菜 112
　　酥脆鮭魚佐綠咖哩菠菜 123-124
萊姆
　　印度街頭小吃風烤玉米 84
番薯
　　關於番薯 152
　　番薯羽衣甘藍凱薩沙拉 154-155
　　烤番薯佐瓜希柳辣椒莎莎醬 156-157
　　宮保番薯 158-159

芝麻番薯＋苦椒醬雞 160-161
朝鮮薊
　　檸檬＋朝鮮薊非洲山藥 71
　　關於朝鮮薊 130
　　蒸朝鮮薊佐腰果紅彩椒沾醬 141-143
　　燜燒朝鮮薊與韭蔥 148
凱薩醬
　　酪梨凱薩醬 138-140
　　番薯羽衣甘藍凱薩沙拉 154-155

十三劃

義大利麵與麵條
　　紅蔥頭＋辣蘑菇義大利麵 55-56
　　蘆筍貓耳朵麵＋菲達起司 108
　　青花菜味噌義大利麵 199
　　花椰菜波隆那義大利麵 200
椰奶
　　辛奇椰奶玉米 87
　　酥脆鮭魚佐綠咖哩菠菜 123-124
義式培根
　　蘆筍、蝦子＋義式培根炒飯 103-104
碗豆
　　酥脆鮭魚佐綠咖哩菠菜 123-124
腰果
　　竹筍芝麻沙拉 85
　　腰果綠酸辣醬 107
　　腰果紅彩椒沾醬 141-143
萵苣
　　關於萵苣 131
　　萵苣佐酪梨凱薩醬 138-140
辣椒
　　墨西哥辣椒油 91-92
　　辣味甜菜＋皇帝豆佐小黃瓜橄欖沙拉 127
　　瓜希柳辣椒莎莎醬 156-157
　　宮保番薯 158-159
葡萄
　　烤水果＋芝麻菜沙拉 183
葡萄乾
　　青花菜薩塔香料沙拉 180

十四劃

蝦
　玉米、高麗菜＋蝦子沙拉 80
　蘆筍、蝦子＋義式培根炒飯 103-104

蝦夷蔥
　關於蝦夷蔥 43
　玉米餅佐蝦夷蔥奶油 59

歐芹
　醃漬檸檬義式香草醬 137

翡麥
　玉米、高麗菜＋蝦子沙拉 80

鳳梨
　糖醋非洲山藥 072

寬葉羽衣甘藍
　關於寬葉羽衣甘藍 165
　寬葉羽衣甘藍菜卷 168-171

十六劃

橄欖
　辣味甜菜＋皇帝豆佐小黃瓜橄欖沙拉 127

十八劃

醬汁及莎莎醬
　法式香草蛋黃醬 101-102
　佐瓜希柳辣椒莎莎醬 156-157
　青花菜味噌醬 199

雞肉
　芝麻番薯＋苦椒醬雞 160-161
　日式炸雞佐罌粟籽涼拌菜絲 202-203

雞蛋
　法式香草蛋醬 101-102
　蘆筍、蝦子＋義式培根炒飯 103
　烘培蛋佐爆香蔬菜 117

檸檬
　番紅花檸檬油封蔥屬蔬菜＋番茄 48-49
　檸檬＋朝鮮薊非洲山藥 71
　醃漬檸檬義式香草醬 137

十九劃

蘋果
　綜合苦味蔬菜沙拉 147
　罌粟籽涼拌菜絲 202-203

羅馬花椰菜
　關於羅馬花椰菜 146-147
　皇家烤花椰菜佐杏仁醬 189-190

藍莓
　青花菜薩塔香料沙拉 180

二十劃

蘑菇
　韭蔥＋蘑菇吐司 52-53
　紅蔥頭＋辣蘑菇義大利麵 55-56
　燜燒竹筍＋蘑菇 88

蘆筍
　關於蘆筍 98
　蘆筍、新馬鈴薯＋法式香草蛋黃醬 101-102
　蘆筍、蝦子＋義式培根炒飯 103-104
　蘆筍沙拉佐腰果綠酸辣醬 107
　蘆筍貓耳朵麵＋菲達起司 108

二十一劃

櫻桃
　青花菜薩塔香料沙拉 180

二十三劃

蘿蔔
　關於蘿蔔 166
　櫻桃蘿蔔沙拉佐黑醋 179

二十四劃

鷹嘴豆
　烤大蒜＋鷹嘴豆湯 60
　番薯羽衣甘藍凱薩沙拉 154-155

蔬食料理聖經 (上)

葉菜、花菜、蔥蒜、嫩莖、玉米與番薯篇

Veg-table: Recipes, Techniques, and Plant Science for Big-Flavored, Vegetable-Focused Meals

作　　　者	尼克・夏瑪（Nik Sharma）
譯　　　者	趙睿音
裝幀設計	李珮雯（PWL）
責任編輯	王辰元
校　　　對	張立雯

發 行 人	蘇拾平
總 編 輯	蘇拾平
副總編輯	王辰元
資深主編	夏于翔
主　　編	李明瑾
行銷企劃	廖倚萱
業務發行	王綬晨、邱紹溢、劉文雅
出　　版	日出出版
	新北市 231 新店區北新路三段 207-3 號 5 樓
	電話 (02) 8913-1005　傳真 (02) 8913-1056
發　　行	大雁出版基地
	新北市 231 新店區北新路三段 207-3 號 5 樓
	24 小時傳真服務　(02) 8913-1056
	Email：andbooks@andbooks.com.tw
	劃撥帳號：19983379　戶名：大雁文化事業股份有限公司

初版一刷　2025 年 3 月
定　　價　680 元

版權所有・翻印必究
ISBN 978-626-7568-74-3
ISBN 978-626-7568-79-8（EPUB）

Printed in Taiwan・All Rights Reserved
本書如遇缺頁、購買時即破損等瑕疵，請寄回本社更換

Copyright © 2023 by Nik Sharma.
All rights reserved. No part of this book may be reproduced in any form without written permission from the publisher.
First published in English by Chronicle Books LLC, San Francisco, California.

This edition arranged with Chronicle Books LLC
through BIG APPLE AGENCY, INC., LABUAN, MALAYSIA.
Traditional Chinese edition copyright：
2025 Sunrise Press, a division of AND Publishing Ltd.
All rights reserved.

國家圖書館出版品預行編目 (CIP) 資料

蔬食料理聖經 (上)：葉菜、花菜、蔥蒜、嫩莖、玉米與番薯篇 / 尼克・夏瑪（Nik Sharma）著；趙睿音譯. -- 初版. -- 新北市：日出出版：大雁出版基地發行, 2025.03
　面；　公分
譯自：Veg-Table
ISBN 978-626-7568-74-3（平裝）

1. 素食食譜

427.31　　　　　　　　　114002633